JN026598

数学基礎入門

－微積分・線形代数に向けて－

吉本武史・豊泉正男　共著

学術図書出版社

はしがき

　科学研究，特に自然科学の研究において，近年とみに基礎研究の重要性が強調されるようになってきた．その基礎研究には数学が深く関わっており，現代科学の数学化が進むにつれて，科学研究への数学的方法の利用がますます重要になってきている．数学はもちろんのこと，広く数学を応用する分野一般，特に科学・技術を理解するためにも，特に理工系の学生は基本的基礎知識全般を網羅する基礎数学として，大学初年級において微分積分学および線形代数学を学ぶことが通例になっている．

　大学の数学は，当然のことながら高等学校の数学の，はじめは緩やかに，次にだんだんと勾配を上げながらの延長・深化・発展ということになる．科学・技術の基礎研究は実際には高等 (ハイレベルの) 数学に支えられている．したがって，大学の教育において高等学校レベルの数学だけを繰り返すだけでは，数学の文化にもまともに触れることもできず，ましてや現代の科学・技術の数理など理解できるはずもない！(本来の理工系大学の数学教育の目的までが頓挫することになりかねない)．

　高等学校の数学の自然な延長として，低レベルから段階的に大学の数学のレベルに引き上げて進めるのが教育上効果的であるように思われる．しかしながら高等学校の数学と大学の数学との間には現に (入学時の初年級に誰もが経験する大学における数学の新鮮さと少々当惑するところの) 「ギャップ」がある．高等学校での数学の学習経験によっては，この「ギャップ」を難なくスムースにクリアできる場合と，ここで苦労する場合もある．後者にあたる学生は，多くの場合「自分で考える」ことを放棄しがちである．

　本書の標題「数学基礎入門」には，この「ギャップ」を埋めるべく，かなりなだらかな勾配で，この段階で苦労する学生達のその苦労を軽減し，特に次のステップである「微分積分学」や「線形代数学」を見据えての「自分で考える」

思考のウオーミングアップをしてもらいたいという気持ちがこめられており，学生自らの努力を最大限にサポートすることが本書の目的でもある．そのために本書では，あえて「数の四則演算」を一瞥してから「式 (または関数) の演算」へ移行し，「演算の類似性」をしっかり体得，理解してもらう手法を採用することにした．また，「ギャップ」を難なくクリアできる学生に対しても，不完全な知識を正しく整理すると共に，数学の考え方を学ぶ上で基礎数学は欠かせないものである．どこかで聞いたことのある名言「Heaven helps those who help themselves.」＋「自分で考える」ことを教訓として，常に心に留めておいてほしいものである．とにもかくにも，学ぶことを怠り，自ら努力せずして数学を理解することは不可能である！

　本書では高等学校のやさしい数学の復習からスタートして，漸次微分積分学や線形代数学の本論に入る手前までに必要な基礎数学の準備がしっかりできるようにつとめ，また「わかりやすさ」をモットーに，構成法をわかり易くし，可能な限り懇切丁寧に解説した．学生の理解力・計算力の弱点を改善すべく，それぞれのテーマについて背景や意義の説明や計算の「ツボ」の在り処を強調し，数学への興味と自信を根付かせるためにいろいろ工夫もしてある．自力で計算ができるようになるにしたがって，数学に対する (苦手意識も徐々に薄れ) 興味も増していく．自ら数学に近づき，もっと数学に積極的になってほしい (その気持ちが大切である！)．さらに，計算技術の向上にともなって，その根底にある数学の考え方を是非汲み取ってほしい．本書が読者の数学の勉学の助けに効果的に機能することを願うばかりである．

　最後に，本書を著わすにあたって，学術図書出版社の発田孝夫氏と編集部の方々には，原稿の不規則的な遅れにも快く対処して頂き，お礼を申しあげるとともに，杉村美佳さんの特別な忍耐と献身的な貢献に心から感謝申し上げます．

2010 年 10 月

著　者

目　　次

第1章

式と計算

　本書では，微分積分学と線形代数学の学習に入る直前までの，数概念とその特性，および，微分積分学の大前提となる初等関数について，基本的概念とその性質および計算法の基礎について学ぶ．以下の関数を総称して初等関数 (微分積分学における基本関数) という：

　　有理整関数 (多項式 (整式) で表される関数)，

　　有理関数 (有理式で表される関数＝有理整関数の商で定まる関数)，

　　無理関数 (無理式で表される関数 (有理関数でない代数関数ともいう))，

　　指数関数，対数関数，三角関数，逆三角関数．

以下，順次これらの関数について学んでいく．

1.1　数と多項式

　数概念は人類の数ある財産の中でも，言語とともにもっとも重要な財産のひとつである．初等的な整数は数概念の中でもっとも基本的で，数学全体の中でも本質的な部分においてたいへん重要である．ところで，自然や社会におけるさまざまな現象の数学解析においては，これらの現象の (関数と呼ばれる) 数理モデルがどうしても必要不可欠である．現代科学ではこの「現象」の解析が急務であり，この解析は「数概念」だけでは無理である．どうしても数概念を現象のモデルとなる関数概念に拡張することが必要である．このようにして，「数」は「関数」を通してその重要性と機能を発揮することになる．

　実数　数概念において最も基本的な数は $1, 2, 3, \cdots$ で，これらの数を自然数という．自然数にさらに，0 と $-1, -2, -3, \cdots$ を加えた数を合わせて整数と

いう．分母が 0 になる場合を除いた整数の比で定まる数を有理数という．有理数の特徴は整数か有限小数かまたは循環小数で表されることである．たとえば，

$$\frac{3}{1} = 3 は整数, \frac{3}{4} = 0.75 は有限小数, \frac{4}{33} = 0.\widetilde{121212}\cdots は循環小数.$$

そこで，有理数全体を，順序込みで，数直線上にまいたとき，数直線を埋め尽くすのではなく，いたるところに無数の空きがある．この空きを埋める数を無理数という (厳密な定義については微分積分学の本をみよ)．有理数と無理数をあわせて実数という．これで空きがなくなり，実数全体は数直線上の点全体と 1 対 1 に対応し (このことは直感的には当たり前のようであるが，理屈的には決して自明なことではなく，デデキント・カントルの公理からの帰結であることを注意しておこう—詳しくは微分積分学の本をみよ)，したがって，実数全体は数直線とみなしてよい．このことは数学全般の根幹をなすたいへん重要な事柄である．すべての実数 x は，$-\infty < x < \infty$.

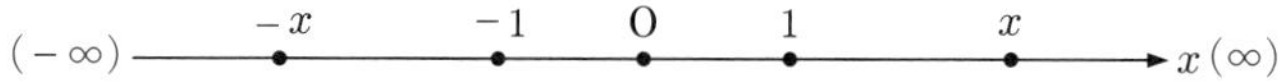

$$(-\infty) \xleftarrow{} \overset{-x}{\bullet} \quad \overset{-1}{\bullet} \quad \overset{O}{\bullet} \quad \overset{1}{\bullet} \quad \overset{x}{\bullet} \xrightarrow{} x(\infty)$$

数直線(xは実数 : $x > 0$)

基本事項 (ピタゴラスの定理)

直角三角形の直角をはさむ 2 辺の長さを a, b，斜辺の長さを c とすると，次の関係が成り立つ．

$$a^2 + b^2 = c^2.$$

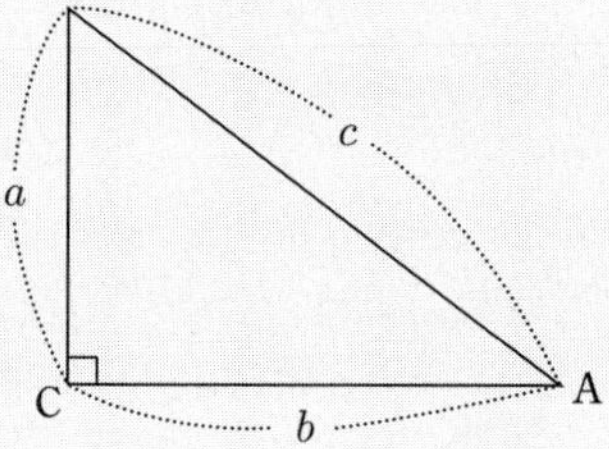

ピタゴラスの定理の証明は百通り以上知られている (中には物理学的な考察からの証明法もある)．ここでは 2 つの証明法を紹介する．

証明 (ユークリッドによるものといわれている．)　直角三角形 ABC のまわりに，3 つの正方形 ADEB, BFGC, CHIA を図のように描く．そして，頂点 C から辺 DE に下

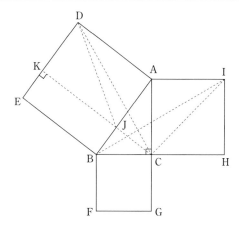

した垂線の足を K, 垂線 CK と斜辺との交点を J とする. このとき, 等積変形により,

$$\triangle ADC \text{ の面積} = \triangle ADJ \text{ の面積},$$

$$\triangle ABI \text{ の面積} = \triangle ACI \text{ の面積}.$$

一方, $\triangle ADC \equiv \triangle ABI$ (理由は簡単なので各自で考えてみよう) より

$$\triangle ADC \text{ の面積} = \triangle ABI \text{ の面積}.$$

よって, $\triangle ADJ$ の面積 $= \triangle ACI$ の面積.

$$\therefore \quad 長方形 ADKJ \text{ の面積} = 正方形 ACHI \text{ の面積}.$$

同様にして, 長方形 BJKE の面積 $=$ 正方形 BFGC の面積.

$$\therefore \quad 正方形 ADEB \text{ の面積} = 長方形 ADKJ \text{ の面積} + 長方形 BJKE \text{ の面積}$$

$$= 正方形 ACHI \text{ の面積} + 正方形 BFGC \text{ の面積}.$$

$$\therefore \quad c^2 = a^2 + b^2.$$

証明 (ピタゴラスによるものといわれている.) 1 辺が c の正方形のまわりに, 直角三角形 ABC と合同な直角三角形を 4 つ, 図のように描くと, 1 辺が $a+b$ の正方形ができる.

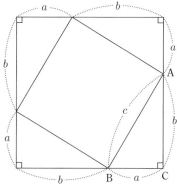

(1 辺が c の正方形の面積) $=$ (1 辺が $a+b$ の正方形の面積)$-4\times$(直角三角形 ABC の面積) であるから,

$$c^2 = (a+b)^2 - 4 \times \frac{1}{2}ab$$
$$= (a^2 + 2ab + b^2) - 2ab = a^2 + b^2.$$
$$\therefore \quad c^2 = a^2 + b^2$$

　1 辺の長さが 1 の正方形の対角線の長さは有理数の範囲では求めることができない. がしかし, 無理数の範囲では, ピタゴラスの定理により $\sqrt{2}$ になる. $\sqrt{2}$ は「無理数であることが最初にわかった無理数」であるといわれている. $\sqrt{2} = 1.4142135\cdots$ は循環しない無限小数である.

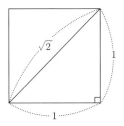

例題 1　$\sqrt{2}$ は無理数である.

証明　いま, $\sqrt{2}$ を有理数であると仮定してみよう. このとき, $\sqrt{2} = \dfrac{n}{m}$ となる 互いに素である正の整数 m, n が存在することになる. 両辺を平方して分母を払うと $n^2 = 2m^2$ が得られる. したがって, n^2 は 2 の倍数となる. このことは n が 2 の倍数 であるときに限って可能である. (もし n が 2 の倍数でないならば n^2 も 2 の倍数には ならない. 理由は簡単なので各自で考えてみよう). よって, $n = 2k$ (k は正の整数).

$$\therefore \quad 4k^2 = n^2 = 2m^2 \quad \text{より} \quad m^2 = 2k^2.$$

したがって, n の場合と同様に, $m = 2\ell$ (ℓ は正の整数) となる. このことは m と n が互いに素であることと矛盾する. ゆえに, $\sqrt{2}$ は無理数である.

　同様の論法で, $\sqrt{3}, \sqrt{5}, \sqrt{6}, \cdots$ などが無理数であることも証明できる.
(参考 1)　円周率を表す π は無理数であり, $\pi = 3.141592653\cdots$ であること が知られている. しかし, その証明は難しく, 本書のレベルどころではない. 後に学ぶ解析学の基本定数と呼ばれる e も無理数である (第 6 章をみよ). その 証明は (本書のレベルを超えてはいるが) 難しくない (微分積分学の本をみよ).

ところで, 任意の 2 つの有理数の和は有理数になるが, 任意の 2 つの無理数の和は無理数になるとは限らない. 実際, $3 + \sqrt{2}$ と $3 - \sqrt{2}$ はともに無理数 (理由は簡単なので各自で考えてみよう) であるが, その和 $(3 + \sqrt{2}) + (3 - \sqrt{2}) = 6$ は有理数である. また, $\sqrt{2} + \sqrt{2} = 2\sqrt{2}$ は明らかに無理数である. ところで, π も e も無理数であることが知られているが, この π と e について $\pi + e$ は無理数であろうか? 答えはいまだにわかっていない. (何だこれは! と, どうにも気持ちが割り切れない. いまは解決する能力がないので, いつか, 世界のどこかで, 誰かが答を出してくれるのを待つとしよう.)

$$
\text{実数} \begin{cases} \text{有理数} \begin{cases} \text{整数} \begin{cases} \text{正の整数} \\ \text{零} \\ \text{負の整数} \end{cases} \\ \text{整数ではない有理数} \begin{cases} \text{有限小数} \\ \text{循環小数} \end{cases} \end{cases} \\ \text{無理数 (循環しない無限小数)} \end{cases}
$$

実数の四則演算　実数の間では加法 (足し算), 減法 (引き算), 乗法 (掛け算), 0 でない実数による除法 (割り算) を自由に行うことができる. さらに, 実数 a, b, c に対して, 次が成り立つ.

(1) $a + b = b + a$, $ab = ba$ （交換法則）

(2) $(a + b) + c = a + (b + c)$, $(ab)c = a(bc)$ （結合法則）

(3) $a(b + c) = ab + ac$, $(a + b)c = ac + bc$ （分配法則）

絶対値　数直線上で, 実数 a に対応する点 P と原点 O との距離を $|a|$ で表し, 実数 a の絶対値という. したがって,

$$
|a| = \begin{cases} a & (a \geqq 0 \text{ のとき}) \\ -a & (a < 0 \text{ のとき}) \end{cases}
$$

例1 $|2| = 2,$ $|-2| = 2,$ $|0| = 0.$

基本事項 (絶対値の性質)

(I) 任意の実数 a に対して

  (i) $|a| \geqq 0,$　　　　　　　　　(ii) $|a| = 0 \Longleftrightarrow a = 0,$

  (iii) $|-a| = |a|,$　　　　　　　　(iv) $|a|^2 = a^2.$

(II) 任意の実数 a, b に対して

  (v) $|ab| = |a||b|,$　　　　　　　(vi) $b \neq 0$ ならば, $\left|\dfrac{a}{b}\right| = \dfrac{|a|}{|b|}.$

✎ **注意1**　$|a|^2 = a^2$ は, a が実数の場合にのみ成り立ち, 複素数 (p.37) では一般に成り立たない. たとえば, $|i|^2 = (\sqrt{1^2})^2 = 1 \neq -1 = (\sqrt{-1})^2 = i^2$.

整数と多項式　本書で扱う関数 (式) はすべて実数で定義され, 実数値をとるものとする. そこでまず, 整数の関数概念への拡張を有理整関数 (多項式で表される関数), または別名, 多項式関数と呼んでもよいものである. したがって, 関数の中でもっとも基本的な関数は多項式で表される関数である (ということになる). さて, 変数と定数の間に, 加法 ($+$), 減法 ($-$), 乗法 ($\times$) の3種類の演算を有限回ほどこして得られる式を多項式, または, (有理) 整式という. 具体的には, 実変数 x を用いて

$$P(x) = a_n x^n + a_{n-1} x^{n-1} + \cdots + a_1 x + a_0$$
$$(a_0, a_1, \cdots, a_n \text{は定数}, \ n = 0, 1, 2, \cdots)$$

とかける式 $P(x)$ を ($n = 0$ の場合をも含めて, x の) 多項式, または, 整式という. 特に $a_n \neq 0$ ならば $P(x)$ を n 次の多項式, または n 次の整式, または単に (x の)n 次式という. 多項式 $P(x)$ の次数が n であることを $\deg P(x) = n$ で表す. 有理整関数は具体的には多項式 (整式) で表現されるものであるが, 普通はこれらを同一視する:

[有理整関数] $=$ [多項式] $=$ [整式] $=$ (次数が n のとき)[n 次式].

[多項式の項数]：多項式では, 項数がどんなに多くても「有限個」である. もしも項数が「無限個」ならば多項式とは呼ばない (注意!).

[多項式の係数]：本書では実数の場合だけを扱う.

[多項式の因数分解]：(1) 与えられた多項式を1次以上のいくつか (2個以上)

の式の積でかき表す操作を因数分解するといい，その積を多項式の因数分解という．因数分解の最終結果での因数は素因数である．

(2) 本書では因数分解における係数は実数である場合だけを扱う．

(3) 多項式の因数分解では，整数の約数，倍数は無視して，因数としては扱わない!!

(4) 因数分解で，文字の式では文字を変数扱いし，その文字の多項式とみなしてよい．

ところで，整数を特徴づける諸概念には [約数と倍数]，[最大公約数と最小公倍数]，[整数の除法の原理]，[素数]，[素因数分解]，[互いに素] がある．数概念を関数概念に格上げするときには，整数の概念には多項式 (別名，整式) の概念が対応する．このとき，特徴的概念も対応概念として移る．ただし，素数には素式 (既約多項式) という概念を対応させる．

整数の特性 **1**. 約数と倍数：2 つの整数 m, n $(n \neq 0)$ に対して，$m = kn$ を満たす整数 k が存在するとき，

$$\text{「}m \text{ は } n \text{ の倍数である」，また，「}n \text{ は } m \text{ の約数である」}$$

という．

例2 偶数全体 (2 の倍数全体) $= \{2m \mid m \text{ は整数}\} = \{0, \pm 2, \pm 4, \cdots\}$,
　奇数全体 $= \{2m + 1 \mid m \text{ は整数}\} = \{\pm 1, \pm 3, \pm 5, \cdots\}$.

2. 最大公約数と最小公倍数：2 つの 0 でない整数 m, n に対して，m と n の共通の正の約数のうち最大のものを，m と n の最大公約数といい，m と n の正の倍数のうち最小のものを，m と n の最小公倍数という．

例3 (1) 24 の正の約数は $\{1, 2, 3, 4, 6, 8, 12, 24\}$，36 の正の約数は $\{1, 2, 3, 4, 6, 9, 12, 18, 36\}$．よって，24 と 36 の最大公約数は 12.

　(2) 24 の正の倍数は $\{24, 48, 72, 96, \cdots\}$，36 の正の倍数は $\{36, 72, 108, 144, \cdots\}$．よって，24 と 36 の最小公倍数は 72.

3. 素数：整数 $p\,(>1)$ が 1 と p(自分自身) 以外に正の約数をもたないとき，p を素数であるという (素数の数は無数にあることが知られている)．

例4 $2, 3, 5, 7.11, 13, 17, \cdots$ は素数である．

4. 互いに素：2 つの 0 でない整数 m, n に対して，最大公約数が 1 であるとき

(他に共通の正の約数がないとき), m と n は互いに素であるという.

例 5　15 の正の約数は $\{1, 3, 5, 15\}$, 28 の正の約数は $\{1, 2, 4, 7, 14, 28\}$. よって, 15 と 28 の最大公約数は 1. $\therefore$ 15 と 28 は互いに素.

5. 整数の除法の原理：正の整数 n を固定したとき, 任意の整数 m に対して
$$m = kn + r, \quad 0 \leqq r \leqq n - 1$$
となる整数 k と r の組が 1 通りに定まる. k を商, r を余り (剰余) という.

例 6　$n = 13$ のとき,

$m = 60$ ならば, $60 = 4 \cdot 13 + 8$ より, $k = 4$, $r = 8$.

$m = -60$ ならば, $-60 = -5 \cdot 13 + 5$ より, $k = -5$, $r = 5$.

6. 素因数分解：正の整数を素数の積で表すことを素因数分解という. 1 より大きい正の整数はいつでも素因数分解ができ, その分解は, 因数を並べる順序を無視すれば, 1 通りに定まる (これを素因数分解の一意性という).

例 7　$63, 5100$ の素因数分解は次のようになる.
$$63 = 3 \cdot 3 \cdot 7 = 3^2 \cdot 7,$$
$$5100 = 2 \cdot 2 \cdot 3 \cdot 5 \cdot 5 \cdot 17 = 2^2 \cdot 3 \cdot 5^2 \cdot 17.$$

多項式 (整式) の特性　**1. 約数と倍数**：2 つの多項式 $F(x), G(x)$ $(G(x) \neq 0)$ に対して, $F(x) = H(x)G(x)$ を満たす多項式 $H(x)$ が存在するとき,

　「$F(x)$ は $G(x)$ の倍数である」, また, 「$G(x)$ は $F(x)$ の約数である」

という.

例 8　$x^2 + 3x + 2 = (x + 1)(x + 2)$ であるから, $x + 1$ は $x^2 + 3x + 2$ の約数であり, $x^2 + 3x + 2$ は $x + 1$ の倍数である.

✎ **注意 2**　2 つの多項式 $F(x), G(x)$ について, $G(x)$ が $F(x)$ の約数であるならば, $kG(x)$(k は 0 でない実数) も $F(x)$ の約数である. 同様に, $F(x)$ が $G(x)$ の倍数であるならば, $kF(x)$(k は 0 でない実数) も $G(x)$ の倍数である.

　実際, $F(x) = H(x)G(x)$ を満たす多項式 $H(x)$ が存在するとき,
$$F(x) = \left(\frac{1}{k}H(x)\right) \cdot (kG(x)), \quad kF(x) = (kH(x)) \cdot G(x)$$
からわかる.

2. 最大公約数と最小公倍数：2 つの 0 でない多項式 $F(x), G(x)$ に対して, $F(x)$ と $G(x)$ の共通の約数のうちで, 次数が最大なものを, $F(x)$ と $G(x)$ の

最大公約数 (G.C.D.) といい, $F(x)$ と $G(x)$ の共通の倍数のうちで, 次数が最小のものを, $F(x)$ と $G(x)$ の最小公倍数 (L.C.M.) という.

✎ **注意 3** 　2 つの多項式 $F(x)$ と $G(x)$ の最大公約数, 最小公倍数を k 倍 (k は 0 でない実数) した多項式もそれぞれ $F(x), G(x)$ の最大公約数, 最小公倍数である. しかしながら, 本書ではなるべく, 最大公約数, 最小公倍数としては最高次の係数が 1 の多項式をとることにする (最高次の係数が 1 の多項式をモニック (monic) な多項式と呼ぶことがある).

例 9 　$x^2 + 3x + 2 = (x+1)(x+2)$, $x^2 - x - 2 = (x+1)(x-2)$ であるから, $x^2 + 3x + 2$ と $x^2 - x - 2$ の最大公約数は $x+1$ であり, 最小公倍数は $(x+1)(x+2)(x-2)$ である.

3. 素式 : 定数でない多項式 $F(x)$ がそれより低い正の次数の約数をもたないとき, $F(x)$ を素式という. 素式は多項式の (素) 因数分解において基本的である. このことを強調する意味で, 多項式の素式を「基本素式」と呼ぶことにする.

例 10 　$x^2 + 2x + 1 = (x+1)^2$ は基本素式ではないが, $x+1$ は基本素式である.

(参考 2) 　(実数の範囲では) 基本素式は次の形のものに限る.

(i) $k(x+a)$ (a は実数).

(ii) $k(x^2 + bx + c)$ (b, c は実数で $b^2 - 4c < 0$).

ただし, k は 0 でない実数である.

4. 互いに素 : 2 つの 0 でない多項式 $F(x), G(x)$ の最大公約数が定数, すなわち 1 であるとき, $F(x)$ と $G(x)$ は互いに素であるという.

例 11 　$x+1$ と $x^2 - 4(= (x+2)(x-2))$ は互いに素である.

5. 多項式の除法 : (基本事項「多項式の除法」をみよ.)

6. 素因数分解 : 多項式を基本素式の積で表すことを素因数分解という.

(参考 3) 　(実数の範囲では) 最高次の係数が $k (\neq 0)$ である多項式 $F(x)$ は, 次のように素因数分解できる.

$$F(x) = k(x + a_1)^{e_1} \cdots (x + a_m)^{e_m} (x^2 + b_1 x + c_1)^{f_1} \cdots (x^2 + b_n x + c_n)^{f_n}.$$

ここで, $a_1, \cdots a_m, b_1, c_1, \cdots, b_n, c_n$ は実数で, $b_i^2 - 4c_i < 0 \ (i = 1, \cdots, n)$, $e_1, \cdots, e_m, f_1, \cdots, f_n$ は 0 以上の整数.

因数分解と展開についての基本公式をまとめておこう.

基本事項 (因数分解と展開の公式)

(I) $(x + A)(x + B) = x^2 + (A + B)x + AB.$

　　　(この公式で, A を $-A$, B を $-B$ とおけば)

　　$(x - A)(x - B) = x^2 - (A + B)x + AB.$

　　　($x = a$, $A = B = b$ ならば)

　　$(a + b)^2 = a^2 + 2ab + b^2.$

　　　($x = a$, $A = B = -b$ ならば)

　　$(a - b)^2 = a^2 - 2ab + b^2.$

　　　($x = a$, $A = b$, $B = -b$ ならば)

　　$(a + b)(a - b) = a^2 - b^2.$

(II) $(Ax + B)(Cx + D) = ACx^2 + (AD + BC)x + BD.$

(III) $(x + A)^3 = x^3 + 3x^2A + 3xA^2 + A^3$

　　　　　　　$= x^3 + 3Ax^2 + 3A^2x + A^3.$

　　　(この公式で, $x = a$, $A = b$ ならば)

　　$(a + b)^3 = a^3 + 3a^2b + 3ab^2 + b^3.$

　　　($x = a$, $A = -b$ ならば)

　　$(a - b)^3 = a^3 - 3a^2b + 3ab^2 - b^3.$

(IV) $x^3 + A^3 = (x + A)(x^2 - Ax + A^2).$

　　　(この公式で, $x = a$, $A = b$ ならば)

　　$a^3 + b^3 = (a + b)(a^2 - ab + b^2).$

　　　($x = a$, $A = -b$ ならば)

　　$a^3 - b^3 = (a - b)(a^2 + ab + b^2).$

覚えておくと便利な公式

(V) $a^n - b^n = (a - b)(a^{n-1} + a^{n-2}b + \cdots + b^{n-1})$ $(n = 1, 2, 3, \cdots).$

ちょっと高級な公式

(VI) $a^3 + b^3 + c^3 - 3abc = (a + b + c)(a^2 + b^2 + c^2 - ab - bc - ca).$

例題2 次の計算をしなさい.
$$5x^3 - 4x^2 + 2x + 6 - (-2x^3 - 3x + 9)$$

Point! 同じ次数の項をまとめて, 次数の大きい方から (降べき) 順に整理する.

解答 $5x^3 - 4x^2 + 2x + 6 - (-2x^3 - 3x + 9)$
$$= (5x^3 + 2x^3) - 4x^2 + (2x + 3x) + (6 - 9)$$
$$= (5 + 2)x^3 - 4x^2 + (2 + 3)x + (-3)$$
$$= 7x^3 - 4x^2 + 5x - 3.$$

例題3 次の式を展開せよ.

(1) $(x + 2)(x - 3)$ 　　　　(2) $(2x + 3)(x^2 - 3x + 5)$

Point! (分配法則) $a(b + c) = ab + ac,$ 　$(a + b)c = ac + bc$ を利用する.

解答 (1) $(x + 2)(x - 3) = x(x - 3) + 2(x - 3)$
$$= x \cdot x - x \cdot 3 + 2 \cdot x - 2 \cdot 3 = x^2 - 3x + 2x - 6$$
$$= x^2 - x - 6.$$

(2) $(2x + 3)(x^2 - 3x + 5) = 2x(x^2 - 3x + 5) + 3(x^2 - 3x + 5)$
$$= 2x \cdot x^2 - 2x \cdot 3x + 2x \cdot 5 + 3 \cdot x^2 - 3 \cdot 3x + 3 \cdot 5$$
$$= 2x^3 - 6x^2 + 10x + 3x^2 - 9x + 15 = 2x^3 - 3x^2 + x + 15.$$

例題4 次の式を展開せよ.

(1) $(x + 4)(x - 3)$ 　　(2) $(a + 5)^2$ 　　(3) $(a + 2)(a - 2)$

(4) $(a - 2)^3$ 　　(5) $(x - 2)(x - 1)(x + 3)(x + 4)$

Point! 展開公式を使ってみよう.

解答 (1) $(x + 4)(x - 3) = x^2 + (4 - 3)x + 4 \cdot (-3) = x^2 + x - 12.$

(2) $(a + 5)^2 = a^2 + 2 \cdot a \cdot 5 + 5^2 = a^2 + 10a + 25.$

(3) $(a + 2)(a - 2) = a^2 - 2^2 = a^2 - 4.$

(4) $(a - 2)^3 = a^3 - 3a^2 \cdot 2 + 3a \cdot 2^2 - 2^3 = a^3 - 6a^2 + 12a - 8.$

(5) $(x - 2)(x - 1)(x + 3)(x + 4) = (x - 2)(x + 4)(x - 1)(x + 3)$
$$= (x^2 + 2x - 8)(x^2 + 2x - 3)$$

ここで, $x^2 + 2x = X$ とおけば
$$= (X - 8)(X - 3)$$
$$= X^2 - 11X + 24$$

$$= (x^2 + 2x)^2 - 11(x^2 + 2x) + 24$$
$$= x^4 + 4x^3 + 4x^2 - 11(x^2 + 2x) + 24$$
$$= x^4 + 4x^3 - 7x^2 - 22x + 24.$$

✎ **注意 4**　（たすき掛けの方法）　⟸　 因数がみつけやすい.

(1) $x^2 + (A + B)x + AB = (x + A)(x + B)$.

(2) $ACx^2 + (AD + BC)x + BD = (Ax + B)(Cx + D)$.

例題 5　次の式を因数分解せよ.

(1) $ab^2 - a^2b$　　　(2) $x^2 + 5x + 6$　　　(3) $3x^2 - 18x + 24$

(4) $x^2 - 5x - 6$　　　(5) $a^2 - 9$　　　(6) $a^4 + 5a^2 + 9$

Point!　分配法則，展開公式を逆に使ってみよう.

解答　(1) $ab^2 - a^2b = ab \cdot b - ab \cdot a = ab(b - a)$.　⟸　 共通因数でくくる.

(2) $x^2 + 5x + 6 = x^2 + (2 + 3)x + 2 \cdot 3 = (x + 2)(x + 3)$.

(3) $3x^2 - 18x + 24 = 3(x^2 - 6x + 8)$
$$= 3\left\{x^2 - (2 + 4)x + 2 \cdot 4\right\} = 3(x - 2)(x - 4).$$

(4) $x^2 - 5x - 6 = x^2 + (-6 + 1)x + (-6) \cdot 1$
$$= \{x + (-6)\}(x + 1) = (x - 6)(x + 1).$$

(5) $a^2 - 9 = a^2 - 3^2 = (a + 3)(a - 3)$.

(6) $a^4 + 5a^2 + 9 = (a^4 + 6a^2 + 9) - a^2 = \left\{(a^2)^2 + 2 \cdot a^2 \cdot 3 + 3^2\right\} - a^2$
$$= (a^2 + 3)^2 - a^2 = (a^2 + 3 + a)(a^2 + 3 - a)$$
$$= (a^2 + a + 3)(a^2 - a + 3).$$

例題 6　次の式を因数分解せよ.

(1) $2x^2 + 5x + 3$　　　　　(2) $6a^2 - ab - 2b^2$

たすき掛けでやってみよう.

 (1) $2x^2 + 5x + 3 = (2x + 3)(x + 1)$.

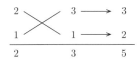

(2) $6a^2 - ab - 2b^2 = (2a + b)(3a - 2b)$.

注意 5 $x^4 - 9y^4$ を因数分解してみよう. 有理数の範囲で因数分解すると
$$x^4 - 9y^4 = (x^2)^2 - (3y^2)^2 = (x^2 - 3y^2)(x^2 + 3y^2)$$
実数の範囲で因数分解すると
$$= \left\{ x^2 - (\sqrt{3}y)^2 \right\} (x^2 + 3y^2) = (x + \sqrt{3}y)(x - \sqrt{3}y)(x^2 + 3y^2)$$
さらに, 複素数の範囲で因数分解すると
$$= (x + \sqrt{3}y)(x - \sqrt{3}y) \left\{ x^2 - (\sqrt{3}iy)^2 \right\}$$
$$= (x + \sqrt{3}y)(x - \sqrt{3}y)(x + \sqrt{3}iy)(x - \sqrt{3}iy).$$

次に, 多項式の除法について述べておく.

基本事項 (多項式の除法の原理)

$F(x)$ と $G(x)$ を x の多項式とし, $\deg G(x) \leqq \deg F(x)$, $\deg G(x) \geqq 1$ であるとする. $F(x)$ を $G(x)$ で割ると
$$F(x) = Q(x)G(x) + R(x), \quad \deg R(x) < \deg G(x)$$
となる多項式 $Q(x)$ と $R(x)$ の組がただ 1 組存在する. このとき, $Q(x)$ を ($F(x)$ を $G(x)$ で割ったときの) 商といい, $R(x)$ を余りという.

例題 7   多項式 $3x^4 - 2x^3 - 20x^2 + 7x + 2$ を $x^2 + 2x - 5$ で割ったとき, 商と余りを求めよ.

解答

$$
\begin{array}{r}
3x^2 - 8x\ + 11 \qquad\qquad \cdots \text{商} \\
x^2 + 2x - 5\ \big)\ \overline{3x^4 - 2x^3 - 20x^2 +\ 7x +\ 2} \\
\underline{3x^4 + 6x^3 - 15x^2} \qquad\qquad\quad \\
-8x^3 -\ 5x^2 +\ 7x \quad\quad \\
\underline{-8x^3 - 16x^2 + 40x} \quad\quad \\
11x^2 - 33x +\ 2 \\
\underline{11x^2 + 22x - 55} \\
-55x + 57 \ \cdots \text{余り}
\end{array}
$$

$\therefore \quad 3x^4 - 2x^3 - 20x^2 + 7x + 2 = (3x^2 - 8x\ + 11\ )(x^2 + 2x - 5) - 55x + 57.$

$\qquad\qquad \therefore \quad$ 商 $3x^2 - 8x + 11, \qquad$ 余り $-55x + 57.$

✎ **注意 6** [上の割り算] の表現

$$
\frac{3x^4 - 2x^3 - 20x^2 + 7x + 2}{x^2 + 2x - 5} = 3x^2 - 8x + 11 - \frac{55x - 57}{x^2 + 2x - 5}.
$$

恒等式 文字 a, b を含んだ等式

$$
(a + b)^2 = a^2 + 2ab + b^2
$$

は文字 a, b にどのような数値を代入しても，つねに成り立つ等式である．このように，その等式に含まれる文字にどのような数値を代入しても，つねに成り立つ等式を恒等式という．この場合，数値は実数のみではなく，虚数でもよい (ことに留意せよ).

重要事項 (未定係数法の原理)

2 つの多項式

$$
f(x) = a_n x^n + a_{n-1} x^{n-1} + \cdots + a_0
$$
$$
g(x) = b_n x^n + b_{n-1} x^{n-1} + \cdots + b_0
$$

について， 等式 $f(x) = g(x)$ が恒等式であるための必要十分な条件は

$$
a_n = b_n, a_{n-1} = b_{n-1}, \cdots, a_0 = b_0
$$

が成り立つことである．

証明 $f(x) = g(x)$ が恒等式であるとする．多項式

$$
f(x) - g(x) = (a_n - b_n) x^n + (a_{n-1} - b_{n-1}) x^{n-1} + \cdots + (a_0 - b_0)
$$

において，x に $(n + 1)$ 個の相異なる数値 $\alpha_1, \alpha_2, \cdots, \alpha_{n+1}$ を代入すると，この多項式の値は 0 である．よって，因数定理により $f(x) - g(x)$ は $(n + 1)$ 次の多項式

$$
(x - \alpha_1)(x - \alpha_2) \cdots (x - \alpha_{n+1})
$$

で割り切れる. しかるに, $f(x) - g(x)$ は高々 n 次の多項式であるから, $f(x) - g(x)$ は 0 でなければならない.

$$\therefore \quad a_n = b_n, a_{n-1} = b_{n-1}, \cdots, a_0 = b_0.$$

逆に, $a_n = b_n, a_{n-1} = b_{n-1}, \cdots, a_0 = b_0$ ならば, 明らかに, $f(x) = g(x)$ は恒等式である.

✎ **注意 7**　(1) $f(x)$, $g(x)$ が高々 n 次の多項式であるとき,

$\quad f(x) = g(x)$ が恒等式

$\Longleftrightarrow f(x) = g(x)$ が x の相異なる $(n+1)$ 個の数値に対して成り立つ.

(2) x の多項式 $f(x) = a_n x^n + a_{n-1} x^{n-1} + \cdots + a_0$ が $(n+1)$ 個の相異なる x の値に対して 0 ならば, $f(x)$ は恒等的に 0, すなわち,

$$a_n = 0, \ a_{n-1} = 0, \cdots, a_0 = 0.$$

例題 8　次が x についての恒等式になるように, 定数 a, b, c の値を定めよ.
$$a(x+1)^2 + b(x+1)(x-1) + cx(x-1) = x^2 + 4x + 7$$

解答　左辺を展開すると

$$(a+b+c)x^2 + (2a-c)x + (a-b) = x^2 + 4x + 7.$$

同じ次数の項の係数を比較して

$$\begin{cases} a + b + c = 1 \\ 2a \quad\ - c = 4 \\ a - b \quad\ \ = 7 \end{cases}$$

これを解いて, $a = 3, \ b = -4, \ c = 2$.

(**別解**)　$a(x+1)^2 + b(x+1)(x-1) + cx(x-1) = x^2 + 4x + 7$ の両辺に $x = -1$, $x = 1$, $x = 0$ を代入すると

$$2c = 4, \quad 4a = 12, \quad a - b = 7.$$

これから求めてもよい.

例題 9　2 つの多項式　$F(x) = x^2 + 3x + 2$, $\quad G(x) = x^2 + 5x + 6$ の最大公約数と最小公倍数を求めよ.

Point!　$F(x), G(x)$ の公約数のうちで, (最高次の係数が 1 で) 次数が最大なものを $F(x)$ と $G(x)$ の最大公約数という. また, $F(x), G(x)$ の公倍数のうちで, (最高次の係数が 1 で) 次数が最小なものを $F(x)$ と $G(x)$ の最小公倍数という.

解答　$F(x) = x^2 + 3x + 2 = (x+1)(x+2)$,

$$G(x) = x^2 + 5x + 6 = (x+2)(x+3).$$

∴　$F(x)$ と $G(x)$ の最大公約数は $x+2$, 最小公倍数は $(x+1)(x+2)(x+3)$. ▮

(参考 *4*) ユークリッド (Euclid) の互除法 (または連除法)　2 つの x の多項式が与えられているとき, これらの式の最大公約数を求める伝統的なユークリッドの互除法について簡単に述べておく. $f(x), g(x)$ を与えられた 1 次以上の多項式で, $\deg f(x) \geqq \deg g(x)$ であるとする. $f(x)$ を $g(x)$ で割ったときの商を $q_1(x)$, 余りを $r_1(x)$, $g(x)$ を $r_1(x)$ で割ったときの商を $q_2(x)$, 余りを $r_2(x)$, $r_1(x)$ を $r_2(x)$ で割ったときの商を $q_3(x)$, 余りを $r_3(x)$, 順次, このような計算をつづけて, $r_{m-1}(x)$ を $r_m(x)$ で割ったとき, はじめて割り切れて, 商が $q_{m+1}(x)$ であるとする. すなわち,

$$
\begin{aligned}
f(x) &= q_1(x)g(x) + r_1(x), & \deg r_1(x) &< \deg g(x), \\
g(x) &= q_2(x)r_1(x) + r_2(x), & \deg r_2(x) &< \deg r_1(x), \\
r_1(x) &= q_3(x)r_2(x) + r_3(x), & \deg r_3(x) &< \deg r_2(x), \\
&\quad\vdots & &\quad\vdots \\
r_{m-2}(x) &= q_m(x)r_{m-1}(x) + r_m(x), & \deg r_m(x) &< \deg r_{m-1}(x), \\
r_{m-1}(x) &= q_{m+1}(x)r_m(x). &&
\end{aligned}
$$

このとき, $f(x)$ と $g(x)$ の最大公約数は $r_m(x)$ であるという論法である. 実際

$$f(x) と g(x) の最大公約数 = g(x) と r_1(x) の最大公約数,$$
$$g(x) と r_1(x) の最大公約数 = r_1(x) と r_2(x) の最大公約数,$$
$$\vdots$$

となるので, 結局,

$$f(x) と g(x) の最大公約数 = r_{m-1}(x) と r_m(x) の最大公約数 = r_m(x).$$

例 12　例題 9 において $x^2 + 3x + 2 = 1 \cdot (x^2 + 5x + 6) - 2x - 4$,

$$x^2 + 5x + 6 = \left(-\frac{1}{2}x - \frac{3}{2}\right) \cdot (-2x - 4) = (x+3)(x+2).$$

∴　　$F(x)$ と $G(x)$ の最大公約数は $x+2$ である.

(参考 *5*) 組立除法　多項式 $P(x) = a_n x^n + a_{n-1}x^{n-1} + \cdots + a_1 x + a_0$ を 1 次式 $x - \alpha$ で割ったときの商と余り求める「組立除法」について簡単に説明しておく. 商を $Q(x) = b_{n-1}x^{n-1} + b_{n-2}x^{n-2} + \cdots + b_1 x + b_0$, 余りを R とすると

$$P(x) = (x - \alpha)Q(x) + R$$

となる. この式は x に関する恒等式であるので (係数比較が可能). この両辺において, 同じ次数の項の係数を比較すると

$$a_n = b_{n-1}, a_{n-1} = b_{n-2} - b_{n-1}\alpha, \cdots, a_1 = b_0 - b_1\alpha, a_0 = R - b_0\alpha.$$

$$\therefore \quad b_{n-1} = a_n, b_{n-2} = a_{n-1} + b_{n-1}\alpha, \cdots, b_0 = a_1 + b_1\alpha, R = a_0 + b_0\alpha.$$

このようにして, 商の係数が順次 $b_{n-1}, b_{n-2}, \cdots, b_0$ と求められ, また, 余り R も求められる.

例13　$P(x) = x^4 + 2x^2 + 3x + 4$ を $x - 3$ で割ったときの商 $Q(x)$ と余り R を求めてみよう.

$$b_3 = 1, \ b_2 = 0 + 1 \cdot 3 = 3, \ b_1 = 2 + 3 \cdot 3 = 11, \ b_0 = 3 + 11 \cdot 3 = 36.$$

$$\therefore \quad Q(x) = x^3 + 3x^2 + 11x + 36, \ R = 4 + 36 \cdot 3 = 112.$$

基本事項 (剰余定理, 因数定理)

$f(x)$ を多項式とする. このとき, 次が成り立つ.

(剰余定理)　$f(x)$ を $x - a$ で割ったときの余りは $f(a)$ に等しい.

(因数定理)　$f(a) = 0$ ならば $f(x)$ は $x - a$ で割り切れる. すなわち, $f(x)$ は $x - a$ を因数にもつ.

証明　$f(x)$ を $x - a$ で割ったときの商を $q(x)$, 余りを $r(= 定数!)$ とすると,

$$f(x) = (x - a)q(x) + r.$$

ここで, $x = a$ とおけば $r = f(a)$ となり, 剰余定理が成り立つことがわかる.

$$f(x) \text{ は } x - a \text{ で割り切れる} \iff r = f(a) = 0.$$

これから因数定理は直ちに従う.

例題10　(1) 多項式 $P(x)$ を $x - 1$ で割った余りは 2 で, $x - 2$ で割った余りは 1 である. $P(x)$ を $(x - 1)(x - 2)$ で割った余りを求めよ.

(2) 多項式 $x^3 - 7x + 6$ を因数分解せよ.

解答　(1) $P(x)$ を $(x - 1)(x - 2)$ で割ったとき余りは 1 次以下であるから, $px + q$ とかける.

$$\therefore \quad P(x) = (x - 1)(x - 2)Q(x) + px + q.$$

剰余の定理により $P(1) = 2, \ P(2) = 1$ であるから,

$$p + q = 2, \ 2p + q = 1.$$

これを解いて $p = -1$, $q = 3$.　∴　余りは $-x + 3$.

(2) $P(x) = x^3 - 7x + 6$ とおく. $P(1) = 0$ であるから, 因数定理により $P(x)$ は $x - 1$ で割り切れる. 割り算 $P(x) \div (x - 1)$ を行えば, $P(x) = (x - 1)(x^2 + x - 6)$.

$$\therefore \quad P(x) = x^3 - 7x + 6 = (x - 1)(x - 2)(x + 3).$$

例題 11　多項式 $x^4 + 1$ を $x^2 + 3x + 2$ で割ったときの余りを求めよ.

Point!　直接割り算で求めてもよい. 剰余の定理を利用することもできる.

解答　(ここでは剰余の定理を利用する別解を紹介する) 多項式の除法の原理により, 余りは 1 次以下であるから, $px + q$ とかける. $x^2 + 3x + 2 = (x + 1)(x + 2)$ より

$$x^4 + 1 = (x + 1)(x + 2)Q(x) + px + q.$$

ここで, $x = -1$, $x = -2$ とすると剰余の定理により

$$-p + q = 2, \quad -2p + q = 17.$$

これを解くと $p = -15$, $q = -13$.　∴　余りは $-15x - 13$.

基本問題 1.1

問題 1　次の計算をしなさい.

(1) $2x^2 - 3x - 4 + (x^2 + x + 9)$

(2) $x^4 + 5x^3 + 2x^2 - 8x + 4 - (5x^3 + 3x^2 - 8x + 2)$

問題 2　次の式を展開せよ.

(1) $2x(x - 3)$　　　　　(2) $(x + 7)(x + 8)$　　　　(3) $(x - 5)(x - 9)$

(4) $(x + 4)(x - 7)$　　　(5) $(x + 3)^2$　　　　　　(6) $(x - 4)^2$

(7) $(x + 1)(x - 1)$　　　(8) $(x + 7)(x - 7)$　　　　(9) $(3x - 2y)(2x + 3y)$

(10) $(a + b + c)^2$　　　(11) $(x + 2)^3$　　　　　(12) $(x - 4)^3$

(13) $(x - 2)(x - 3)(x + 2)(x + 3)$　　　(14) $x(x + 1)(x + 2)(x + 3)$

(15) $(x^2 + x + 1)(x^2 - x + 1)(x^4 - x^2 + 1)$

問題 3　次の式を因数分解せよ.

(1) $x^2 - 3x$　　　　　　(2) $(a - b)x - (b - a)y$　　(3) $x^2 + 6x + 8$

(4) $x^2 - 6x + 5$　　　　(5) $ax^2 + 6ax - 7a$　　　(6) $4 - a^2$

(7) $4a^2 - 9$　　　　　　(8) $a^2 - b^2 + ax + bx$　　(9) $x^3 - x$

(10) $3x^4 - 243$　　　　(11) $x^3 y - 3x^2 y^2 + 2xy^3$

(12) $a^2(3x - 2y) + 4b^2(2y - 3x)$

問題 4　次の式を因数分解せよ.

(1) $2x^2 + 5x - 3$　　　(2) $5x^2 + 6x + 1$　　　(3) $6x^2 - 5x + 1$

(4) $6x^2 - 7xy + 2y^2$　　(5) $3x^2y - 10xy^2 + 3y^3$

問題 5　次が成り立つことを示せ.

(1) $a^3 + b^3 = (a + b)(a^2 - ab + b^2)$

(2) $a^3 - b^3 = (a - b)(a^2 + ab + b^2)$

問題 6　次の式を因数分解せよ.

(1) $a^3 + 1$　　　　　　(2) $a^3 - 1$　　　　　　(3) $x^3 + 8$

(4) $x^5 - 27x^2$　　　　(5) $ab^3c^3 - a$　　　　(6) $x^6 - y^6$

問題 7　次が x についての恒等式になるように, 定数 a, b, c の値を定めよ.

(1) $x^2 - 2x + 7 = ax(x + 1) + b(x - 1)(x + 1) + c$

(2) $6x^3 + x^2 + 4x - 3 = a(x + 1)(x^2 + 1) + b(x - 1)(x^2 + 1) + c(x + 2)(x^2 - 1)$

問題 8　次の割り算の商と余りを求めよ.

(1) $(3x - 2) \div (x + 1)$　　　　　　(2) $(x^2 + 6x - 2) \div (x - 3)$

(3) $(2x^3 + x^2 - 3x + 2) \div (x^2 - x + 1)$　(4) $(x^5 + 2x^3 + 2x + 1) \div (x^2 + 2x - 3)$

問題 9　次の各組の多項式の最大公約数と最小公倍数を求めよ.

(1) $x^2 - 9,\ x^2 + 10x + 21$　　　　(2) $x^2 - x,\ x^3 + x^2 - 2x$

問題 10　因数定理を用いて次を因数分解せよ.

(1) $x^3 - 4x^2 + 5x - 2$　　　　　(2) $x^3 - 2x^2 - 13x - 10$

(3) $x^4 + 5x^3 + 5x^2 - 5x - 6$

問題 11　多項式 $P(x)$ を $x - 2$ で割った余りが 3 で, $x + 3$ で割った余りが -2 であるとする. $P(x)$ を $(x - 2)(x + 3)$ で割ったときの余りを求めよ.

問題 12　$x^3 - 3x^2 + 4x + 7$ を $x - 1$ の多項式で表せ.

1.2　有理分数式

　前節では多項式の演算法について学んだが, 多項式だけでは済まないことが山ほどある. たとえば, 多項式を多項式で割ったときですら, 結果が多項式になってくれる保障はない. 分数の形にもなる. さて, 変数と定数の間に, 加法 $(+)$, 減法 $(-)$, 乗法 $(\times)$, 除法 $(\div)$ の 4 種類の演算を有限回ほどこして得られる式を有理式という. すなわち, $P(x), Q(x)$ を 2 つの多項式とし, $P(x)$ は恒等的に 0 ではないとする. このとき, $\dfrac{Q(x)}{P(x)}$ の形の式を有理式という. 有理式で表される関数を有理関数という. この節では分数計算における基本的ルー

ルの復習と，有理分数式 (多項式ではない有理式) について基本的な計算の練習
をする．特に，部分分数分解は微分積分学において，有理分数式で表される有
理関数の積分を学ぶときに欠かせないたいへん重要な手法である (実はこの手
法のお蔭で，有理関数はいつでも積分できる)．しかし，部分分数分解の一般
論は (本書の程度では) たいへん複雑なので，本書では単純な場合だけを扱う．
ところで，有理式の元の数概念は有理数であるが，これは整数による「比 (比
として作られた数)」に由来している．したがって，有理関数は有理数の数概念
を整式の比として関数に格上げした概念である．有理関数は有理式で表され，
また，有理分数関数は有理分数式で表されるものであるが，普通はこれらは同
一視される：

$$[\text{有理関数}] = [\text{有理式}], \quad [\text{有理分数関数}] = [\text{有理分数式}].$$

基本事項 (分数，分数式の計算法則)

(I) $\dfrac{b}{a} = \dfrac{bc}{ac}$ $(c \neq 0)$.

(II) $\dfrac{b}{a} \pm \dfrac{c}{a} = \dfrac{b \pm c}{a}$ (複号同順).

$\dfrac{b}{a} \pm \dfrac{d}{c} = \dfrac{bc}{ac} \pm \dfrac{ad}{ac} = \dfrac{bc \pm ad}{ac}$ (複号同順).

(III) $\dfrac{b}{a} \times \dfrac{d}{c} = \dfrac{bd}{ac}$, $\dfrac{b}{a} \div \dfrac{d}{c} = \dfrac{b}{a} \times \dfrac{c}{d} = \dfrac{bc}{ad}$.

　以下では数概念の関数概念への格上げにともなって，分数の計算法の一瞥
(復習) から分数式 (有理式) の類似計算法を学ぶ．

例 14　(1) $\dfrac{24}{56} = \dfrac{3 \times 8}{7 \times 8} = \dfrac{3}{7}$.

(2) $\dfrac{x^2 - 4}{x^2 - 5x + 6} = \dfrac{(x+2)(x-2)}{(x-3)(x-2)} = \dfrac{x+2}{x-3}$.

例 15　(1) $\dfrac{3}{5}$ と $\dfrac{2}{7}$ を共通の分母で表すと

$$\dfrac{3}{5} = \dfrac{3 \times 7}{5 \times 7} = \dfrac{21}{35}, \quad \dfrac{2}{7} = \dfrac{2 \times 5}{7 \times 5} = \dfrac{10}{35}.$$

(2) $\dfrac{1}{x-1}$ と $\dfrac{x}{x+2}$ を共通の分母で表すと

$$\frac{1}{x-1} = \frac{x+2}{(x-1)(x+2)}, \qquad \frac{x}{x+2} = \frac{x(x-1)}{(x+2)(x-1)} = \frac{x(x-1)}{(x-1)(x+2)}.$$

例題 12 次の計算をしなさい.

$$\frac{5}{12} \div 0.75 - \left(0.6 - \frac{4}{25} \times 0.625\right) \times \frac{5}{3}$$

Point! 括弧の中を計算する. 小数は分数になおす.

$$0.75 = \frac{75}{100} = \frac{3 \times 25}{4 \times 25} = \frac{3}{4}.$$

解答

$$\frac{5}{12} \div 0.75 - (0.6 - \frac{4}{25} \times 0.625) \times \frac{5}{3}$$

$$= \frac{5}{12} \div \frac{3}{4} - \left(\frac{3}{5} - \frac{4}{25} \times \frac{5}{8}\right) \times \frac{5}{3}$$

$$= \frac{5}{12} \times \frac{4}{3} - \left(\frac{3}{5} - \frac{4 \times 5}{25 \times 8}\right) \times \frac{5}{3} = \frac{5 \times 4}{12 \times 3} - \left(\frac{3}{5} - \frac{1}{10}\right) \times \frac{5}{3}$$

$$= \frac{5}{9} - \left(\frac{6}{10} - \frac{1}{10}\right) \times \frac{5}{3} = \frac{5}{9} - \frac{5}{10} \times \frac{5}{3}$$

$$= \frac{5}{9} - \frac{5}{6} = \frac{5 \times 2}{9 \times 2} - \frac{5 \times 3}{6 \times 3} = \frac{10}{18} - \frac{15}{18} = -\frac{5}{18}.$$

例題 13 次の計算をしなさい.

(1) $\dfrac{1}{x-1} + \dfrac{x}{x+2}$　　　　　　(2) $\dfrac{x}{(x-1)^2} - \dfrac{x+1}{x^2+3x-4}$

Point! 分母をそろえる.

解答 (1) $\dfrac{1}{x-1} + \dfrac{x}{x+2} = \dfrac{x+2}{(x-1)(x+2)} + \dfrac{x(x-1)}{(x-1)(x+2)}$

$$= \frac{x+2+x(x-1)}{(x-1)(x+2)} = \frac{x+2+x^2-x}{(x-1)(x+2)} = \frac{x^2+2}{(x-1)(x+2)}.$$

(2) $\dfrac{x}{(x-1)^2} - \dfrac{x+1}{x^2+3x-4} = \dfrac{x}{(x-1)^2} - \dfrac{x+1}{(x-1)(x+4)}$

$$= \frac{x(x+4)}{(x-1)^2(x+4)} - \frac{(x+1)(x-1)}{(x-1)^2(x+4)} = \frac{x^2+4x-(x^2-1)}{(x-1)^2(x+4)}$$

$$= \frac{4x+1}{(x-1)^2(x+4)}.$$

例題 14　次の計算をしなさい.

(1) $\dfrac{x-y}{x+y} \cdot \dfrac{x^2-y^2}{x^2-xy}$　　　　(2) $\dfrac{x^2+3x+2}{x^2-4} \cdot \dfrac{x^2-5x+6}{x^3+1}$

(3) $\dfrac{x-\frac{1}{x}}{1+\frac{1}{x}}$

解答　(1) $\dfrac{x-y}{x+y} \cdot \dfrac{x^2-y^2}{x^2-xy} = \dfrac{x-y}{x+y} \cdot \dfrac{(x+y)(x-y)}{x(x-y)} = \dfrac{x-y}{x}.$

(2) $\dfrac{x^2+3x+2}{x^2-4} \cdot \dfrac{x^2-5x+6}{x^3+1} = \dfrac{(x+1)(x+2)}{(x+2)(x-2)} \cdot \dfrac{(x-2)(x-3)}{(x+1)(x^2-x+1)}$

$= \dfrac{x-3}{x^2-x+1}.$

(3) $\dfrac{x-\frac{1}{x}}{1+\frac{1}{x}} = \dfrac{\frac{x^2-1}{x}}{\frac{x+1}{x}} = \dfrac{x^2-1}{x} \div \dfrac{x+1}{x} = \dfrac{x^2-1}{x} \cdot \dfrac{x}{x+1}$

$= \dfrac{(x+1)(x-1)}{x} \cdot \dfrac{x}{x+1} = x-1.$

(別解)　$\dfrac{x-\frac{1}{x}}{1+\frac{1}{x}} = \dfrac{(x-\frac{1}{x}) \cdot x}{(1+\frac{1}{x}) \cdot x} = \dfrac{x^2-1}{x+1} = \dfrac{(x+1)(x-1)}{x+1} = x-1$

としてもよい.

基本事項 (有理関数の部分分数分解)

(方程式「分母 = 0」の解が実数解だけの場合 — 基本素式が 1 次)

2 つの多項式 $P(x), Q(x)$ があり, 例として $P(x) = x^3 - x^2 - 8x + 12 = (x-2)^2(x+3)$ とする.

(I) $\deg Q(x) < 3 = \deg P(x)$ ならば (この確認が重要), 必ず分母を因数分解 (最終結果は素因数分解に) して

$$\dfrac{Q(x)}{P(x)} = \dfrac{Q(x)}{x^3 - x^2 - 8x + 12} = \dfrac{Q(x)}{(x-2)^2(x+3)}$$

$$= \dfrac{A}{x-2} + \dfrac{B}{(x-2)^2} + \dfrac{C}{x+3} \quad \Longleftarrow \boxed{\text{分子を定数とする ところが重要.}}$$

$$= \dfrac{A(x-2)(x+3) + B(x+3) + C(x-2)^2}{(x-2)^2(x+3)}. \quad \Longleftarrow \boxed{\text{必ず通分する.}}$$

ここで,

$$Q(x) = A(x-2)(x+3) + B(x+3) + C(x-2)^2$$

$$= (A + C)x^2 + (A + B - 4C)x - 6A + 3B + 4C$$

が x について「恒等式」になる (重要). したがって

「恒等式」 $\Longleftrightarrow$ 「x に任意の値を代入しても等式が成り立つ」

$\Longleftrightarrow$ 「両辺での項の係数が等しい (連立方程式をつくる)」.

このようにして，A, B, C の値を求めて，(1) のはじめの分解式に代入する.

(II) $\deg Q(x) \geqq 3$ ならば，必ず $\dfrac{Q(x)}{P(x)}$ の割り算を実行して

$$\frac{Q(x)}{P(x)} = R(x) + \frac{S(x)}{P(x)} \, (R(x), S(x) \text{ は多項式で}, \deg S(x) < \deg P(x))$$

としてから，$\dfrac{S(x)}{P(x)}$ について (1) と同じことを実行する.

(∗) 以上 (I), (II) のようにして部分分数分解を求める方法を「未定係数法」という.

(参考 6)　部分分数分解続論 (方程式「分母 $= 0$」の解が虚数解だけの場合—基本素式が 2 次) 2 つの多項式 $P(x), Q(x)$ があり，例として $P(x) = (x^2 + x + 1)^2$ とする.

(I) $\deg Q(x) < 4 = \deg P(x)$ ならば

$$\frac{Q(x)}{P(x)} = \frac{Ax + B}{x^2 + x + 1} + \frac{Cx + D}{(x^2 + x + 1)^2} \quad \Longleftarrow \quad \boxed{\begin{array}{l}\text{分子を [形式的 1 次式]}\\ \text{(1 次以下の式) にとる}\\ \text{ところが重要.}\end{array}}$$

$$= \frac{(Ax + B)(x^2 + x + 1) + Cx + D}{(x^2 + x + 1)^2}. \quad \Longleftarrow \quad \boxed{\text{必ず通分する.}}$$

$$\therefore \quad Q(x) = (Ax + B)(x^2 + x + 1) + Cx + D$$
$$= Ax^3 + (A + B)x^2 + (A + B + C)x + (B + D).$$

この等式が恒等式であることに注意して，上の場合と同様にして A, B, C, D を求めて，はじめの分解式に代入する.

(II) $\deg Q(x) \geqq 4 = \deg P(x)$ ならば，必ず割り算を実行して，上の (II) の場合と同じプロセスに従う.

(∗) 基本素式が 1 次式のものと 2 次式のものの積になっているときは，分解

式において，先に 1 次式について分解をし，間を「+」でつなぎ，引き続き 2 次式について分解すればよい．

例題 15 次の有理関数を部分分数に分解せよ．
$$\frac{x+13}{(x-2)(x+3)}$$

解答 まず，基本素式が 1 次であることに注意して，未定係数 A, B を用いて

$$\frac{x+13}{(x-2)(x+3)} = \frac{A}{x-2} + \frac{B}{x+3}$$

のように部分分数に分解する．そこで，A, B の値を求めるために，右辺を通分して

$$右辺 = \frac{A(x+3)+B(x-2)}{(x-2)(x+3)} = \frac{(A+B)x+(3A-2B)}{(x-2)(x+3)}.$$

左辺の分子と比べて，次の x についての恒等式を得る．

$$(A+B)x+3A-2B = x+13.$$

よって，これから係数比較により

$$\begin{cases} A+ B = 1 \\ 3A-2B = 13 \end{cases}$$

これを解いて，$A=3, B=-2$. したがって，

$$\frac{x+13}{(x-2)(x+3)} = \frac{3}{x-2} - \frac{2}{x+3}.$$

✎ **注意 8** $C = \dfrac{B}{A} \iff AC=B$ かつ $A \neq 0$.

実際，「$x \neq 0$ ならば $\dfrac{x^2}{x} = x$」は正しい，しかし「単に $\dfrac{x^2}{x} = x$」は正しくない．$x=0$ の場合は無意味！うっかり，このことを忘れるものなら，とんでもない間違ったことが起こる．たとえば，$x=y$ としよう．両辺に x を掛けると，$x^2 = xy$. さらに，この両辺から y^2 を引くと，$x^2-y^2 = xy-y^2$, すなわち，$(x+y)(x-y) = y(x-y)$. よって，両辺を $x-y(=0)$ で割ると (本当は割れない)，$x+y = y$. 仮定により $x=y$ であるから，$2x=x$. ∴ x で割ると ($x=0$ ならば割れない)，$2=1(?!)$ (これはいんちきな数学!)

例題 16 次の有理関数を部分分数に分解せよ．
$$\frac{x-1}{(x+1)(x^2+3)}$$

解答 　基本素式が 1 次と 2 次であることに注意して，未定係数 A, B, C を用いて

$$\frac{x-1}{(x+1)(x^2+3)} = \frac{A}{x+1} + \frac{Bx+C}{x^2+3}$$

のように部分分数に分解する．そこで，A, B, C の値を求めるために，右辺を通分して

$$右辺 = \frac{A(x^2+3) + (Bx+C)(x+1)}{(x+1)(x^2+3)} = \frac{(A+B)x^2 + (B+C)x + (3A+C)}{(x+1)(x^2+3)}.$$

左辺の分子と比べて，次の x についての恒等式を得る．

$$(A+B)x^2 + (B+C)x + (3A+C) = x - 1.$$

よって，係数比較により

$$\begin{cases} A+B & = 0 \\ B+C & = 1 \\ 3A \quad +C & = -1 \end{cases}$$

これを解いて，$A = -\dfrac{1}{2}$, $B = C = \dfrac{1}{2}$. したがって，

$$\frac{x-1}{(x+1)(x^2+3)} = \frac{-\frac{1}{2}}{x+1} + \frac{\frac{1}{2}x + \frac{1}{2}}{x^2+3}.$$

例題 17 　次の有理関数を部分分数に分解せよ．

$$\frac{x^5 - x^4 - 6x^3 + 10x^2 + 9x + 74}{x^3 - x^2 - 8x + 12}$$

解答 　多項式 $x^5 - x^4 - 6x^3 + 10x^2 + 9x + 74$ を $x^3 - x^2 - 8x + 12$ で割ると

$$x^5 - x^4 - 6x^3 + 10x^2 + 9x + 74 = (x^3 - x^2 - 8x + 12)(x^2+2) + 25x + 50.$$

$$\therefore \quad \frac{x^5 - x^4 - 6x^3 + 10x^2 + 9x + 74}{x^3 - x^2 - 8x + 12} = x^2 + 2 + \frac{25x+50}{x^3 - x^2 - 8x + 12}.$$

$$\frac{25x+50}{x^3 - x^2 - 8x + 12} = \frac{25x+50}{(x-2)^2(x+3)}$$ を部分分数に分解して

$$\frac{25x+50}{(x-2)^2(x+3)} = \frac{A}{x-2} + \frac{B}{(x-2)^2} + \frac{C}{x+3}.$$

右辺を通分して

$$右辺 = \frac{A(x-2)(x+3) + B(x+3) + C(x-2)^2}{(x-2)^2(x+3)}$$

$$= \frac{(A+C)x^2 + (A+B-4C)x - 6A + 3B + 4C}{(x-2)^2(x+3)}.$$

左辺の分子と比べて，次の x についての恒等式を得る．

$$25x + 50 = (A+C)x^2 + (A+B-4C)x - 6A + 3B + 4C.$$

さらに，係数比較により

$$\left\{ \begin{array}{l} A + \qquad\quad C = 0 \\ A + \ B - 4C = 25 \\ -6A + 3B + 4C = 50 \end{array} \right.$$

これを解いて，$A = 1, B = 20, C = -1$. したがって，

$$\frac{25x + 50}{(x-2)^2(x+3)} = \frac{1}{x-2} + \frac{20}{(x-2)^2} - \frac{1}{x+3}.$$

$$\therefore\quad \frac{x^5 - x^4 - 6x^3 + 10x^2 + 9x + 74}{x^3 - x^2 - 8x + 12} = x^2 + 2 + \frac{1}{x-2} + \frac{20}{(x-2)^2} - \frac{1}{x+3}.$$

(**別解**)　上記の解答で両辺の分子を比較して

$$25x + 50 = A(x-2)(x+3) + B(x+3) + C(x-2)^2.$$

これは x についての恒等式であるから，

$x = 2$ とおいて，$100 = 5B$ より $B = 20$.

$x = -3$ とおいて，$-25 = 25C$ より $C = -1$.

定数項を比べて，$50 = -6A + 3B + 4C$ より $A = 1$ と求めてもよい.

基本問題 1.2

問題 13　次の計算をしなさい.

(1) $\left(\dfrac{11}{3} + \dfrac{7}{9} \right) \times 0.75 \div \dfrac{3}{2}$

(2) $\left\{ \left(\dfrac{2}{5} - \dfrac{1}{25} \right) \div \dfrac{4}{15} - \dfrac{5}{6} \div 1.25 \right\} \times 0.75$

問題 14　次の式を通分して計算しなさい.

(1) $\dfrac{3}{x-2} + \dfrac{2}{x+1}$

(2) $\dfrac{2}{x^2 - 3x + 2} - \dfrac{1}{x^2 - 1}$

(3) $\dfrac{3x}{x^2 + x + 1} - \dfrac{2}{x^3 - 1}$

(4) $\dfrac{1}{x(x-1)} - \dfrac{1}{x(x+1)}$

(5) $x - \dfrac{x^2 - 2x}{x - 1}$

(6) $\dfrac{2}{x^2 - x} + \dfrac{1}{x^2 - 2x}$

(7) $\dfrac{z}{xy} + \dfrac{x}{yz}$

(8) $\dfrac{x+y}{x-y} - \dfrac{x-y}{x+y}$

(9) $\dfrac{x + 2y}{x^2 + 4xy + 3y^2} - \dfrac{x - 2y}{x^2 + 2xy - 3y^2}$

問題 15　次の計算をしなさい.

(1) $\dfrac{x^2 - 1}{x^2 + x}$　　　　　　　　　　　(2) $\dfrac{x}{x+y} \times \dfrac{x^2 - y^2}{x^2 - xy}$

(3) $\dfrac{x^2 - 9}{x^2 - 4x + 3} \times \dfrac{x^2 - 2x + 1}{x^2 + 4x + 3}$　　　　(4) $\dfrac{2x - y}{x + y} \times \dfrac{x^2 - xy - 2y^2}{4x - 2y}$

(5) $\dfrac{x^2 - y^2}{x^3 + y^3} \div \dfrac{x - y}{x + y}$

問題 16　次の計算をしなさい.

(1) $\dfrac{\frac{1}{x}}{1 - \frac{1}{x}}$　　(2) $\dfrac{1 - \frac{x^2 - 1}{x^2 + 1}}{1 + \frac{x^2 - 1}{x^2 + 1}}$　　(3) $\dfrac{1}{1 + \frac{1}{x^2}} \times \dfrac{1}{x^2}$　　(4) $\dfrac{\frac{y}{x^2}}{1 + \left(\frac{y}{x}\right)^2}$

問題 17　次を部分分数に分解しなさい.

(1) $\dfrac{2}{x^2 - 1}$　　　　　　　　　　(2) $\dfrac{x + 7}{x^2 - x - 2}$

(3) $\dfrac{2}{(x - 1)(x - 2)(x - 3)}$　　　　(4) $\dfrac{(x + 1)^4}{x^3 + x^2 + x}$

問題 18　$x + \dfrac{1}{x} = 3$ であるとき, 次の各式の値を求めよ.

(1) $x^2 + \dfrac{1}{x^2}$　　　　　(2) $x^3 + \dfrac{1}{x^3}$　　　　　(3) $x - \dfrac{1}{x}$

1.3　無理式

　無理数の重要性については説明するまでもない. 数概念を関数概念に拡張する必要性からして, 無理数も関数概念に拡張する必要がある. しかし, 無理数の場合は, 整数や有理数の場合と違って, 無理数の性質は「奥?」が深く, 「構造的?」にも複雑なところがある. たとえば, よく知られているところで, $\sqrt{2}, \sqrt{3}$ も無理数であるが, π や e も性質の異なる無理数である. さらに難しいところでは, $2^{\sqrt{2}}, e^\pi$ も無理数, かの有名なリーマンのゼータ関数と呼ばれる $\zeta(s) = \displaystyle\sum_{n=1}^{\infty} n^{-s}$ (s は一般に複素数で, 実部 $(\mathrm{Re}(s) > 1)$ において, $\zeta(2) = \dfrac{\pi^2}{6}$ なども無理数である. したがって, 無理関数は無理数の関数概念への単純な拡張ではないのである. さて, 変数と定数の間に, 加法 $(+)$, 減法 $(-)$, 乗法 $(\times)$, 除法 $(\div)$, 開方 $(\sqrt[n]{\ })$ の 5 種類の演算を有限回ほどこして得られる式で, 有理式でないものを無理式という. たとえば, $P(x)$ を多項式とし, $P(x) \geqq 0$ となる x の範囲において, $\sqrt{P(x)}$ のルートが開けないとき, $\sqrt{P(x)}$ を $(x$ の$)$ 無理式であるという (一般的な定義は本書の程度をこえるので省略する). しか

し, $\sqrt{(x+1)^2} = |x+1|$ は (ルートが開けているので) もはや無理式ではない (注意!).

(1) $|x+1| = \begin{cases} x+1 & (x \geqq -1), \\ -x-1 & (x \leqq -1). \end{cases}$

(2) $|x+1| = A(x+1)$ $(A = \pm 1)$.

(この表現は $[x+1 \geqq 0 \implies A = 1, \ x+1 \leqq 0 \implies A = -1]$ を意味し, 微分方程式を解くときによく使われる.)

無理関数は無理式で表されるものであるが, 普通はこれらを同一視する:

$$[\text{無理関数}] = [\text{無理式}].$$

この節では実数や式についての累乗根の意味とその演算法を学ぶ. 特に, 式については簡単に (主に) 平方根の場合を扱う.

基本事項 (累乗根)

n を自然数, a を実数とする. n 乗して a になる数を a の n 乗根という. 複素数まで考えれば, a の n 乗根は n 個ある. 以下, 実数の範囲で考える.

(I) n が奇数のとき, a の n 乗根はただ1つ定まり, それを $a^{\frac{1}{n}}$ とかき, 記号 $\sqrt[n]{a}$ で表す : $a^{\frac{1}{n}} = \sqrt[n]{a}$.

(II) n が偶数のとき, $a > 0$ ならば, a の n 乗根は2つで, 正の値と負の値があり, 正の方を $a^{\frac{1}{n}}$ (記号 $\sqrt[n]{a}$ で表す), 負の方を $-a^{\frac{1}{n}}$ (記号 $-\sqrt[n]{a}$ で表す) とかく. $\sqrt[n]{0} = 0$ と定める. 特に, $\sqrt[2]{a}$ は (通常, $n=2$ の場合に限り, 2を省略して) $\sqrt{a}$ で表す. $a < 0$ ならば, 実数の範囲での a の (偶数の)n 乗根は存在しない.

✎ **注意9** (1) $\sqrt[1]{a} = a$ (a は実数)(記号 $\sqrt[n]{}$ を導入するための $n=1$ のときの特約).

(2) $1^{\frac{1}{n}} = \sqrt[n]{1} = 1$ $(n = 2, 3, 4, \cdots)$, $(-1)^{\frac{1}{n}} = \sqrt[n]{-1} = -1$ $(n = 3, 5, 7 \cdots)$.

(3) $(a^{\frac{1}{n}})^n = (\sqrt[n]{a})^n = a$ $(a \geqq 0, n = 2, 3, 4, \cdots)$.

(4) $a > 0$ ならば, n の奇数, 偶数にかかわらず a の n 乗根で正のものはただ1つ存在する.

基本事項 (累乗根の性質)

$a > 0$, $b > 0$, $k > 0$ のとき, 次が成り立つ.

(I) $(k^n a)^{\frac{1}{n}} = k a^{\frac{1}{n}}$, 特に, $(k^n)^{\frac{1}{n}} = k$.   (II) $(ab)^{\frac{1}{n}} = a^{\frac{1}{n}} b^{\frac{1}{n}}$.

(III) $\left(\dfrac{a}{b}\right)^{\frac{1}{n}} = \dfrac{a^{\frac{1}{n}}}{b^{\frac{1}{n}}}$.   (IV) $a^{\frac{1}{mn}} = (a^{\frac{1}{n}})^{\frac{1}{m}}$.

証明 次を思い出しておこう. a, b が実数で, m, n が自然数のとき, 次が成り立つ.

(1) $(a^m)^n = a^{mn}$ (2) $(ab)^m = a^m b^m$ (3) $\left(\dfrac{a}{b}\right)^m = \dfrac{a^m}{b^m}$ $(b \neq 0)$

これらを用いて, 累乗根の性質を証明してみよう.

(I) $(ka^{\frac{1}{n}})^n = k^n (a^{\frac{1}{n}})^n = k^n a (> 0)$ であるから, 注意 9 の (4) より $(k^n a)^{\frac{1}{n}} = k a^{\frac{1}{n}}$.

(II) $(a^{\frac{1}{n}} b^{\frac{1}{n}})^n = (a^{\frac{1}{n}})^n (b^{\frac{1}{n}})^n = ab (> 0)$ であるから, $(ab)^{\frac{1}{n}} = a^{\frac{1}{n}} b^{\frac{1}{n}}$.

(III) $\left(\dfrac{a^{\frac{1}{n}}}{b^{\frac{1}{n}}}\right)^n = \dfrac{(a^{\frac{1}{n}})^n}{(b^{\frac{1}{n}})^n} = \dfrac{a}{b} (> 0)$ であるから, $\left(\dfrac{a}{b}\right)^{\frac{1}{n}} = \dfrac{a^{\frac{1}{n}}}{b^{\frac{1}{n}}}$.

(IV) $\left((a^{\frac{1}{n}})^{\frac{1}{m}}\right)^{mn} = \left\{\left((a^{\frac{1}{n}})^{\frac{1}{m}}\right)^m\right\}^n = \left(a^{\frac{1}{n}}\right)^n = a (> 0)$ であるから,

$(a^{\frac{1}{n}})^{\frac{1}{m}} = a^{\frac{1}{mn}}$.

累乗根の記号を用いて表せば, 次が成り立つ.

基本事項 (累乗根の性質)

$a > 0$, $b > 0$, $k > 0$ のとき, 次が成り立つ.

(I) $\sqrt[n]{k^n a} = k \sqrt[n]{a}$ $\left(\text{特に}, n = 2 \text{ の場合は } \sqrt{k^2 a} = k\sqrt{a}\right)$,

(II) $\sqrt[n]{ab} = \sqrt[n]{a} \sqrt[n]{b}$ $\left(\text{特に}, n = 2 \text{ の場合は } \sqrt{ab} = \sqrt{a}\sqrt{b}\right)$,

(III) $\sqrt[n]{\dfrac{a}{b}} = \dfrac{\sqrt[n]{a}}{\sqrt[n]{b}}$ $\left(\text{特に}, n = 2 \text{ の場合は } \sqrt{\dfrac{a}{b}} = \dfrac{\sqrt{a}}{\sqrt{b}}\right)$,

(IV) $\sqrt[m]{\sqrt[n]{a}} = \sqrt[mn]{a}$ $\left(\text{特に}, m = n = 2 \text{ の場合は } \sqrt{\sqrt{a}} = \sqrt[4]{a}\right)$.

✎ **注意 10** 実数 x に対して, $\sqrt{x^2} = |x| = \begin{cases} x & (x \geqq 0) \\ -x & (x < 0) \end{cases}$

✎ **注意 11** $a > 0, b > 0$ のとき, $\sqrt{a+b} = \sqrt{a} + \sqrt{b}$ は成り立たない! もし成り立つとすると, 両辺を平方して $a + b = a + b + 2\sqrt{a}\sqrt{b}$. $\therefore 0 < \sqrt{a}\sqrt{b} = 0 \,(?)$ となり, おかしなことになる.

以下では, 累乗根や無理数の計算法の一瞥 (復習) から無理式の類似計算法を学ぶ.

例 16 (1) $\sqrt{25} = 5$.   (2) $\sqrt[3]{8} = 2$, $\sqrt[3]{-8} = -2$.   (3) $\sqrt[4]{16} = 2$.

(4) $\sqrt{(-4)^2} = 4.$ $\impliedby$ ⟦ -4 でないことに注意.⟧

例 17 (1) $\sqrt{50} = \sqrt{25 \cdot 2} = \sqrt{5^2 \cdot 2} = 5\sqrt{2}.$

(2) $\sqrt[3]{24} = \sqrt[3]{8 \cdot 3} = \sqrt[3]{2^3 \cdot 3} = 2\sqrt[3]{3}.$

(3) $\sqrt{\dfrac{50}{9}} = \dfrac{\sqrt{50}}{\sqrt{9}} = \dfrac{\sqrt{5^2 \cdot 2}}{3} = \dfrac{5\sqrt{2}}{3}.$

(4) $\sqrt[4]{\dfrac{405}{16}} = \dfrac{\sqrt[4]{405}}{\sqrt[4]{16}} = \dfrac{\sqrt[4]{81 \cdot 5}}{\sqrt[4]{2^4}} = \dfrac{\sqrt[4]{3^4 \cdot 5}}{2} = \dfrac{3\sqrt[4]{5}}{2}.$

(5) $\sqrt{0.27} = \sqrt{\dfrac{27}{100}} = \dfrac{\sqrt{27}}{\sqrt{100}} = \dfrac{\sqrt{3^2 \cdot 3}}{\sqrt{10^2}} = \dfrac{3\sqrt{3}}{10}.$

例題 18 次の式を簡単にせよ.

(1) $2\sqrt{50} - \sqrt{18}$ (2) $\sqrt[3]{40} + \sqrt[3]{320}$ (3) $\sqrt[3]{2} \times \sqrt[3]{20}$

解答 (1) $2\sqrt{50} - \sqrt{18} = 2\sqrt{5^2 \cdot 2} - \sqrt{3^2 \cdot 2} = 2 \cdot 5\sqrt{2} - 3\sqrt{2}$

$\qquad = (10 - 3)\sqrt{2} = 7\sqrt{2}.$

(2) $\sqrt[3]{40} + \sqrt[3]{320} = \sqrt[3]{8 \cdot 5} + \sqrt[3]{64 \cdot 5} = \sqrt[3]{2^3 \cdot 5} + \sqrt[3]{4^3 \cdot 5}.$

$= 2\sqrt[3]{5} + 4\sqrt[3]{5} = (2 + 4)\sqrt[3]{5} = 6\sqrt[3]{5}.$

(3) $\sqrt[3]{2} \times \sqrt[3]{20} = \sqrt[3]{2 \cdot 20} = \sqrt[3]{8 \cdot 5} = \sqrt[3]{2^3 \cdot 5} = 2\sqrt[3]{5}.$

例 18 (分母の有理化)

(1) $\dfrac{2}{\sqrt{3}} = \dfrac{2 \times \sqrt{3}}{\sqrt{3} \times \sqrt{3}} = \dfrac{2\sqrt{3}}{3}.$

(2) $\dfrac{\sqrt{5} + 1}{\sqrt{5} + 2} = \dfrac{(\sqrt{5} + 1)(\sqrt{5} - 2)}{(\sqrt{5} + 2)(\sqrt{5} - 2)}$ $\impliedby$ ⟦ 分母に和と差の公式 $(a + b)(a - b) = a^2 - b^2$ ⟧

$\qquad = \dfrac{3 - \sqrt{5}}{(\sqrt{5})^2 - 2^2} = \dfrac{3 - \sqrt{5}}{1} = 3 - \sqrt{5}.$

(3) $\dfrac{1}{\sqrt[3]{2} + 1} = \dfrac{(\sqrt[3]{2})^2 - \sqrt[3]{2} + 1}{(\sqrt[3]{2} + 1)\left\{(\sqrt[3]{2})^2 - \sqrt[3]{2} + 1\right\}}$

$\impliedby$ ⟦ 分母に因数分解の公式 $a^3 + b^3 = (a + b)(a^2 - ab + b^2)$ ⟧

$\qquad = \dfrac{(\sqrt[3]{2})^2 - \sqrt[3]{2} + 1}{(\sqrt[3]{2})^3 + 1^3}$

$$= \frac{(\sqrt[3]{2})^2 - \sqrt[3]{2} + 1}{2 + 1} = \frac{(\sqrt[3]{2})^2 - \sqrt[3]{2} + 1}{3}.$$

例 19　$\sqrt{5} \fallingdotseq 2.236$（$\fallingdotseq$ は近似値の記号）を用いて，$\dfrac{\sqrt{5}+1}{\sqrt{5}+2}$ の値を求めてみよう．例 18 の (2) より，

$$\frac{\sqrt{5}+1}{\sqrt{5}+2} = 3 - \sqrt{5} \fallingdotseq 3 - 2.236 = 0.764.$$

例題 19　$x = \dfrac{2+\sqrt{3}}{2-\sqrt{3}}, \quad y = \dfrac{2-\sqrt{3}}{2+\sqrt{3}}$ のとき，$\dfrac{x^3 - y^3}{x^3 + y^3}$ の値を求めよ．

解答　明らかに $xy = 1$.

$$x + y = \frac{(2+\sqrt{3})^2 + (2-\sqrt{3})^2}{(2-\sqrt{3})(2+\sqrt{3})} = \frac{2\{2^2 + (\sqrt{3})^2\}}{2^2 - (\sqrt{3})^2} = 14.$$

$$x - y = \frac{(2+\sqrt{3})^2 - (2-\sqrt{3})^2}{(2-\sqrt{3})(2+\sqrt{3})} = \frac{8\sqrt{3}}{2^2 - (\sqrt{3})^2} = 8\sqrt{3}.$$

$$\therefore \quad \frac{x^3 - y^3}{x^3 + y^3} = \frac{(x-y)(x^2 + xy + y^2)}{(x+y)(x^2 - xy + y^2)} = \frac{8\sqrt{3}\{(x+y)^2 - xy\}}{14\{(x+y)^2 - 3xy\}}$$

$$= \frac{8\sqrt{3} \times 195}{14 \times 193} = \frac{780\sqrt{3}}{1351}.$$

例題 20　（無理式の計算）　次の式を簡単にせよ．
　(1) $(\sqrt{x} + 1)^2 + (\sqrt{x} - 1)^2$ 　　　 (2) $(\sqrt{x+1} - \sqrt{x-1})^2$
　(3) $\dfrac{1}{\sqrt{x+1} + \sqrt{x-1}} + \dfrac{1}{\sqrt{x+1} - \sqrt{x-1}}$

解答　(1) $(\sqrt{x} + 1)^2 + (\sqrt{x} - 1)^2$ $\Longleftarrow$ 　展開公式 $(a \pm b)^2 = a^2 \pm 2ab + b^2$

$$= (\sqrt{x})^2 + 2 \times \sqrt{x} \times 1 + 1^2 + (\sqrt{x})^2 - 2 \times \sqrt{x} \times 1 + 1^2$$

$$= x + 2\sqrt{x} + 1 + x - 2\sqrt{x} + 1 = 2x + 2.$$

(2) $(\sqrt{x+1} - \sqrt{x-1})^2 = (\sqrt{x+1})^2 - 2\sqrt{x+1} \times \sqrt{x-1} + (\sqrt{x-1})^2$

$$= x + 1 - 2\sqrt{(x+1)(x-1)} + x - 1$$

$$= 2x - 2\sqrt{x^2 - 1} = 2\left(x - \sqrt{x^2 - 1}\right).$$

(3) $\dfrac{1}{\sqrt{x+1}+\sqrt{x-1}}+\dfrac{1}{\sqrt{x+1}-\sqrt{x-1}}$

$\quad = \dfrac{(\sqrt{x+1}-\sqrt{x-1})+(\sqrt{x+1}+\sqrt{x-1})}{(\sqrt{x+1}+\sqrt{x-1})(\sqrt{x+1}-\sqrt{x-1})}$

$\quad = \dfrac{2\sqrt{x+1}}{(\sqrt{x+1})^2-(\sqrt{x-1})^2} = \dfrac{2\sqrt{x+1}}{(x+1)-(x-1)} = \sqrt{x+1}.$

例題 21 $\sqrt{3x^2+1}$ を, $\sqrt{3x^2+1}=t-\sqrt{3}x$ と変換することによって, t の有理式になおせ.

解答 $\sqrt{3x^2+1}=t-\sqrt{3}x$ の両辺を平方して

$$3x^2+1 = t^2 - 2t\sqrt{3}x + 3x^2.$$

これから, $2t\sqrt{3}x = t^2-1$. よって, $x = \dfrac{t^2-1}{2\sqrt{3}t}.$

$$\therefore \quad \sqrt{3x^2+1} = t-\sqrt{3}x = t-\sqrt{3}\cdot\dfrac{t^2-1}{2\sqrt{3}t} = \dfrac{t^2+1}{2t}.$$

基本事項 (2 重根号)

(I) $\sqrt{a+b+2\sqrt{ab}} = \sqrt{a}+\sqrt{b}\ (a>0, b>0).$

(II) $\sqrt{a+b-2\sqrt{ab}} = \sqrt{a}-\sqrt{b}\ (a\geqq b>0).$

証明 (I) $(\sqrt{a}+\sqrt{b})^2 = a+2\sqrt{a}\sqrt{b}+b = a+b+2\sqrt{ab}.$

$\sqrt{a}+\sqrt{b}>0$ であるから,

$$\sqrt{a+b+2\sqrt{ab}} = \sqrt{a}+\sqrt{b}.$$

(II) も同様である.

例 20 (1) $\sqrt{7+4\sqrt{3}} = \sqrt{4+3+2\sqrt{4\cdot3}} = \sqrt{4}+\sqrt{3} = 2+\sqrt{3}.$

(2) $\sqrt{5-2\sqrt{6}} = \sqrt{3+2-2\sqrt{3\cdot2}} = \sqrt{3}-\sqrt{2}.$

(3) $\sqrt{4+\sqrt{15}} = \sqrt{\dfrac{8+2\sqrt{15}}{2}} = \dfrac{\sqrt{5}+\sqrt{3}}{\sqrt{2}} = \dfrac{\sqrt{10}+\sqrt{6}}{2}.$

基本問題 1.3

問題 19 次の値を求めよ.

(1) $\sqrt{36}$　　　(2) $\sqrt{\dfrac{16}{49}}$　　　(3) $\sqrt{0.04}$　　　(4) $\sqrt[3]{-27}$

(5) $\sqrt[3]{125}$　　　(6) $\sqrt[4]{81}$　　　(7) $(\sqrt{15})^2$　　　(8) $\sqrt{(-5)^2}$

問題 20 次の値を求めよ.

(1) $|\sqrt{5}-2|+|\sqrt{5}-3|$　　(2) $|\pi-4|+|6-2\pi|$　　(3) $|3\sqrt{7}-8|\,|3\sqrt{7}+8|$

問題 21 次の式を簡単にせよ.

(1) $5\sqrt{24}-2\sqrt{54}$　　　　　　　(2) $\sqrt{3}\times\sqrt{15}+\sqrt{20}-2\sqrt{5}$

(3) $\sqrt{5}\left(2\sqrt{10}-\dfrac{4\sqrt{2}}{\sqrt{5}}\right)$　　　　　(4) $(5\sqrt{3}+3\sqrt{2})(3\sqrt{2}-2\sqrt{3})$

(5) $(2\sqrt{3}-\sqrt{6})^2$　　　　　　　(6) $(\sqrt{7}+\sqrt{2})(\sqrt{7}-\sqrt{2})$

(7) $5\sqrt[3]{54}-4\sqrt[3]{16}+2\sqrt[3]{2}$　　　　(8) $(2\sqrt[3]{4}+\sqrt[3]{9})\times\sqrt[3]{6}$

(9) $\dfrac{\sqrt{35}}{\sqrt{5}}$　　　　　　　　　(10) $\dfrac{\sqrt[3]{90}}{\sqrt[3]{18}}$

(11) $\left(\sqrt{14}-\sqrt{\dfrac{7}{3}}\right)\left(8\sqrt{\dfrac{3}{7}}+\sqrt{21}\right)$　(12) $(\sqrt{2}+\sqrt{3}+\sqrt{5})(\sqrt{2}+\sqrt{3}-\sqrt{5})$

問題 22 次の分母を有理化せよ.

(1) $\dfrac{\sqrt{3}+1}{\sqrt{3}}$　　　　(2) $\dfrac{1}{\sqrt{2}-1}$　　　　(3) $\dfrac{2}{\sqrt{3}+1}$

(4) $\dfrac{\sqrt{5}-\sqrt{2}}{\sqrt{5}+\sqrt{2}}$　　　(5) $\dfrac{\sqrt{6}}{\sqrt{3}-\sqrt{2}}$

問題 23 $x=\dfrac{\sqrt{2}-1}{\sqrt{2}+1}$, $y=\dfrac{\sqrt{2}+1}{\sqrt{2}-1}$ のとき, 次の値を求めよ.

(1) $x+y$　　　　　　(2) $x-y$　　　　　　(3) x^2+y^2

(4) x^2-y^2　　　　　(5) x^3+y^3　　　　　(6) x^3-y^3

問題 24 (1) $\dfrac{\sqrt{5}+2}{\sqrt{5}-2}$ の整数部分と小数部分を求めよ.

(2) $\sqrt{5}\fallingdotseq 2.236$ を用いて, $\dfrac{\sqrt{5}+1}{\sqrt{5}+2}$ の値を求めよ.

問題 25 次の式を簡単にせよ.

(1) $(x+\sqrt{x^2-1})(x-\sqrt{x^2-1})$

(2) $(\sqrt{x+2}+\sqrt{x-2})^2+(\sqrt{x+2}-\sqrt{x-2})^2$

(3) $\sqrt{x+1} - \dfrac{1}{\sqrt{x+1}}$

(4) $\dfrac{\sqrt{x+1} - \sqrt{x-1}}{\sqrt{x+1} + \sqrt{x-1}}$

(5) $\dfrac{1}{x + \sqrt{x^2 + 1}} \times \left(1 + \dfrac{x}{\sqrt{x^2 + 1}} \right)$

(6) $x - \dfrac{1}{x + \sqrt{x^2 - 1}}$

問題 26 $(x+2)\sqrt{\dfrac{x-1}{x+1}}$ を, $t = \sqrt{\dfrac{x-1}{x+1}}$ と変換することによって, t の有理式になおせ.

問題 27 $\sqrt{3x^2 + 2x + 1}$ を, $\sqrt{3x^2 + 2x + 1} = t - \sqrt{3}x$ と変換することによって, t の有理式になおせ.

問題 28 次の 2 重根号を $\sqrt{a} \pm \sqrt{b}$ の形になおせ.

(1) $\sqrt{8 + 2\sqrt{15}}$ (2) $\sqrt{4 - 2\sqrt{3}}$ (3) $\sqrt{2 - \sqrt{3}}$

第2章

方程式と不等式

　数概念は，関数概念と密接に関係しており，関数を通すことによって，数概念も関数概念も共にその重要性と機能が増す．さまざまな現象を数理的に解析するためには，まずその現象の数理モデルを作ることが重要である．次に，数理モデルとしての関数を研究することが必要である．これらの関数の研究では，その大局的，または，局所的性質を知ることがたいへん重要であり，ここで方程式や不等式が重要な役割りを担うことになる．これらの方程式や不等式は (本書のレベルを超えて) 将来，方程式の理論はもちろん，微分方程式や線形計画の理論などへの発展の基礎となる．この章では，方程式の理論を追求するのが目的ではなく，あくまでも前に述べたような，数概念と関数概念とのかかわりの中で，もっとも基本的な方程式と不等式の解法についてまとめておく．

2.1　方程式

　変数 (未知数) と定数からなる等式を方程式という．変数の特定の値に対して等式が成り立つとき，この特定の値を方程式の解 (または根) という．変数がどのような値をとるかによって，解が存在する場合も，解が存在しない場合も起こりうる．したがって，方程式の名は，「等式の名」のもとで抽象的である．以下では，方程式の一般論ではなく，具体的でしかも基本的な方程式についてのみ考える．さて，n 次多項式

$$a_n x^n + a_{n-1} x^{n-1} + \cdots + a_1 x + a_0$$

の定める方程式

$$a_n x^n + a_{n-1} x^{n-1} + \cdots + a_1 x + a_0 = 0$$

を n 次方程式という.

1次方程式　$ax + b = 0(a \neq 0)$ を1次方程式という. つまり, 最高次の x の係数が $a \neq 0$ であるときをいう. (したがって,「1次方程式 $ax + b = 0$」というときには, つねに, 内々に $a \neq 0$ であることを意味していることに留意せよ.) 方程式 $Ax = B$ の解については,

 (i) $A = 0$ で $B \neq 0$ のとき, 解は存在しない.

 (ii) $A = 0$ で $B = 0$ のとき, 解は任意の数である.

(iii) $A \neq 0$ のとき, 解は (ただ1つ存在し) $x = \dfrac{B}{A}$ である.

　1次方程式 $ax + b = 0$ の解は (ただ1つ) 存在し, $x = -\dfrac{b}{a}$ である. (1次方程式というときには,「x の係数 $a \neq 0$」が前提.)

(参考 7)　上の1次方程式の解がただ1つ存在することは明らかであるが,「数学の考え方」の重要性から, この事実を証明しておく.

　$x = -\dfrac{b}{a}$ の他に, $x = c$ も解であるとしよう. このとき, $c = -\dfrac{b}{a}$ を示せばよい. 実際, 因数定理 (第1章をみよ) により

$$ax + b = a\left(x + \frac{b}{a}\right) = a(x - c) \quad (恒等式)$$

$$\therefore \quad ax + b = ax - ac$$

ゆえに, 未定係数法の原理 (第1章をみよ) により, $b = -ac$. $\therefore\ c = -\dfrac{b}{a}$.

例題 22　1次方程式 $7x - 3 = 5(x + 2)$ を解け.

解答　$7x - 3 = 5(x + 2) \iff 7x - 3 = 5x + 10$

$$\iff 2x = 13 \iff x = \frac{13}{2}.$$

$$\therefore \quad x = \frac{13}{2}.$$

2次方程式　$ax^2 + bx + c = 0(a \neq 0)$ を2次方程式という. つまり, 最高次の x^2 の係数が $a \neq 0$ であるときをいう (したがって,「2次方程式 $ax^2 + bx + c = 0$」

というときは，つねに，内々に $a \neq 0$ であることを意味していることに留意せよ）．2次方程式の解法としては，次の方法がある．

(1) 因数分解による解法．

(2) 基本形 $x^2 = A$ による解法．

(3) 解の公式による解法．

(1) 因数分解による解法．この解法では，次の性質

実数 A, B について，「$AB = 0 \iff A = 0$　または　$B = 0$」

が基礎になる．

例題 23　2次方程式 $x^2 - 5x - 14 = 0$ を解け．

【解答】　$x^2 - 5x - 14 = (x - 7)(x + 2) = 0.$

$$\therefore \quad x - 7 = 0 \quad \text{または} \quad x + 2 = 0.$$

よって，解は $x = 7, -2.$　⟸ | 「コンマ」は「または」の意味.
 普通「または」は省略する. |

(参考 8)　複素数について．2次方程式 $x^2 + 1 = 0$ の解を実数の範囲で求めることは不可能である．なぜなら，

$$(\text{実数})^2 \geqq 0 (\text{実数の大小関係をみよ}) \text{ より} \quad (\text{実数})^2 + 1 \geqq 1 > 0$$

となり，すべての実数 x に対して，$x^2 + 1 \neq 0$ からである．そこで，$x^2 + 1 = 0$，すなわち，$x^2 = -1$ が解けるように，$i^2 = -1$ となる新たな数 i を導入する．この i を虚数単位という．実数 a, b に対して，$z = a + bi$ を複素数と呼ぶ．$a + 0i$ (a は実数) を (実数 a と同一視して)a で表すことにする．特に，$0 + 0i$ を 0 で表す．このとき，実数の集合は複素数 の集合の部分集合と考えられる．また，$b \neq 0$ のとき，複素数 $a + bi$ は虚数と呼ばれ，特に，$0 + bi(b$ は実数で $\neq 0$) を bi で表し，このような形の複素数を純虚数という．

(2) 基本形 $x^2 = A$ による解法．2次方程式 $x^2 = A$ (A は実数) の解は $x = \pm\sqrt{A}$ である．すなわち，

(i) $A > 0$ のとき，解は $x = \pm\sqrt{A}$ (相異なる 2 つの実数解)，

(ii) $A = 0$ のとき，解は $x = 0$(重解)，

(iii) $A < 0$ のとき，解は $x = \pm\sqrt{|A|}i$ (相異なる 2 つの虚数解)．

> **例題 24**　2次方程式 $x^2 - 4x - 14 = 0$ を解け.

解答　$x^2 - 4x - 14 = (x-2)^2 - 18 = 0$. これから, $(x-2)^2 = 18$.

$$\therefore \quad x - 2 = \pm\sqrt{18} = \pm 3\sqrt{2}. \qquad \therefore \quad x = 2 \pm 3\sqrt{2}.$$

(3) 解の公式による解法. 次の基本事項をみよ.

基本事項 (2次方程式の解の公式)

実数係数の2次方程式 $ax^2 + bx + c = 0$ の解は2つ存在し, それらは次で与えられる.

$$x = \frac{-b \pm \sqrt{b^2 - 4ac}}{2a}.$$

証明　2次方程式 $ax^2 + bx + c = 0$ の両辺に $4a$ を掛けて, 定数項を右辺に移項すれば

$$(2ax)^2 + 2 \cdot (2ax)b = -4ac.$$

さらに, 両辺に b^2 を加えれば

$$(2ax + b)^2 = b^2 - 4ac.$$

$$\therefore \quad 2ax + b = \pm\sqrt{b^2 - 4ac}.$$

$$\therefore \quad x = \frac{-b \pm \sqrt{b^2 - 4ac}}{2a}.$$

> **例題 25**　次の2次方程式を解け.
> (1) $x^2 - 4x + 2 = 0$　　　　　(2) $x^2 + 3x + 7 = 0$

解答　(1) $x = \dfrac{-(-4) \pm \sqrt{(-4)^2 - 4 \cdot 1 \cdot 2}}{2 \cdot 1}$

$$= \frac{4 \pm \sqrt{8}}{2} = \frac{4 \pm 2\sqrt{2}}{2} = 2 \pm \sqrt{2}. \quad \Longleftarrow \quad \boxed{\text{必ず約分する.}}$$

(2) $x = \dfrac{-3 \pm \sqrt{3^2 - 4 \cdot 1 \cdot 7}}{2 \cdot 1} = \dfrac{-3 \pm \sqrt{-19}}{2} = \dfrac{-3 \pm \sqrt{19}i}{2}$.

2次方程式の判別式　実数係数の2次方程式 $ax^2 + bx + c = 0$ について, $D = b^2 - 4ac$ とおけば, 解は

$$x = \frac{-b \pm \sqrt{D}}{2a}$$

と表せる. D を2次方程式 $ax^2 + bx + c = 0$ の判別式 (Discriminant) という.

基本事項 (2 次方程式の解の判別)

実数係数の 2 次方程式 $ax^2 + bx + c = 0$ の判別式を $D = b^2 - 4ac$ とする.
この方程式の解について次が成り立つ.

 (i) $D > 0 \iff$ 相異なる 2 つの実数解をもつ.

 (ii) $D = 0 \iff$ 実数の重解をもつ.

(iii) $D < 0 \iff$ 相異なる 2 つの虚数解をもつ.

2 次式の因数分解　2 次方程式 $ax^2 + bx + c = 0$ の 2 つの解を α, β とすれば, 2 次式 $ax^2 + bx + c$ は

$$ax^2 + bx + c = a(x - \alpha)(x - \beta)$$

と因数分解できる. したがって, $D = b^2 - 4ac$ とおけば, 2 次式 $ax^2 + bx + c$
の因数分解について次が成り立つ.

 (i) $D \geqq 0$ ならば, $ax^2 + bx + c$ は実数の範囲で因数分解できる.

 (ii) $D < 0$ ならば, $ax^2 + bx + c$ は実数の範囲では因数分解できない (複素
　　 数の範囲に広げると, 因数分解できる).

例 21　(1) 2 次方程式 $3x^2 - 5x + 1 = 0$ の解は ($D = 25 - 12 = 13 > 0$ であ
るから, 実数解) $x = \dfrac{5 \pm \sqrt{13}}{6}$.

$$\therefore \quad 3x^2 - 5x + 1 = 3\left(x - \frac{5 + \sqrt{13}}{6}\right)\left(x - \frac{5 - \sqrt{13}}{6}\right).$$

 (2) 2 次方程式 $3x^2 - 2x + 1 = 0$ の解は ($D = 4 - 12 = -8 < 0$ であるか
ら, 虚数解) $x = \dfrac{2 \pm 2\sqrt{2}i}{6} = \dfrac{1 \pm \sqrt{2}i}{3}$.

$$\therefore \quad 3x^2 - 2x + 1 = 3\left(x - \frac{1 + \sqrt{2}i}{3}\right)\left(x - \frac{1 - \sqrt{2}i}{3}\right).$$

($3x^2 - 2x + 1$ は実数の範囲では因数分解できない.)

2 次方程式の解と係数の関係　2 次方程式 $ax^2 + bx + c = 0$ の 2 つの解を
α, β とすれば,

$$\alpha + \beta = -\frac{b}{a}, \quad \alpha\beta = \frac{c}{a}.$$

証明 $a(x - \alpha)(x - \beta) = ax^2 - a(\alpha + \beta)x + a\alpha\beta$ であるから，恒等式

$$ax^2 + bx + c = ax^2 - a(\alpha + \beta)x + a\alpha\beta$$

を得る．よって，係数比較により

$$-a(\alpha + \beta) = b, \quad a\alpha\beta = c.$$

$$\therefore \quad \alpha + \beta = -\frac{b}{a}, \quad \alpha\beta = \frac{c}{a}.$$

例 22 2 次方程式 $5x^2 - 9x + 3 = 0$ の 2 つの解を α, β とすれば，

$$\alpha + \beta = \frac{9}{5}, \quad \alpha\beta = \frac{3}{5}.$$

高次方程式 3 次以上の方程式を一般に高次方程式という．数学史によれば，1 次方程式や 2 次方程式の扱いは紀元前遥か昔，古代エジプトやバビロニア時代に遡る．2 次方程式 (やその解法) はもちろん不完全なものであった．12 世紀に入って，1 変数の場合，インドのバスカラ 2 世によって統一的に扱われ，2 次方程式の解が 2 つあることが発見された．しかし，まだ虚数までは至らなかったといわれている．またこの頃，特殊な場合ではあるが，3 次や 4 次の方程式もすでに扱われていたが，ルネッサンス後半 (16 世紀) イタリアにおいて，3 次方程式はカルダノ (師のタルタリアであるという説もある) によって，また 4 次方程式はフェラリによって一般的な解法が与えられた．虚数の発見者はカルダノであるとされ，$i = \sqrt{-1}$ はスイス ($\longrightarrow$ ロシア) のオイラー (18 世紀) によって初めて使われたといわれている．根号の中が負である場合もすでに使われるようになり，このことによって，2 次方程式は容易に解くことができ，解の公式も知られるようになった．3 次方程式，4 次方程式についても 2 次方程式と同様に解の公式が知られている．しかしながら，その解法は (本書のレベルを遥かに超えて) 相当複雑である．さて，i の実用化はドイツのガウスによってもたらされた．実際，i を用いた複素数はガウスによって命名され，複素数の範囲で，(実数係数を含む) 複素係数の n 次方程式について，重解の重複度も数えて丁度 n 個の解が存在することが，1799 年，22 歳のガウスによって証明された．ガウスが証明した定理は「代数学の基本定理」と呼ばれており，複素数における (多分) 最大の結果であり，数学のあらゆる分野で最も基本的で，最も重要な定理の 1 つである．ここで，代数学の基本定理から見える重大な事実について一言：実数の体系は一見いかなる場合においても十分であるように見

えるが，代数方程式の見地から見れば，実数の体系でさえも不十分で (代数的に閉じていない)，さらに複素数の体系に広げると十分 (代数的に閉じている) であることがわかる．このようにして，4 次までの方程式の解の一般公式は複素数で表されるようになった．解の存在性は解の具体的な形まで決定するものではない．そこで，方程式論は 5 次以上の方程式の解の具体的な形を与える一般公式を求める問題に発展していった．時代が新しく変わっていくと予期せぬ偉大な数学者が現れるものである (!?) (むしろ，逆に，予期せぬ偉大な数学者が現れて時代を築くのかも知れない)．5 次以上の方程式については，そのような解の一般公式が存在しないことを，19 世紀，ノルウェーの数学者アーベルが証明した．最後にガウスのもう一つの功績について述べておく．ガウスは複素数を実部，虚部にわけて考え，平面上の点で表すことによって，複素数の幾何学的な場としての複素平面を作りあげた．複素平面の有効性と重要性をいち早く見抜いた功績はたいへんな功績であり，その複素平面は別名ガウス平面ともいう．

代数学の基本定理

複素係数の n 次方程式

$$a_n x^n + a_{n-1} x^{n-1} + \cdots + a_1 x + a_0 = 0$$

は，複素数の範囲で重解を重複度だけ数えることにより合計で丁度 n 個の解をもつ．

例 23 5 次方程式 $(x-2)^3(x+3)^2 = 0$ の解は，$x = 2$(重複度 3)，$x = -3$(重複度 2) の 5 個である．

✎ **注意 12** 複素係数の n 次方程式

$$a_n x^n + a_{n-1} x^{n-1} + \cdots + a_1 x + a_0 = 0$$

の n 個の解を，$\alpha_1, \alpha_2, \cdots, \alpha_n$ とすると，恒等式 (因数分解)

$$a_n x^n + a_{n-1} x^{n-1} + \cdots + a_1 x + a_0 = a_n(x - \alpha_1)(x - \alpha_2) \cdots (x - \alpha_n)$$

が成り立つ．

以下，ここでは，因数定理や置き換えを利用して解けるような高次方程式のみを扱うことにする．

例題 26　次の 3 次方程式を解け.
$$x^3 - 8x^2 - 7x + 2 = 0$$

解答　$f(x) = x^3 - 8x^2 - 7x + 2$ とおくと,
$$f(-1) = -1 - 8 + 7 + 2 = 0.$$
よって, 因数定理により, $f(x)$ は $x - (-1) = x + 1$ という因数をもつ.
$f(x)$ を $x + 1$ で割って,
$$f(x) = (x + 1)(x^2 - 9x + 2).$$
$$\therefore \quad f(x) = 0 \text{ の解は } x = -1, \frac{9 \pm \sqrt{73}}{2}.$$

整数係数の n 次方程式の有理数解　整数係数の n 次方程式

$$a_n x^n + a_{n-1} x^{n-1} + \cdots + a_1 x + a_0 = 0 \quad (a_n \neq 0, a_0 \neq 0)$$

が有理数 α を解にもつならば,

$$\alpha = \pm \frac{c}{b} \quad (b \text{ は } a_n \text{の約数}, c \text{ は } a_0 \text{の約数})$$

の形である. 特に, $a_n = 1$ のとき, 整数係数の n 次方程式

$$x^n + a_{n-1} x^{n-1} + \cdots + a_1 x + a_0 = 0 \quad (a_0 \neq 0)$$

が有理数 α を解にもつならば,

$$\alpha = \pm c \quad (c \text{ は } a_0 \text{の約数})$$

の形の整数である.

証明　$\alpha = \dfrac{c}{b}$ (b, c は互いに素な整数) とおけば,
$$a_n \left(\frac{c}{b}\right)^n + a_{n-1} \left(\frac{c}{b}\right)^{n-1} + \cdots + a_1 \left(\frac{c}{b}\right) + a_0 = 0.$$
両辺に b^n を掛けて
$$(*) \qquad a_n c^n + a_{n-1} c^{n-1} b + \cdots + a_1 c b^{n-1} + a_0 b^n = 0.$$
これから
$$a_n c^n = -b(a_{n-1} c^{n-1} + \cdots + a_1 c b^{n-2} + a_0 b^{n-1}).$$
b, c は互いに素な整数であるから, b と c^n は互いに素. よって, a_n は b で割りきれる.
すなわち, b は a_n の約数である. また, $(*)$ より
$$a_0 b^n = -c(a_n c^{n-1} + a_{n-1} c^{n-2} b + \cdots + a_1 b^{n-1}).$$
b, c は互いに素な整数であるから, c と b^n は互いに素. よって, a_0 は c で割りきれる.
すなわち, c は a_0 の約数である. したがって, $\alpha = \pm \dfrac{c}{b}$ (b は a_n の約数, c は a_0 の約数) となる. 後半は明らかであろう.

例題 27 $3x^3 - 8x^2 + 19x - 10 = 0$ を解け.

解答 $f(x) = 3x^3 - 8x^2 + 19x - 10$ とおく. まず, $f(x)$ を有理数の範囲で因数分解することを考えてみよう. $f(x)$ が因数 $x - \alpha$ (α は有理数) をもつならば, α は $3x^3 - 8x^2 + 19x - 10 = 0$ の有理数解であるから, α は

$$\pm 1, \pm 2, \pm 5, \pm 10, \pm \frac{1}{3}, \pm \frac{2}{3}, \pm \frac{5}{3}, \pm \frac{10}{3}$$

のいずれかである. これらを代入してみると,

$$f\left(\frac{2}{3}\right) = 0$$

がわかる. 因数定理により

$$f(x) = 3\left(x - \frac{2}{3}\right) \cdot (2 \text{ 次の多項式}) = (3x - 2) \cdot (2 \text{ 次の多項式}).$$

あとは, 割り算 $f(x) \div (3x - 2)$ を行えば,

$$f(x) = (3x - 2)(x^2 - 2x + 5).$$

よって, $f(x) = 0$ の解は $x = \frac{2}{3},\ 1 \pm 2i$.

例題 28 (相反方程式) 次の方程式を解け.
$$x^4 + 7x^3 + 12x^2 + 7x + 1 = 0$$

解答 $x = 0$ は解ではないので, 方程式の両辺を $x^2 (\neq 0)$ で割れば,

$$x^2 + 7x + 12 + \frac{7}{x} + \frac{1}{x^2} = 0.$$

よって,

$$\left(x^2 + \frac{1}{x^2}\right) + 7\left(x + \frac{1}{x}\right) + 12 = 0.$$

これから,

$$\left(x + \frac{1}{x}\right)^2 + 7\left(x + \frac{1}{x}\right) + 10 = 0.$$

ここで, $t = x + \frac{1}{x}$ とおけば, $t^2 + 7t + 10 = (t + 5)(t + 2) = 0.$

$$\therefore \quad t = -5, -2.$$

$t = -5$ のとき, $x + \frac{1}{x} = -5$. これから,

$$x^2 + 5x + 1 = 0. \quad \therefore \quad x = \frac{-5 \pm \sqrt{21}}{2}.$$

$t = -2$ のとき, $x + \frac{1}{x} = -2$. これから,

$$x^2 + 2x + 1 = (x + 1)^2 = 0. \quad \therefore \quad x = -1.$$

以上より, 求める解は

$$x = -1, \frac{-5 \pm \sqrt{21}}{2}.$$

　これまでのような方程式の解法は, 実は行列の勉強においても有効不可欠である. その理由を簡単に説明すると, 2×2 行列 (付録 B をみよ) $A = \begin{pmatrix} a & b \\ c & d \end{pmatrix}$ で定まる 2 次方程式 $x^2 - (a+d)x + ad - bc = 0$ を A の固有方程式, その解を A の固有値という. また, A の (各) 固有値 λ に対して, $A\boldsymbol{u} = \lambda\boldsymbol{u}$ を満たす「$\boldsymbol{0}$ でない (!) ベクトル $\boldsymbol{u}$」が存在する (つまり, 求められた) とき, ベクトル $\boldsymbol{u}$ を行列 A の固有値 λ に対する固有ベクトルという. 行列の固有値と固有ベクトルは応用上でもたいへん重要であるが, その重要性については線形代数で学ぶことにしよう.

基本問題 2.1

問題 29　次の 1 次方程式を解け.

(1) $3x - 5 = 7 - 5x$

(2) $\frac{5}{6}x - \frac{2}{3} = \frac{1}{4}x + \frac{1}{2}$

(3) $2.3x - \frac{2}{5} = 1.7$

問題 30　次の 2 次方程式を因数分解で解け.

(1) $x^2 + 3x = 0$

(2) $2x^2 - 7x = 0$

(3) $x^2 - 10x + 21 = 0$

(4) $x^2 + 8x + 16 = 0$

(5) $x^2 + 6x - 27 = 0$

(6) $3x^2 + 16x + 5 = 0$

(7) $2x^2 + 5x - 3 = 0$

問題 31　次の 2 次方程式を $(x + a)^2 = b$ の形に変形して解け.

(1) $x^2 - 4x - 3 = 0$

(2) $x^2 - 7x + 9 = 0$

(3) $2x^2 - 6x + 3 = 0$

(4) $2x^2 + 5x - 1 = 0$

問題 32　次の 2 次方程式を解の公式で解け.

(1) $x^2 - 7x + 6 = 0$

(2) $x^2 + 8x + 11 = 0$

(3) $x^2 + 3x + 5 = 0$

(4) $3x^2 + 5x - 1 = 0$

(5) $\frac{1}{2}x^2 - 2x - 1 = 0$

(6) $3x^2 - 4x + 5 = 0$

(7) $0.4x^2 - 0.6x - \dfrac{1}{20} = 0$　　　　(8) $(\sqrt{3}+1)x^2 - \sqrt{3}x - (\sqrt{3}-1) = 0$

問題 33　2 次方程式 $3x^2 + ax - 6 = 0$ の解の 1 つが -2 であるとき，a の値ともう 1 つの解を求めよ．

問題 34　次の方程式を解け．

(1) $x^3 - 6x^2 + 11x - 6 = 0$　　　　(2) $x^3 + 5x^2 + 5x - 2 = 0$

(3) $3x^3 - 4x^2 + 7x - 2 = 0$　　　　(4) $2x^4 + 3x^3 - 5x^2 - 9x - 3 = 0$

問題 35　次の方程式を解け．

(1) $x^4 - 5x^2 + 6 = 0$　　　　(2) $x^4 + 5x^3 - 4x^2 + 5x + 1 = 0$

(3) $2x^3 - 6x^2 + 3x = 0$　　　　(4) $4x^3 - 2x^2 - 4x - 3 = 0$

(5) $x(x+1)(x+2) = 3 \cdot 4 \cdot 5$

2.2　いろいろな方程式

例題 29　（連立方程式）　次の連立方程式を解け．
$$\begin{cases} x - 2y = 1 & \cdots \text{(i)} \\ 3x + y = 2 & \cdots \text{(ii)} \end{cases}$$

　（代入法）(i) より，$x = 1 + 2y$．これを (ii) の x に代入して

$$3(1+2y) + y = 2, \quad \text{すなわち,} \quad 7y = -1.$$

これから，$y = -\dfrac{1}{7}$．よって，$x = 1 + 2y = 1 + 2\left(-\dfrac{1}{7}\right) = \dfrac{5}{7}$．

$$\therefore \quad x = \frac{5}{7}, \quad y = -\frac{1}{7}.$$

（別解）（消去法）(i) $+ 2 \times$ (ii) より，$7x = 5$．これから，$x = \dfrac{5}{7}$．

(i) $\times 3 -$ (ii) より，$-7y = 1$．よって，$y = -\dfrac{1}{7}$．

$$\therefore \quad x = \frac{5}{7}, \quad y = -\frac{1}{7}.$$

発展　例題 29 の連立方程式は，「ベクトルと行列」の概念を用いると $\begin{pmatrix} 1 & -2 \\ 3 & 1 \end{pmatrix} \begin{pmatrix} x \\ y \end{pmatrix} = \begin{pmatrix} 1 \\ 2 \end{pmatrix}$（行列，ベクトルについては付録 B をみよ）の

ように表せる．上の消去の仕方で $\begin{pmatrix} 1 & -2 & 1 \\ 3 & 1 & 2 \end{pmatrix}$ を $\begin{pmatrix} 1 & 0 & \dfrac{5}{7} \\ 0 & 1 & -\dfrac{1}{7} \end{pmatrix}$ の形に

変形することができる. その結果は, $\begin{pmatrix} 1 & 0 \\ 0 & 1 \end{pmatrix}\begin{pmatrix} x \\ y \end{pmatrix} = \dfrac{1}{7}\begin{pmatrix} 5 \\ -1 \end{pmatrix}$ となって, これから x と y の値が見えてくる！ この方法は「消去法」をもとにして考えられた「行列の基本変形」と呼ばれる (行列では) たいへん重要な変形法で, 線形代数で学ぶことになる.

例題 30　(連立方程式)　次の連立方程式を解け.
$$\begin{cases} x^2 - 3xy + 2y^2 = 0 & \cdots \text{(i)} \\ x^2 - xy + y^2 = 9 & \cdots \text{(ii)} \end{cases}$$

解答　(i) の左辺を因数分解して
$$(x - y)(x - 2y) = 0.$$
よって, $x = y$ または $x = 2y$. $x = y$ のとき, これを (ii) へ代入して
$$y^2 = 9. \quad \therefore \quad y = \pm 3.$$
$x = 2y$ のとき, これを (ii) へ代入して
$$3y^2 = 9.$$
これから, $y^2 = 3$. $\therefore y = \pm\sqrt{3}$. 以上より, 求める解は
$$(x, y) = (3, 3), (-3, -3), (2\sqrt{3}, \sqrt{3}), (-2\sqrt{3}, -\sqrt{3}).$$

例題 31　(分数方程式)　次の方程式を解け.
$$\frac{(x - 1)^2}{x} - \frac{x}{x - 2} = \frac{1}{x}$$

Point!　「$\dfrac{B}{A} = 0 \iff B = 0$ かつ $A \neq 0$」に注意する.

解答
$$\frac{(x - 1)^2}{x} - \frac{x}{x - 2} = \frac{1}{x}$$
$$\Leftrightarrow \frac{(x - 1)^2}{x} - \frac{x}{x - 2} - \frac{1}{x} = 0$$
$$\Leftrightarrow \frac{(x - 1)^2(x - 2) - x^2 - (x - 2)}{x(x - 2)} = 0$$
$$\Leftrightarrow (x - 1)^2(x - 2) - x^2 - (x - 2) = 0 \text{ かつ } x(x - 2) \neq 0$$
$$\Leftrightarrow (x - 2)\left\{(x - 1)^2 - 1\right\} - x^2 = 0 \text{ かつ } x(x - 2) \neq 0$$
$$\Leftrightarrow (x - 2)x(x - 2) - x^2 = 0 \text{ かつ } x(x - 2) \neq 0$$
$$\Leftrightarrow x(x^2 - 5x + 4) = 0 \text{ かつ } x(x - 2) \neq 0$$
$$\Leftrightarrow x(x - 1)(x - 4) = 0 \text{ かつ } x(x - 2) \neq 0$$

$$\Leftrightarrow \ x = 1, 4 \qquad \therefore \quad x = 1, 4.$$

(別解)　「$\dfrac{B}{A} = C \iff AC = B$　かつ　$A \neq 0$」を用いてもよい.
すなわち, 与えられた分数方程式の両辺に $x(x-2)$ を掛けて

$$(x-1)^2 (x-2) - x^2 - (x-2) = 0 \ \ \text{かつ} \ \ x(x-2) \neq 0$$

としてもよい.

例題 32　(無理方程式)　次の無理方程式を解け.
$$\sqrt{x+9} = 3 - x$$

Point!　「$\sqrt{A} = B \iff A = B^2$　かつ　$B \geqq 0$」に注意する.

解答
$$\sqrt{x+9} = 3 - x \Leftrightarrow \left(\sqrt{x+9}\right)^2 = (3-x)^2 \ \ \text{かつ} \ \ 3-x \geqq 0$$
$$\Leftrightarrow x+9 = (3-x)^2 \ \ \text{かつ} \ \ 3-x \geqq 0$$
$$\Leftrightarrow x^2 - 7x = x(x-7) = 0 \ \ \text{かつ} \ \ x \leqq 3$$
$$\Leftrightarrow x = 0. \quad \therefore \quad x = 0.$$

例題 33　次の方程式を解け.
$$3x + 4\,|x-1| = 10$$

Point!　$|x-1| = \begin{cases} x-1 & (x \geqq 1) \\ -(x-1) & (x < 1) \end{cases} \quad \Longleftarrow \boxed{\text{絶対値をはずす!!}}$

解答　$x \geqq 1$ のとき, $|x-1| = x-1$ で, 方程式は
$$3x + 4(x-1) = 10, \quad \text{すなわち,} \quad 7x - 14 = 0.$$
これを解いて, $x = 2$(これは, $x \geqq 1$ を満たしている).
$x < 1$ のとき, $|x-1| = -(x-1)$ で, 方程式は
$$3x - 4(x-1) = 10, \quad \text{すなわち,} \quad -x - 6 = 0.$$
これを解いて, $x = -6$(これは, $x < 1$ を満たしている). 以上より, 求める解は
$x = 2, -6.$

基本問題 2.2

問題 36　次の連立方程式を解け.

(1) $\begin{cases} 2x + y = -5 \\ 3x - 2y = 17 \end{cases}$

(2) $\begin{cases} 3x - y = 2 \\ x^2 + y^2 = 6 \end{cases}$

(3) $\begin{cases} x^2 - y = 0 \\ x - y^2 = 0 \end{cases}$

(4) $\begin{cases} x^2 - 2y = 0 \\ x^3 + 2y^3 - 6xy = 0 \end{cases}$

(5) $\begin{cases} 7x - 2y + 2z = 37 \\ 2x - 2y + 7z = 2 \\ x - 8y + 3z = 23 \end{cases}$

問題 37　次の分数方程式を解け.

(1) $\dfrac{1}{x} - \dfrac{2}{x(x+2)} = \dfrac{1}{3}$

(2) $\dfrac{1}{x+1} - \dfrac{1}{x+2} = \dfrac{1}{3}$

(3) $\dfrac{x+6}{x^2-4} + \dfrac{1}{x+1} - \dfrac{x+4}{x^2-x-2} = 0$

問題 38　次の無理方程式を解け.

(1) $\sqrt{2x+1} = 2x - 5$

(2) $\sqrt{11-2x} - x + 4 = 0$

(3) $3x - 2 - \sqrt{x^2+4} = 0$

(4) $\dfrac{1}{\sqrt{x+1}+1} + \dfrac{1}{\sqrt{x+1}-1} = 1$

問題 39　次の方程式を解け.

(1) $|x-4| = 5$

(2) $|3x-2| = 4$

(3) $|x-2| + 3x = 4$

(4) $|x| + |x-1| + |x-2| = 6$

(5) $x^2 - 7|x-1| - 1 = 0$

(6) $|x^2-1| + x = 1$

2.3　不等式

実数の大小関係　実数 a, b について，a が b より大きいことを

$$a > b, \quad \text{または} \quad b < a$$

とかく．以下，実数の大小関係に関する基本的性質を述べる．任意の実数 a, b について，次の 3 つの関係のうちいずれか 1 つが必ず成り立つ．

$$a < b, \quad a = b, \quad a > b.$$

さらに，実数 a, b, c に対して，次が成り立つ．

(i) $a > b$ かつ $b > c$ ならば, $a > c$.

(ii) $a > b$ ならば, $a + c > b + c$.

(iii) $a > b$ かつ $c > 0$ ならば, $ac > bc$.

✎ **注意 13** (1) $a \geqq b$ は,「$a > b$, または $a = b$」を表す (要するに,「$\geqq$」は「$>$」の意味で成り立っているか, または,「$=$」の意味で成り立っているか, どちらか一方の意味で成り立つならば「正しい」とする新たに導入された「複合的不等号」である.「$\leqq$」の場合も同様). したがって, たとえば, ($5 > 3$ だから)$5 \geqq 3$ や ($3 = 3$ だから) $3 \geqq 3$ はいずれも (間違いではなく) 正しい!(基本的!)

(2) 上記の性質 (i), (ii), (iii) は, $>$ を $\geqq$ に置き換えても成り立つ. すなわち, 実数 a, b, c に対して, 次が成り立つ.

(i)$'$ $a \geqq b$ かつ $b \geqq c$ ならば, $a \geqq c$.

(ii)$'$ $a \geqq b$ ならば, $a + c \geqq b + c$.

(iii)$'$ $a \geqq b$ かつ $c > 0$ ならば, $ac \geqq bc$.

これらの基本的性質を用いれば, 不等式に関するいろいろな性質を導くことができる. ここでは, 不等式に関する問題を扱うとき, 有用で重要な性質をまとめておく.

(iv) 実数 a に対して, $a > 0$ ならば $-a < 0$ で, $a < 0$ ならば $-a > 0$ である.

(v) 実数 a, b に対して, $a > b \iff a - b > 0$.

(vi) 実数 a, b に対して, $a > b$ かつ $c < 0$ ならば, $ac < bc$.

(vii) 実数 a に対して, $a^2 \geqq 0$ である. 等号が成り立つのは, $a = 0$ のときに限る.

(viii) $a > 0$, $b > 0$ ならば, $a + b > 0$, $ab > 0$.

(ix) $a > 0$, $b < 0$ ならば, $ab < 0$.

証明 (iv) $a > 0 \implies a + (-a) > 0 + (-a) \implies 0 > -a \implies -a < 0$. $a < 0 \implies 0 > a \implies 0 + (-a) > a + (-a) \implies -a > 0$.

(v) $a > b \implies a + (-b) > b + (-b) \implies a - b > 0$. 逆に, $a - b > 0 \implies (a - b) + b > 0 + b \implies a > b$.

(vi) $a > b$, $c < 0 \implies a(-c) > b(-c) \implies -ac > -bc$ $\implies -ac + (ac + bc) > -bc + (ac + bc) \implies bc > ac \implies ac < bc$.

(vii) $a > 0 \implies aa > 0a \implies a^2 > 0$. $a < 0 \implies -a > 0 \implies (-a)^2 = a^2 > 0$. $a = 0 \implies a^2 = 0$. $\therefore$ $a^2 \geqq 0$ で, 等号が成り立つのは $a = 0$ のときに限る.

(viii) $a > 0, b > 0 \implies a + b > 0 + b = b > 0$. $\therefore$ $a + b > 0$. $a > 0, b > 0 \implies ab > 0b = 0$. $\therefore$ $ab > 0$.

(ix) $a > 0$, $b < 0 \implies a(-b) > 0(-b) \implies -ab > 0$ $\implies -ab + ab > 0 + ab \implies 0 > ab \implies ab < 0$.

例題 34　次が成り立つことを示せ.

(1) $a > 0, b > 0$ のとき, $a > b \iff a^2 > b^2$.

(2) $a \geqq 0, b \geqq 0$ のとき, $a \geqq b \iff a^2 \geqq b^2$.

(3) $a > 0, b > 0$ のとき, $a > b \iff a^3 > b^3$.

(4) $a \geqq 0, b \geqq 0$ のとき, $a \geqq b \iff a^3 \geqq b^3$.

証明　(1) $a + b > 0$ であるから,

$$a > b \iff a - b > 0 \iff a^2 - b^2 = (a+b)(a-b) > 0 \iff a^2 > b^2.$$

(2) $a = b = 0$ ならば, 明らかに成り立つ.

a, b の少なくとも 1 つが 0 でない, すなわち, 正ならば, $a + b > 0$ であるから,

$$a \geqq b \iff a - b \geqq 0 \iff a^2 - b^2 = (a+b)(a-b) \geqq 0 \iff a^2 \geqq b^2.$$

(3) $a^2 + ab + b^2 > 0$ であるから,

$$a > b \iff a - b > 0 \iff a^3 - b^3 = (a-b)(a^2+ab+b^2) > 0 \iff a^3 > b^3.$$

(4) $a = b = 0$ ならば, 明らかに成り立つ.

a, b の少なくとも 1 つが 0 でない, すなわち, 正ならば, $a^2 + ab + b^2 > 0$ であるから,

$$a \geqq b \iff a - b \geqq 0 \iff a^3 - b^3 = (a-b)(a^2+ab+b^2) \geqq 0 \iff a^3 \geqq b^3.$$

注意 14　n が自然数のとき, 次が成り立つ.

(1) $a \geqq 0,\ b \geqq 0$ のとき, $a \geqq b \iff a^n \geqq b^n$.

(2) $a \geqq 0,\ b \geqq 0$ のとき, $a \geqq b \iff a^{\frac{1}{n}} \geqq b^{\frac{1}{n}}$.

1 次不等式　$a \neq 0$ に対して

$$ax + b > 0, \quad ax + b \geqq 0, \quad ax + b < 0, \quad ax + b \leqq 0$$

を総称して 1 次不等式という. 不等式 $Ax > B$ の解については,

(i) $A = 0$ のとき,

$B \geqq 0$ ならば, 解は存在しない. $B < 0$ ならば, 解は任意の実数である.

(ii) $A \neq 0$ のとき,

$A > 0$ ならば, $x > \dfrac{B}{A}$. $A < 0$ ならば, $x < \dfrac{B}{A}$.

1 次不等式 $ax + b > 0$ の解は,

$a > 0$ ならば $x > -\dfrac{b}{a}$. $a < 0$ ならば $x < -\dfrac{b}{a}$.

> **例題 35** 1次不等式 $7x - 3 > 5(x+2)$ を解け.

 $7x-3 > 5(x+2) \iff 7x-3 > 5x+10 \iff 2x > 13 \iff x > \dfrac{13}{2}.$

$$\therefore \quad x > \frac{13}{2}.$$

2次不等式 $a \neq 0$ に対して

$$ax^2 + bx + c > 0, \quad ax^2 + bx + c \geqq 0, \quad ax^2 + bx + c < 0, \quad ax^2 + bx + c \leqq 0$$

を総称して2次不等式という.

基本事項 (2次不等式の解)

2次方程式 $ax^2 + bx + c = 0 \cdots (*)$ の判別式を D とする.

(I) $a > 0$, $D > 0$ のとき, 2次方程式 $(*)$ の相異なる実数解を $\alpha, \beta (\alpha < \beta)$ とする.

$\qquad ax^2 + bx + c > 0$ の解は, $x < \alpha$ または $x > \beta$.

$\qquad ax^2 + bx + c < 0$ の解は, $\alpha < x < \beta$.

(II) $a > 0$, $D = 0$ のとき, 2次方程式 $(*)$ の重解を α とする.

$\qquad ax^2 + bx + c > 0$ の解は, $x = \alpha$ を除く実数全体.

$\qquad ax^2 + bx + c < 0$ の解は, なし.

(III) $a > 0$, $D < 0$ のとき,

$\qquad ax^2 + bx + c > 0$ の解は, 実数全体.

$\qquad ax^2 + bx + c < 0$ の解は, なし.

証明 (I) $ax^2 + bx + c = a(x - \alpha)(x - \beta)$ と次の表からわかる.

x	$\cdots$	α	$\cdots$	β	$\cdots$
$x - \alpha$	$-$	0	$+$	$\beta - \alpha$	$+$
$x - \beta$	$-$	$\alpha - \beta$	$-$	0	$+$
$a(x - \alpha)(x - \beta)$	$+$	0	$-$	0	$+$

(II) $ax^2 + bx + c = a(x - \alpha)^2 = \begin{cases} > 0 & (x \neq \alpha) \\ = 0 & (x = \alpha) \end{cases}$ よりわかる.

(III) $ax^2 + bx + c = a\left(x + \dfrac{b}{2a}\right)^2 - \dfrac{D}{4a} \geqq -\dfrac{D}{4a} > 0$ よりわかる.

例題 36　次の 2 次不等式を解け.

　(1) $x^2 - 7x + 10 > 0$ 　　　　　　(2) $2x^2 + 3x - 2 \leqq 0$

解答　(1) $x^2 - 7x + 10 = (x - 2)(x - 5) > 0.$ ∴ $x > 5,\ x < 2.$

(2) $2x^2 + 3x - 2 = (2x - 1)(x + 2) = 2\left(x - \dfrac{1}{2}\right)(x + 2) \leqq 0.$ ∴ $-2 \leqq x \leqq \dfrac{1}{2}.$

基本事項 (2 次式の値の符号)

a, b, c を実数 (ただし, $a \neq 0$), $D = b^2 - 4ac$ とする.

(1) すべての実数 x に対して $ax^2 + bx + c > 0 \iff a > 0,\ D < 0.$

(2) すべての実数 x に対して $ax^2 + bx + c \geqq 0 \iff a > 0,\ D \leqq 0.$

(3) すべての実数 x に対して $ax^2 + bx + c < 0 \iff a < 0,\ D < 0.$

(4) すべての実数 x に対して $ax^2 + bx + c \leqq 0 \iff a < 0,\ D \leqq 0.$

基本問題 2.3

問題 40　$a > b > 0$ のとき, 次を示せ.

　(1) $\sqrt{a} + \sqrt{b} > \sqrt{a + b}$ 　　　　　　(2) $\sqrt{a - b} > \sqrt{a} - \sqrt{b}$

問題 41　次の 1 次不等式を解け.

　(1) $3x - 1 > x + 7$ 　　　　　　(2) $\dfrac{3}{2}x + 2 \geqq \dfrac{2}{3}(x + 1)$

　(3) $0.3x + 0.2 < 0.8 - 0.1x$ 　　　(4) $\dfrac{3}{4}x + \dfrac{1}{3} \leqq \dfrac{2}{3}x + 1$

問題 42　次の 2 次不等式を解け.

　(1) $x^2 - 6x + 8 > 0$ 　　(2) $x^2 + 5x - 6 \leqq 0$ 　　(3) $2x^2 + 5x - 3 \geqq 0$

　(4) $3x^2 - 7x + 2 < 0$ 　　(5) $x^2 - 4x + 2 > 0$ 　　(6) $3x^2 - 5x + 1 \leqq 0$

問題 43　a を実数とするとき, 2 次方程式 $x^2 + ax + a + 8 = 0$ の解について, 次に答えよ.

　(1) 相異なる 2 つの実数解を持つための a の値の範囲を求めよ.

　(2) 重解を持つための a の値を求めよ.

　(3) 虚数解を持つための a の値の範囲を求めよ.

問題 44 すべての実数 x に対して $x^2 - ax + a + 3 > 0$ が成り立つように，定数 a の値の範囲を定めよ．

2.4 いろいろな不等式

絶対値についての不等式

(1) 実数 x に対して，$|x| \geqq x$.

(2) 実数 $a \geqq 0$ に対して，$|x| \leqq a \iff -a \leqq x \leqq a$.

例 24 $|2x - 3| \leqq 5 \iff -5 \leqq 2x - 3 \leqq 5$

$$\iff -2 \leqq 2x \leqq 8 \iff -1 \leqq x \leqq 4.$$

例題 37 次の不等式を解け．
$$|x| + |3x - 2| \geqq 5$$

 絶対値の性質

$$|a| = \begin{cases} a & (a \geqq 0 \text{ のとき}) \\ -a & (a < 0 \text{ のとき}) \end{cases} \impliedby \boxed{\text{絶対値をはずす!!}}$$

に注意して，絶対値の中の式の符号で場合分けをして絶対値をはずす．

解答 $x < 0$ のとき，$|x| = -x, |3x - 2| = -(3x - 2)$ より，与えられた不等式は
$$-x - (3x - 2) \geqq 5.$$

これより，$-4x \geqq 3$. $\therefore \quad x \leqq -\dfrac{3}{4}$ （これは $x < 0$ を満たしている）.

$\dfrac{2}{3} \geqq x \geqq 0$ のとき，$|x| = x, |3x - 2| = -(3x - 2)$ より，与えられた不等式は
$$x - (3x - 2) \geqq 5.$$

これより，$-2x \geqq 3$. $\therefore \quad x \leqq -\dfrac{3}{2}$.

これは，$\dfrac{2}{3} \geqq x \geqq 0$ に反する．よって，解なし．

$x > \dfrac{2}{3}$ のとき，$|x| = x, |3x - 2| = 3x - 2$ より，与えられた不等式は
$$x + (3x - 2) \geqq 5.$$

これより，$4x \geqq 7$. $\therefore \quad x \geqq \dfrac{7}{4}$ $\left(\text{これは } x > \dfrac{2}{3} \text{ を満たしている}\right)$.

以上より，求める解は $x \geqq \dfrac{7}{4}$, $x \leqq -\dfrac{3}{4}$.

基本事項 (三角不等式)

実数 a, b に対して

$$|a| - |b| \leqq |a + b| \leqq |a| + |b|.$$

証明　まず，$|a + b| \leqq |a| + |b|$ を示す．

$$\begin{aligned}
(|a| + |b|)^2 - |a + b|^2 &= (|a| + |b|)^2 - (a + b)^2 \\
&= |a|^2 + 2|a||b| + |b|^2 - (a^2 + 2ab + b^2) \\
&= a^2 + 2|ab| + b^2 - (a^2 + 2ab + b^2) \\
&= 2(|ab| - ab) \geqq 0.
\end{aligned}$$

よって，$(|a| + |b|)^2 \geqq |a + b|^2$．$|a| + |b| \geqq 0$，$|a + b| \geqq 0$ であるから，

$$|a| + |b| \geqq |a + b|.$$

次に，上で証明した不等式を用いて，$|a| - |b| \leqq |a + b|$ を示す．

$$|a| = |a + b + (-b)| \leqq |a + b| + |-b| = |a + b| + |b|.$$

よって，$|a| \leqq |a + b| + |b|$. $\therefore$ $|a| - |b| \leqq |a + b|$.

例題38　(3次不等式)　次の不等式を解け．

$$(x + 1)(2x - 3)(x - 4) > 0$$

解答　$f(x) = (x + 1)(2x - 3)(x - 4)$ とおく．

x	$\cdots$	-1	$\cdots$	$\dfrac{3}{2}$	$\cdots$	4	$\cdots$
$x + 1$	$-$	0	$+$	$+$	$+$	$+$	$+$
$2x - 3$	$-$	$-$	$-$	0	$+$	$+$	$+$
$x - 4$	$-$	$-$	$-$	$-$	$-$	0	$+$
$f(x)$	$-$	0	$+$	0	$-$	0	$+$

表より求める解は

$$-1 < x < \frac{3}{2}, \quad x > 4.$$

(別解)　$(x + 1)(2x - 3)(x - 4) > 0$

$$\iff \begin{cases} \text{(i)} \ x + 1 > 0 \ \text{かつ} \ (2x - 3)(x - 4) > 0 \\ \text{または，} \\ \text{(ii)} \ x + 1 < 0 \ \text{かつ} \ (2x - 3)(x - 4) < 0. \end{cases}$$

(i) より　$x > -1$ かつ $\left[x < \dfrac{3}{2} \text{ または } x > 4 \right]$

$$\therefore \quad -1 < x < \frac{3}{2}, \ x > 4 \impliedby$$

> 「コンマ」は「または」の意味．
> 普通「または」は省略する．

(ii) より $x < -1$ かつ $\dfrac{3}{2} < x < 4.$ $\therefore$ 解なし.

以上より，求める解は

$$-1 < x < \dfrac{3}{2}, \quad x > 4.$$

例題 39　(連立不等式)　次の連立不等式を解け.

$$\begin{cases} 3x - 7 > 0 & \cdots \text{(i)} \\ x^2 - 5x + 6 < 0 & \cdots \text{(ii)} \end{cases}$$

解答　(i) より，$x > \dfrac{7}{3}$ $\cdots$(iii)，(ii) より，$(x-2)(x-3) < 0$ であるから，

$$2 < x < 3 \quad \cdots \text{(iv)}$$

求める解は，(iii) と (iv) の共通部分であるから，

$$\dfrac{7}{3} < x < 3.$$

例題 40　(分数不等式)　次の不等式を解け.

$$\dfrac{x+1}{x-2} \geqq 3$$

解答　$\dfrac{x+1}{x-2} - 3 = \dfrac{7-2x}{x-2} = -\dfrac{2\left(x - \frac{7}{2}\right)}{x-2} \geqq 0.$

よって，$\dfrac{x - \frac{7}{2}}{x - 2} \leqq 0$ を解けばよい．$f(x) = \dfrac{x - \frac{7}{2}}{x - 2}$ とおく.

x	$\cdots$	2	$\cdots$	$\dfrac{7}{2}$	$\cdots$
$x - 2$	$-$	0	$+$	$+$	$+$
$x - \dfrac{7}{2}$	$-$	$-$	$-$	0	$+$
$f(x)$	$+$	$\times$	$-$	0	$+$

表より求める解は

$$2 < x \leqq \dfrac{7}{2}.$$

(別解) **Point!**　「$\dfrac{A}{B} \geqq 0 \iff AB \geqq 0$ かつ $B \neq 0$」

$$\dfrac{x+1}{x-2} \geqq 3 \iff \dfrac{x+1}{x-2} - 3 = \dfrac{7-2x}{x-2} \geqq 0$$

$$\iff (7-2x)(x-2) \geqq 0 \text{ かつ } x - 2 \neq 0$$

$$\Longleftrightarrow 2\left(x - \frac{7}{2}\right)(x - 2) \leqq 0 \ \ \text{かつ} \ \ x \neq 2$$

$$\Longleftrightarrow 2 \leqq x \leqq \frac{7}{2} \ \ \text{かつ} \ \ x \neq 2$$

$$\Longleftrightarrow 2 < x \leqq \frac{7}{2}.$$

$$\therefore \quad 2 < x \leqq \frac{7}{2}.$$

例題 41　(無理不等式)　次の不等式を解け.

$$\sqrt{15 - x} \leqq x - 3$$

Point!　$\sqrt{A} \leqq B \Longleftrightarrow A \geqq 0 \ \ \text{かつ} \ \ B \geqq 0 \ \ \text{かつ} \ \ A \leqq B^2.$

解答　$\sqrt{15 - x} \leqq x - 3 \Longleftrightarrow \begin{cases} 15 - x \geqq 0 & \cdots \text{(i)} \\ x - 3 \geqq 0 & \cdots \text{(ii)} \\ (x - 3)^2 \geqq 15 - x & \cdots \text{(iii)} \end{cases}$

(i) より $x \leqq 15$　$\cdots$(iv)

(ii) より $x \geqq 3$　$\cdots$(v)

(iii) より $(x - 3)^2 - (15 - x) = x^2 - 5x - 6 = (x - 6)(x + 1) \geqq 0$ であるから,

$$x \geqq 6 \ \ \text{または} \ \ x \leqq -1 \quad \cdots \text{(vi)}$$

求める解は, (iv),(v),(vi) の共通部分であるから,

$$6 \leqq x \leqq 15.$$

例題 42　次の不等式を示せ.

(1) 実数 a, b に対して, $a^2 + b^2 \geqq ab.$

(2) 実数 a, b, c に対して, $a^2 + b^2 + c^2 \geqq ab + bc + ca.$

解答　(1) $a^2 + b^2 - ab = \left(a - \dfrac{1}{2}b\right)^2 + \dfrac{3}{4}b^2 \geqq 0.$　$\therefore$ $a^2 + b^2 \geqq ab.$

(2) $a^2 + b^2 + c^2 - (ab + bc + ca)$

$$= \frac{1}{2}\left\{(a^2 - 2ab + b^2) + (b^2 - 2bc + c^2) + (c^2 - 2ca + a^2)\right\}$$

$$= \frac{1}{2}\left\{(a - b)^2 + (b - c)^2 + (c - a)^2\right\} \geqq 0.$$

$$\therefore \quad a^2 + b^2 + c^2 \geqq ab + bc + ca.$$

相加平均・相乗平均の不等式　(1) $a > 0, \ b > 0$ に対して

$$\frac{a + b}{2} \geqq \sqrt{ab} \quad \text{(等号は } a = b \text{ のとき成立)}.$$

(2) $a > 0, b > 0, c > 0$ に対して

$$\frac{a+b+c}{3} \geqq \sqrt[3]{abc} \quad (\text{等号は } a = b = c \text{ のとき成立}).$$

(3) $a > 0, b > 0, c > 0, d > 0$ に対して

$$\frac{a+b+c+d}{4} \geqq \sqrt[4]{abcd} \quad (\text{等号は } a = b = c = d \text{ のとき成立}).$$

証明 まず, (1) を示し, 次に (3), 最後に (2) を示す.

(1) $\dfrac{a+b}{2} - \sqrt{ab} = \dfrac{1}{2}(a + b - 2\sqrt{ab})$

$$= \frac{1}{2}\left\{(\sqrt{a})^2 + (\sqrt{b})^2 - 2\sqrt{a}\sqrt{b}\right\}$$

$$= \frac{1}{2}(\sqrt{a} - \sqrt{b})^2 \geqq 0.$$

等号は $\sqrt{a} = \sqrt{b}$, すなわち $a = b$ のとき成り立つ.

(3) $\dfrac{a+b+c+d}{4} = \dfrac{1}{2}\left(\dfrac{a+b}{2} + \dfrac{c+d}{2}\right)$

(1) を用いて

$$\geqq \sqrt{\frac{a+b}{2} \cdot \frac{c+d}{2}}$$

もう一度 (1) を用いて

$$\geqq \sqrt{\sqrt{ab} \cdot \sqrt{cd}} = \sqrt{\sqrt{abcd}} = \sqrt[4]{abcd}.$$

$$\therefore \quad \frac{a+b+c+d}{4} \geqq \sqrt[4]{abcd}.$$

等号は $\dfrac{a+b}{2} = \dfrac{c+d}{2}$, $a = b$, $c = d$ のとき, すなわち $a = b = c = d$ のとき成り立つ.

(2) (3) で $d = \dfrac{a+b+c}{3}$ とおけば,

$$\frac{a+b+c+d}{4} = \frac{a+b+c}{3} = d$$

であるから, $d \geqq \sqrt[4]{abcd}$. この両辺 (> 0) を 4 乗すると, 注意 14 より

$$d^4 \geqq abcd. \quad \therefore \quad d^3 \geqq abc.$$

$abc = (\sqrt[3]{abc})^3$ に注意すれば, $d^3 \geqq (\sqrt[3]{abc})^3$ であるから, 例題 34 より

$$d = \frac{a+b+c}{3} \geqq \sqrt[3]{abc}.$$

(**参考** 9) (一般の相加平均・相乗平均の不等式) n 個の正の数 $a_1, a_2, \cdots, a_n$ に対して

$$\frac{a_1 + a_2 + \cdots + a_n}{n} \geqq \sqrt[n]{a_1 a_2 \cdots a_n}.$$

> **例題 43**　次の不等式を示せ.
>
> (1) $a > 0$ のとき, $a + \dfrac{1}{a} \geqq 2$.
>
> (2) $a > 0$, $b > 0$ のとき, $(a+b)\left(\dfrac{1}{a} + \dfrac{1}{b}\right) \geqq 4$.

　相加平均・相乗平均の不等式を用いる.

　(1) 相加平均・相乗平均の不等式より

$$a + \frac{1}{a} \geqq 2\sqrt{a \cdot \frac{1}{a}} = 2.$$

(2) $(a+b)\left(\dfrac{1}{a} + \dfrac{1}{b}\right) = 2 + \dfrac{b}{a} + \dfrac{a}{b}$

相加平均・相乗平均の不等式より

$$\geqq 2 + 2\sqrt{\frac{b}{a} \cdot \frac{a}{b}} = 2 + 2 = 4.$$

コーシー・シュワルツの不等式　(1) 実数 a, b, x, y に対して

$$(a^2 + b^2)(x^2 + y^2) \geqq (ax + by)^2 \quad (\text{等号は } ay = bx \text{ のとき成り立つ}).$$

(2) 実数 a, b, c, x, y, z に対して

$$(a^2 + b^2 + c^2)(x^2 + y^2 + z^2) \geqq (ax + by + cz)^2$$

(等号は $ay = bx$, かつ $bz = cy$, かつ $cx = az$ のとき成り立つ).

証明　(1) $(a^2 + b^2)(x^2 + y^2) - (ax + by)^2 = a^2 y^2 - 2abxy + b^2 x^2$

$$= (ay - bx)^2 \geqq 0.$$

(2) $(a^2 + b^2 + c^2)(x^2 + y^2 + z^2) - (ax + by + cz)^2$

$= (a^2 y^2 - 2abxy + b^2 x^2) + (b^2 z^2 - 2bcyz + c^2 y^2) + (c^2 x^2 - 2cazx + a^2 z^2)$

$= (ay - bx)^2 + (bz - cy)^2 + (cx - az)^2 \geqq 0.$

(**参考 10**)　(一般のコーシー・シュワルツの不等式) 実数 $a_1, a_2, \cdots, a_n$, x_1, $x_2, \cdots, x_n$ に対して

$$(a_1{}^2 + a_2{}^2 + \cdots + a_n{}^2)(x_1{}^2 + x_2{}^2 + \cdots + x_n{}^2) \geqq (a_1 x_1 + a_2 x_2 + \cdots + a_n x_n)^2$$

証明　$f(t) = (a_1 t - x_1)^2 + (a_2 t - x_2)^2 + \cdots + (a_n t - x_n)^2$ とおくと,

$f(t) = (a_1{}^2 + a_2{}^2 + \cdots + a_n{}^2)t^2 - 2(a_1 x_1 + a_2 x_2 + \cdots + a_n x_n)t$

$$+ (x_1{}^2 + x_2{}^2 + \cdots + x_n{}^2) \geqq 0 \quad \cdots (*)$$

がすべての実数 t に対して成り立つ. $a_1{}^2 + a_2{}^2 + \cdots + a_n{}^2 = 0$, すなわち $a_1 = a_2 = \cdots = a_n = 0$ のとき, 明らかに, 証明すべき不等式が成り立つので, 以下, $a_1{}^2 + a_2{}^2 + \cdots + a_n{}^2 > 0$ とする. すべての実数 t に対して $(*)$ が成り立つので,

判別式 $= 4(a_1 x_1 + a_2 x_2 + \cdots + a_n x_n)^2$

$$-4(a_1{}^2 + a_2{}^2 + \cdots + a_n{}^2)(x_1{}^2 + x_2{}^2 + \cdots + x_n{}^2) \leqq 0.$$

これから直ちに証明すべき不等式が従う. ▮

例題 44 a, b, c, x, y, z が実数で, $a^2 + b^2 + c^2 = 1$, $x^2 + y^2 + z^2 = 1$ のとき,

$$-1 \leqq ax + by + cz \leqq 1$$

であることを示せ.

 コーシー・シュワルツの不等式を用いる.

解答 コーシー・シュワルツの不等式より

$$(a^2 + b^2 + c^2)(x^2 + y^2 + z^2) \geqq (ax + by + cz)^2.$$

$a^2 + b^2 + c^2 = 1$, $x^2 + y^2 + z^2 = 1$ であるから,

$$1 \geqq (ax + by + cz)^2.$$

$$\therefore \quad -1 \leqq ax + by + cz \leqq 1. \qquad ▮$$

基本問題 2.4

問題 45 次の不等式を解け.

(1) $|x - 2| \leqq 3$ (2) $|3x + 1| < 5$ (3) $|x - 1| > 2$

(4) $|2x + 3| \geqq 1$ (5) $4 - x > |2x + 1|$ (6) $|x - 1| + |x| \leqq 3$

問題 46 次の不等式を解け.

(1) $|x^2 - 5x| < 4$ (2) $|x^2 - 3x| \geqq 2$ (3) $|x^2 - 3x| + |x| \geqq 3$

問題 47 次の不等式を解け.

(1) $(x - 1)(x - 2)(x - 3) < 0$ (2) $x^4 - 4 \leqq 0$

(3) $3x^3 - 8x^2 + 3x + 2 \geqq 0$

問題 48 次の連立不等式を解け.

(1) $\begin{cases} 2x + 1 > 3 \\ 3x - 5 < 2 \end{cases}$ (2) $\begin{cases} 4x - 3 \leqq 7 - x \\ 3x + 1 < x - 3 \end{cases}$

(3) $\begin{cases} x^2 + x - 6 < 0 \\ 2x - 5 > 1 - 5x \end{cases}$ (4) $\begin{cases} 2x^2 - 3x + 1 > 0 \\ x^2 - 3x + 2 \leqq 0 \end{cases}$

問題 49 次の分数不等式を解け.

(1) $\dfrac{1}{x-1} \geqq \dfrac{2}{x+1}$ (2) $\dfrac{2x-2}{x+2} < \dfrac{2x+1}{x}$ (3) $\dfrac{x+10}{x-2} > x+1$

問題 50 次の無理不等式を解け.

(1) $2-x > \sqrt{5-4x}$ (2) $\sqrt{1-x} \geqq 2x-1$

(3) $\dfrac{1}{\sqrt{x-4}+1} + \dfrac{1}{\sqrt{x-4}-1} \leqq 2$

問題 51 a,b,c,d が正の数のとき, 次の不等式を示せ.

(1) $\dfrac{b}{a} + \dfrac{a}{b} \geqq 2$ (2) $(a+b)(c+d) \geqq 4\sqrt{abcd}$

問題 52 a,b,x,y が実数で, $a^2+b^2=1$, $x^2+y^2=1$ のとき,

$$-1 \leqq ax+by \leqq 1$$

であることを示せ.

問題 53 a,b,c が実数で, $a+b+c=4$ のとき,

$$a^2+b^2+c^2 \geqq \frac{16}{3}$$

であることを示せ.

第3章

関数とグラフ

3.1　関数

　さまざまな現象間の数値的関係を数学的に解析するためには，まず数理モデルとしての関数 (関係) が必要であり，これが図が描けるものなら，視覚的でたいへんありがたい (関数は図形がいつでも描けるとは限らない). この節ではもっとも基本的な関数について考える. ところで，関数は「微分積分学における大前提」となるもので，それだけに，関数の概念が確定するまでには，遥か昔から歴代の大数学者達によって (少し大げさにいうと)1 つの (関数の) 歴史をなすほど，いろいろと紆余曲折があった. 実際に，数学史によれば，関数の定義を与えてはいないが，フェルマ (1601 − 1665)，デカルト (1596 − 1650) は関数の概念には通じていたといわれており，また関数という語を最初に使い始めたのはライプニッツ (1646 − 1716) であるといわれている. 関数の定義そのものについては，後のヨハン・ベルヌーイ (1667 − 1748)，ダニエル・ベルヌーイ (1700 − 1782)，オイラー (1707 − 1783)，ダランベール (1717 − 1783)，フーリエ (1768 − 1830)，コーシー (1798 − 1857)，デイリクレ (1805 − 1859) などによって議論された. 結局，最終的にはデイリクレの流儀で「関数の定義」が確定することになった. そしてその流儀の本質は純粋に「対応」であることが明らかになった. このように，関数の概念 (定義) が確定するまでには長い年月をかけて多くの大数学者たちの苦労があったというわけである. 以下では関数の定義を，本書 (および微分積分学) において使いやすい形で述べておく.

基本事項 (関数)

実数の空でない部分集合 X, Y があって，x は X の中に値をもつ変数であり，y は Y の中に値をもつ変数であるとする．x の 1 つの値に対して y の値がただ 1 つ対応づけられるとき，この対応を定めるルール f を関数という．このとき，x を (f の) 独立変数，y を (f の) 従属変数という．関数 f は必要に応じて，独立変数 x だけを明示して $f(x)$ とか，あるいは，独立変数 x と従属変数 y を両方明示して

$$y = f(x)$$

のように表される．また，関数 f が具体的に「x の式」の形で与えられる場合は $f(x)$ はこの関係式で表現される．このような場合，関数と式を同一視する．関数 $y = f(x)$ において，$x = a$ に対応して定まる y の値を $f(a)$ で表す．独立変数 x のとり得る値の範囲を関数 f の定義域，従属変数 y のとり得る値の範囲を関数 f の値域という．

例 25 大学さんの家から学生さんの家までの 6 km の道のりを時速 3 km で歩く．歩きはじめてから x 時間後の残りの道のりを y km とすると，

$$y = 6 - 3x$$

とかける．ここで，x は $0 \leqq x \leqq 2$ を満たす任意の実数を表す．そして，x に，$0 \leqq x \leqq 2$ を満たすいろいろな値を与えると，それに対応して y の値が 1 つずつ定まる．よって，y は x の関数で，関係式が $6 - 3x$ であることから

$$y = f(x) = 6 - 3x$$

である．この関数の定義域は $0 \leqq x \leqq 2$ で値域は $0 \leqq y \leqq 6$ である．

✎ **注意 15** 関数の定義域は，とくに示されてなければ，その関数が意味をもつ範囲でなるべく広くとることにする．

例 26 (1) 関数 $y = x^2$ の定義域はすべての実数全体で，値域は 0 以上の実数全体である．

(2) 関数 $y = \dfrac{1}{x}$ の定義域と値域は，ともに 0 を除くすべての実数全体である．

(3) 関数 $y = \sqrt{x}$ が定義されるのは，(平方根の中は 0 以上より) $x \geqq 0$ を満たす x に対してであるから，この関数の定義域は $x \geqq 0$ で値域は $y \geqq 0$ である．

例 27　$f(x) = 3x^2 + 2$ のとき,
$$f(0) = 3 \times 0^2 + 2 = 3, \quad f(2) = 3 \times 2^2 + 2 = 14,$$
$$f(-\sqrt{2}) = 3 \times \left(-\sqrt{2}\right)^2 + 2 = 8.$$

区間　ここで (微分積分学で) 扱う関数の定義域には区間をとるのが普通である. 実数の集合を順序込みで考えるとき, 2 つの実数 $a, b (a < b)$ に対して, 次のような実数の部分集合を総称して区間という.

(1) $a < x < b$ を満たす全ての実数 x の集合を (a, b) で表し, 開区間という. すなわち
$$(a, b) = \{x \,|\, x = (1-t)a + tb, 0 < t < 1\}.$$

$(a, b):$

(2) $a \leqq x \leqq b$ を満たす全ての実数 x の集合を $[a, b]$ で表し, 閉区間という. すなわち
$$[a, b] = \{x \,|\, x = (1-t)a + tb, 0 \leqq t \leqq 1\}.$$

$[a, b]:$

(3) $x > a$ を満たす実数 x の集合を (a, ∞), $x \geqq a$ を満たす実数 x の集合を $[a, \infty)$ で表し, 無限区間という. たとえば, $a > 0$ のとき
$$(a, \infty) = \{x \,|\, x = ta, 1 < t < \infty\}, \quad [a, \infty) = \{x \,|\, x = ta, 1 \leqq t < \infty\}.$$
(同様に, $(-\infty, a), (-\infty, a]$ も無限区間である.)

$(a, \infty):$

$[a, \infty):$

(4) 実数全体も 1 つの区間と考え, $(-\infty, \infty)$ で表す. すなわち
$$(-\infty, \infty) = \{x \,|\, -\infty < x < \infty\}.$$

$(-\infty, \infty):$

✎ **注意 16**　たとえば, $[1, 3] \cup [2, 4] = [1, 4]$ は区間であるが, $[1, 2] \cup [3, 4]$ は区間ではない.
理由 : $[1, 3] \cup [2, 4]$ の任意の 2 点 $a, b \ (a < b)$ に対して $[a, b] \subset [1, 3] \cup [2, 4]$. しかし,

$[1,2] \cup [3,4]$ の任意の2点 a, b $(1 < a < 2,\ 3 < b < 4)$ に対して $[a, b] \not\subset [1,2] \cup [3,4]$ ($\subset$ が成り立つことが区間の条件である!)

定数関数　x が変化しても y が常に一定の定数値をとる関数を定数関数という. たとえば, 定数値が c ならば
$$y = f(x) = c$$
は定数関数であり, この定数関数の定義域は $(-\infty, \infty)$ で値域は c だけからなる.

1次関数　x の1次式で表される関数
$$y = ax + b \quad (a, b\ \text{は定数で}\ a \neq 0)$$
を x の1次関数という. 1次関数の定義域と値域はともに実数全体 $(-\infty, \infty)$ である. 特に, $y = f(x) = ax\,(a \neq 0)$ の形の1次関数を考える. この関数は見方によって, (1) 原点を通る直線を表す関数, (2) 変量 x と y があって, y が x の変化に (正) 比例して変化することを意味する比例式と読める. いずれの場合においても, a_1, a_2 を任意の定数とすると, 簡単に
$$f(a_1 x_1 + a_2 x_2) = a_1 f(x_1) + a_2 f(x_2)$$
という関係が成り立つことがわかる. この性質を「f の線形性」という. このような「線形性」は数学のみならず, さまざまな自然の法則においてもたいへん重要で, もっと一般的な設定の下に線形代数で学ぶ.

2次関数　x の2次式で表される関数
$$y = ax^2 + bx + c \quad (a, b, c\ \text{は定数で}\ a \neq 0)$$
を x の2次関数という. 2次関数の定義域は実数全体 $(-\infty, \infty)$ である.

有理分数関数　　$y = \dfrac{2x}{x-1},\ y = \dfrac{5x^3 + 1}{x^2 - 4},\ y = \dfrac{3x - 2}{5x^3 + 1}, \cdots$
のように2つの多項式の商で表される関数を x の有理分数関数という. 有理分数関数の定義域は, 分母を0としない実数 x の全体である.

無理関数　次のような関数
$$y = \sqrt{2x - 3},\ y = \sqrt{x^2 + 1},\ y = \sqrt[3]{x^2 - 3x + 1}, \cdots$$
を無理関数という.

例 28 有理分数関数

$$y = \frac{x^2 + 3}{x - 1}$$

の定義域は, $x = 1$ を除く実数の全体, すなわち, $(-\infty, 1), (1, \infty)$ という 2 つの開区間からなる.

✎ 注意 17 一般的には $\dfrac{x + 1}{x + \sqrt{x^2 + 1}}$ も分数関数といえるものであるが, 有理分数関数ではない.

ガウス関数 実数 x に対して, x を越えない最大の整数を $[x]$ で表す. たとえば,

$$\left[\frac{5}{2}\right] = 2, \quad [7] = 7, \quad [-3.2] = -4, \quad [\pi] = 3.$$

実数 x に対して, 関数 $y = [x]$ をガウス関数と呼ぶことにする. ガウス関数の定義域は実数全体 $(-\infty, \infty)$ で値域は整数全体である.

基本事項 (ガウス関数の性質)

実数 x に対して, 次が成り立つ.

(1) $[x] \leqq x < [x] + 1$.　　　　　　　　(2) $x \geqq y$ ならば, $[x] \geqq [y]$.

(3) m が整数ならば, $[x + m] = [x] + m$.

合成関数 2 つの関数 $f(x), g(x)$ があって, f の値域が g の定義域に含まれているとする. このとき, f の定義域の各点 x に対して, $g(f(x))$ を対応させる関数が定まる. この新しい関数を f と g の合成関数といって

$$g \circ f \quad \text{または} \quad g \circ f(x) = g(f(x))$$

と表す.

例 29 $f(x) = 2x + 3, g(x) = x^2 + x$ のとき, 合成関数 $g \circ f(x)$ は
$g \circ f(x) = g(f(x)) = \{f(x)\}^2 + f(x) = (2x+3)^2 + (2x+3) = 4x^2 + 14x + 12.$

基本問題 3.1

問題 54 $f(x) = 3x^2 - x + 1$ のとき, 次の値を求めよ

　(1) $f(0)$　　　　　　　(2) $f(-1)$　　　　　　　(3) $f(\sqrt{3})$

問題 55 $f(x) = \dfrac{x}{x-1}$ のとき, $f(1-2x)$, $f(f(x))$ を求めよ.

問題 56 関数 $y = 2x - 1 (0 < x \leqq 3)$ の定義域と値域を区間で

問題 57 関数 $y = \sqrt{1-x^2}$ の定義域と値域を区間で表せ.

問題 58 関数 $y = \dfrac{x^2}{x^2+1}$ の定義域と値域を区間で表せ.

問題 59 関数 $y = \dfrac{x^2-1}{x-1}$ の定義域と値域を区間で表せ.

問題 60 実数 x, y に対して, 次が成り立つことを示せ.
$$[x] + [y] \leqq [x+y] \leqq [x] + [y] + 1.$$

問題 61 $f(x) = \sqrt{x+4}$, $g(x) = x^4 + 4x^2$ のとき, 合成関数 $f \circ g(x)$, $g \circ f(x)$ を求めよ.

3.2 関数のグラフ

　一般に与えられた関数を図示 (グラフに) するのは容易なことではない (グラフが描けない場合もあるからである). この節ではグラフが描けるような, もっとも基本的な関数について考える. 関数関係による数値の変動は具体的に個々の数値を代入してみるしかない. しかし, グラフが描けると, 個々の数値を代入せずとも, 視覚的で, グラフを見るだけで関数の変化がわかりやすい. 一言付け加えるならば, 関数関係はいつでも計算ができるというわけではない. そのような場合はグラフが計算に代わる有力な手段になることもある (たとえば, 逆関数の節をみよ).

基本事項 (関数のグラフ)

関数 $y = f(x)$ に対して, 定義域に属する x の値 $(x = x_0)$ とそれで定まる y の値 $(y = y_0)$ の組 (x_0, y_0), すなわち $(x_0, f(x_0))$ を座標とする点を座標平面上にとれば, これらの点全体は平面上に直線や曲線などの図形を描く. この図形を関数 $y = f(x)$ のグラフという.

基本事項 (グラフの平行移動)

関数 $y = f(x)$ のグラフを
$$x \text{ 軸方向に} \alpha, \quad y \text{ 軸方向に} \beta$$
だけ平行移動すれば関数 $y = f(x - \alpha) + \beta$ のグラフになる.

　なぜならば，$y = f(x)$ のグラフ上の任意の点 (x, y) を，x 軸方向に α，y 軸方向に β だけ平行移動した点を (X, Y) とすると，$X = x + \alpha$，$Y = y + \beta$，すなわち $x = X - \alpha$，$y = Y - \beta$．ここで，$y = f(x)$ だから $Y - \beta = f(X - \alpha)$．したがって，$Y = f(X - \alpha) + \beta$．これは，点 (X, Y) が，関数 $y = f(x - \alpha) + \beta$ のグラフ上の点であることを意味している．

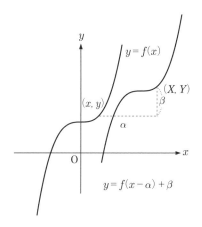

定数関数　　定数関数 $y = f(x) = c$（c は定数）のグラフは x 軸に平行な直線になる．

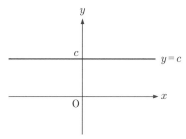

✎　**注意 18**　　関数 $y = f(x)$ のグラフを，

x 軸方向に k 倍拡大すれば，関数 $y = f\left(\dfrac{x}{k}\right)$ のグラフになる，

y 軸方向に k 倍拡大すれば，関数 $y = kf(x)$ のグラフになる．

1 次関数　　1 次関数 $y = ax$（a は定数 $\neq 0$）のグラフは原点 $(0, 0)$ を通る直線である．a をこの直線の傾き（または勾配）という．ここで，傾きの値 a は，この直線上の点の x 座標が，x 軸方向に 1 進んだとき，この点の y 座標が，y 軸

方向に a だけ上がることを表す．1次関数 $y = ax$ (a は定数 $\neq 0$) のグラフを，y 軸方向に b だけ平行移動すれば，関数

$$y = ax + b$$

のグラフになる．したがって，1次関数 $y = ax + b$ (a, b は定数で $a \neq 0$) のグラフは点 $(0, b)$ を通り，傾き a の直線 ($y = ax$ の表す直線と平行な直線) を表す．

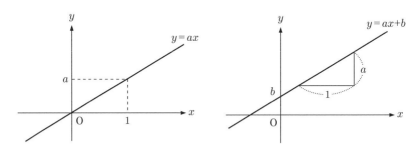

✎　**注意 19**　(1)　さまざまな現象の中には，2つの対応する変量において，大局的に比例関係にある場合や，たいてい局所的に比例関係にある場合が多い．この関係を式で表すと $y = ax$ のようになる．このような比例関係は実際に現象の数理解析においてたいへん重要な考え方を提供するものである．ところで，$y = ax$ の変形としての1次関数

$$y = a(x - m) + n$$

のグラフは，点 (m, n) を通り，傾き a の直線になる．
(2)　2直線 $y = a_1 x + b_1, y = a_2 x + b_2$ が平行 $\iff a_1 = a_2$.
　　2直線 $y = a_1 x + b_1, y = a_2 x + b_2$ が垂直 $\iff a_1 a_2 = -1$.

例題 45　次の関数のグラフを描け．
(1) $y = 2x$　　　　　(2) $y = 2x + 1$　　　　　(3) $3x + 2y = 4$

Point!　1次関数のグラフは直線であるから，直線上の1点と傾きがわかれば描ける．また，直線上の2点を取って描くのもよい．(3) については，$y = -\dfrac{3}{2}x + 2$ と変形することにより，1次関数のグラフになっていることがわかる．

解答　グラフは次の通りである．

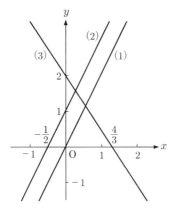

例題 46　2 点 $(1,1),(-1,-3)$ を通る直線の方程式を求めよ.

　2 点 $(x_1, y_1), (x_2, y_2)$ $(x_1 \neq x_2)$ を通る直線の傾き a は

$$a = \frac{y_2 - y_1}{x_2 - x_1}$$

で与えられる.

解答　求める直線の傾きは

$$\frac{-3-1}{-1-1} = 2$$

であるから, その方程式は

$$y = 2(x-1) + 1, \quad \text{すなわち}, \quad y = 2x - 1.$$

✎ **注意 20**　(1) 直線の式 $y = ax+b$ には y 軸に平行な直線は含まれない！　実際に O-xy 平面における直線の式の一般形は $ax + by = c \, ((a,b) \neq (0,0))$ で与えられる. 点 (a,b) を通り y 軸に平行な直線の方程式は $x = a$.

(2) 点 (a,b) を通り x 軸に平行な直線の方程式は $y = b$.

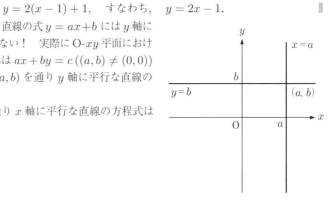

例題 47　関数 $y = |x|$ のグラフを描け.

Point!　$|x| = \begin{cases} x & (x \geqq 0 \text{ のとき}) \\ -x & (x < 0 \text{ のとき}) \end{cases}$　⟸　絶対値をはずす!!

解答　$x \geqq 0$ のとき, $|x| = x$ であるから, $y = |x|$ のグラフは $y = x$ のグラフと一致する. $x < 0$ のとき, $|x| = -x$ であるから, $y = |x|$ のグラフは $y = -x$ のグラフと一致する. したがって, $y = |x|$ のグラフは次のようになる.

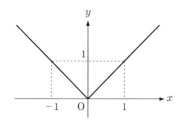

例題 48　関数 $y = [x]$ のグラフを描け.

Point!　x を実数, m を整数とするとき,
$$m \leqq x < m + 1 \iff [x] = m.$$

解答　ガウス関数の定義より
$$[x] = 0 \iff 0 \leqq x < 1,$$
$$[x] = 1 \iff 1 \leqq x < 2,$$
$$[x] = 2 \iff 2 \leqq x < 3, \cdots,$$
$$[x] = -1 \iff -1 \leqq x < 0,$$
$$[x] = -2 \iff -2 \leqq x < 1, \cdots.$$

よって, $y = [x]$ のグラフは次のようになる.

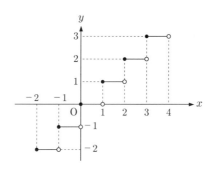

2 次関数　2 次関数 $y = ax^2$ $(a \neq 0$ は定数$)$ のグラフは放物線と呼ばれる次のような曲線になる. $a > 0$ ならば下に凸, $a < 0$ ならば上に凸で, 原点 $(0,0)$ を通り, y 軸 $(x = 0)$ に関して対称である. 原点 $(0,0)$ を放物線の頂点, y 軸 $(x = 0)$ を放物線の軸という.

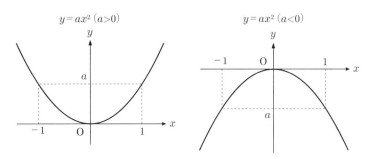

2 次関数

$(*)$ $\qquad\qquad y = ax^2 + bx + c \quad (a, b, c\ は定数で\ a \neq 0)$

のグラフは

$$ax^2 + bx + c = a\left(x + \frac{b}{2a}\right)^2 - \frac{b^2 - 4ac}{4a} \quad \Longleftarrow \quad \boxed{平方完成.}$$

より, $y = ax^2$ のグラフを,

$$x\ 軸方向に -\frac{b}{2a}, \quad y\ 軸方向に -\frac{b^2 - 4ac}{4a}$$

だけ平行移動した放物線が 2 次関数 $(*)$ のグラフであることがわかる.

✎　**注意 21**　(1) 2 次関数 $(*)$ のグラフは

$$頂点の座標 \quad \left(-\frac{b}{2a}, -\frac{b^2 - 4ac}{4a}\right), \quad 軸の方程式 \quad x = -\frac{b}{2a}$$

である. ちなみに $c = \dfrac{b^2}{4a}$ のときは

$$ax^2 + bx + c = a\left(x + \frac{b}{2a}\right)^2 \quad \Longleftarrow \quad \boxed{完全平方.}$$

(2) 2 次関数 $y = a(x - \alpha)(x - \beta)$ $(\alpha < \beta)$ のグラフは x 軸と 2 点 $(\alpha, 0)$, $(\beta, 0)$ で交わり, 頂点の座標 $\left(\dfrac{\alpha + \beta}{2}, -\dfrac{a(\beta - \alpha)^2}{4}\right)$, 軸の方程式 $x = \dfrac{\alpha + \beta}{2}$.

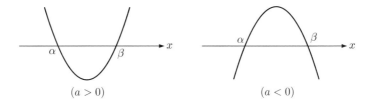

$(a > 0)$ $(a < 0)$

例題 49　2 次関数 $y = \dfrac{1}{2}x^2$ のグラフを描け.

Point!　変数 x, y の値の対応表をかいてみよう.

x	$\cdots$	-3	-2	-1	0	1	2	3	$\cdots$
$y = \dfrac{1}{2}x^2$	$\cdots$	$\dfrac{9}{2}$	2	$\dfrac{1}{2}$	0	$\dfrac{1}{2}$	2	$\dfrac{9}{2}$	$\cdots$

解答　表の値の組に対して, 点 (x, y) を xy-平面上にとり, それらの点をなめらかな線で結んで得られる曲線が, 関数 $y = \dfrac{1}{2}x^2$ のグラフである.

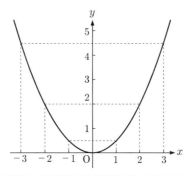

例題 50　2 次関数 $y = 2x^2 - 4x + 1$ のグラフを描け.

Point!　平方完成して, 頂点の座標と軸の方程式を求める.

解答　$y = 2x^2 - 4x + 1 = 2(x - 1)^2 - 1$ より, 2 次関数 $y = 2x^2 - 4x + 1$ のグラフは,

$$下に凸, \quad 頂点 (1, -1), \quad 軸の方程式 x = 1$$

である放物線. また, 2 点 $(0, 1)$, $(2, 1)$ を通ることに注意して, グラフを描くと次のようになる.

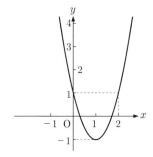

例題 **51**　2 次関数 $y = |x^2 - 4x + 3|$ のグラフを描け.

　$|x^2 - 4x + 3| = |(x-1)(x-3)| = \left\{ \begin{array}{ll} (x-1)(x-3) & (x > 3, x < 1) \\ -(x-1)(x-3) & (1 \leqq x \leqq 3) \end{array} \right.$

解答　$y = |x^2 - 4x + 3| = |(x-1)(x-3)|$ において,

$x > 3, x < 1$ のとき, $|x^2 - 4x + 3| = (x-1)(x-3)$ であるから, 求めるグラフは $y = (x-1)(x-3)$ のグラフと一致する.

$1 \leqq x \leqq 3$ のとき, $|x^2 - 4x + 3| = -(x-1)(x-3)$ であるから, 求めるグラフは $y = -(x-1)(x-3)$ のグラフと一致する. したがって, 求めるグラフは次のようになる. ($y = x^2 - 4x + 3$ のグラフの x 軸より下にある部分だけを x 軸に関して折り返してやればよい!)

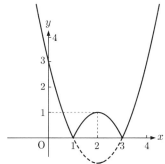

基本事項 (2 次関数の最大値・最小値)

2 次関数 $f(x) = ax^2 + bx + c$ は,

(1) $a > 0$ ならば, $x = -\dfrac{b}{2a}$ で最小値 $-\dfrac{b^2 - 4ac}{4a}$ をとる.

(2) $a < 0$ ならば, $x = -\dfrac{b}{2a}$ で最大値 $-\dfrac{b^2 - 4ac}{4a}$ をとる.

証明　$f(x) = ax^2 + bx + c = a\left(x + \dfrac{b}{2a}\right)^2 - \dfrac{b^2 - 4ac}{4a}$.

$a > 0$ ならば, $a\left(x + \dfrac{b}{2a}\right)^2 \geqq 0$ であるから, 任意の実数 x に対して

$$f(x) \geqq -\frac{b^2 - 4ac}{4a}$$

で, $x = -\dfrac{b}{2a}$ のとき等号が成り立つ. よって, (1) がわかる.

$a < 0$ ならば, $a\left(x + \dfrac{b}{2a}\right)^2 \leqq 0$ であるから, 任意の実数 x に対して

$$f(x) \leqq -\frac{b^2 - 4ac}{4a}$$

で, $x = -\dfrac{b}{2a}$ のとき等号が成り立つ. よって, (2) がわかる.

偶関数と奇関数

基本事項 (偶関数と奇関数)

関数 $f(x)$ において, $f(-x) = f(x)$ のとき $f(x)$ を偶関数, $f(-x) = -f(x)$ のとき $f(x)$ を奇関数という. 偶関数のグラフは y 軸に関して対称で, 奇関数のグラフは原点に関して対称である.

例 30　(1) n が偶数のとき, $f(x) = x^n$ は偶関数である.

(2) n が奇数のとき, $f(x) = x^n$ は奇関数である.

単調関数

基本事項 (単調関数)

関数 $f(x)$ が, 区間 I に属する任意の x_1, x_2 に対して

$$x_1 > x_2 \implies f(x_1) > f(x_2)$$

が成り立つとき, $f(x)$ は区間 I で増加する (または増加関数である) という. また, 区間 I に属する任意の x_1, x_2 に対して

$$x_1 > x_2 \implies f(x_1) < f(x_2)$$

が成り立つとき, $f(x)$ は区間 I で減少する (または減少関数である) という. 増加関数と減少関数をまとめて単調関数という.

✎　**注意 22**　増加関数のグラフは右上がりで, 減少関数のグラフは右下がりである.

例 31　関数 $f(x) = x^n \ (n = 1, 2, 3, \cdots)$ は $x \geqq 0$ で増加関数である.

実際, $x_1 > x_2 \geqq 0$ を満たす任意の x_1, x_2 に対して,
$$f(x_1) > f(x_2), \quad \text{すなわち} \quad x_1{}^n > x_2{}^n$$
を示せばよい. 因数分解の公式より
$$x_1{}^n - x_2{}^n = (x_1 - x_2)(x_1{}^{n-1} + x_1{}^{n-2}x_2 + \cdots + x_2{}^{n-1}).$$
ここで, $x_1 > x_2 \geqq 0$ に注意すれば,
$$x_1{}^n - x_2{}^n > 0, \quad \text{すなわち} \quad x_1{}^n > x_2{}^n.$$

関数 $y = x^n (n = 1, 2, \cdots)$ のグラフ

(1) n が奇数のとき, 関数 $f(x) = x^n$ は奇関数で, $x \geqq 0$ で増加. したがって, $y = x^n$ のグラフは原点に関して対称で, $x \geqq 0$ で右上がりだから, グラフは次のようになる. ただし, $n = 1$ のとき, $y = x$ のグラフは直線になる.

(2) n が偶数のとき, 関数 $f(x) = x^n$ は偶関数で, $x \geqq 0$ で増加. したがって, $y = x^n$ のグラフは y 軸に関して対称で, $x \geqq 0$ で右上がりだから, グラフは次のようになる.

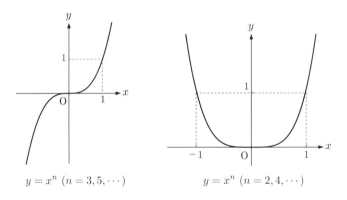

$$y = x^n \ (n = 3, 5, \cdots) \qquad\qquad y = x^n \ (n = 2, 4, \cdots)$$

✎ **注意 23** 上記のグラフからもわかるように, n が奇数のとき, 関数 $f(x) = x^n$ は $(-\infty, \infty)$ で増加な関数である.

基本問題 3.2

問題 62　次の関数のグラフを描け.

(1) $y = 2x$　　　　　　(2) $y = -2x$　　　　　　(3) $y = 2x - 1$

(4) $y = \dfrac{1}{2}x$　　　　　(5) $y = -\dfrac{1}{2}x$　　　　(6) $y = -\dfrac{1}{2}x + 1$

問題 63　次の関数のグラフを描け.

(1) $2x + 3y = 6$　　(2) $2x - 3y = 6$　　(3) $3x + 2y = 6$　　(4) $3x - 2y = 6$

問題 64　次の直線の方程式を求めよ.

(1) 点 $(2, 1)$ を通り, 傾き 3 の直線　　(2) 2 点 $(1, -1), (3, -7)$ を通る直線

(3) 2 点 $(5, 3), (5, -7)$ を通る直線　　(4) 2 点 $(1, -1), (3, -1)$ を通る直線

問題 65　次の 2 直線の交点を求めよ.

(1) $y = 2x + 3, \; y = -3x - 7$　　　　(2) $3x - 2y - 5 = 0, \; x + 3y - 2 = 0$

問題 66　次の関数のグラフを描け.

(1) $y = |2x|$　　　　　(2) $y = |x - 2|$　　　　(3) $y = |x - 1| + |x|$

問題 67　次の関数のグラフを描け.

(1) $y = [2x]$　　　　　(2) $y = x - [x]$

問題 68　次の関数のグラフを描け.

(1) $y = x^2$　　　(2) $y = -x^2$　　　(3) $y = 2x^2$　　　(4) $y = -\dfrac{1}{2}x^2$

問題 69　次の関数のグラフを描け.

(1) $y = x^2 + 1$　　(2) $y = x^2 - 4$　　(3) $y = -2x^2 + 1$　　(4) $y = -\dfrac{1}{4}x^2 - 1$

問題 70　次の関数のグラフを描け.

(1) $y = x^2 + 2x + 2$　　(2) $y = -x^2 - x + 1$　　(3) $y = 3x^2 - 2x - 1$

問題 71　次の 2 次関数の最大値, または最小値を求めよ.

(1) $y = x^2 - 3x + 2$　　　　　(2) $y = -x^2 + 4x - 3$

(3) $y = 3x^2 - 2x + 5$　　　　　(4) $y = -5x^2 + 4x + 1$

問題 72　次の 2 次関数の (　) ないの範囲における最大値と最小値を求めよ.

(1) $y = 2x^2 - 4x + 1 \; (0 \leqq x \leqq 2)$　　(2) $y = -x^2 - 4x + 2 \; (-1 \leqq x \leqq 3)$

問題 73　次を求めよ.

(1) 放物線 $y = x^2 - 6x + 7$ と 直線 $y = -x + 3$ の交点の座標

(2) 放物線 $y = 3x^2 - 4x + 2$ と 直線 $y = 5x + 3$ の交点の座標

(3) 放物線 $y = 3x^2 + 2x - 1$ と 放物線 $y = x^2 - 3x + 2$ の交点の座標

問題 74　次の関数のグラフを描け.

(1) $y = |x^2 - 1|$　　(2) $y = |x^2 - 3x + 2|$　　(3) $y = |x^2 - 4| + 2x - 1$

問題 75　次の関数のグラフを描け.

(1) $y = x^3$　　(2) $y = x^4$　　(3) $y = (x - 2)^3 + 1$　　(4) $y = 2x^4$

3.3　逆関数

　関数にはそれを表す式が移項や割り算などの計算ができ, かつグラフが描けるようなものと, そのような計算はできないが, グラフだけが描けるものがある. たとえば, 前者は $y = 2x - 1$ のような関数で, 後者は (後の章で学ぶ) 三角関数 $y = \sin x$ のような関数である. まず, $y = 2x - 1$ を x について解くと, $x = \dfrac{1}{2}y + \dfrac{1}{2}$ となる. これは逆関数と呼べるものであるが, グラフは元の関数と逆関数とで区別がつかない (一致している). ここで, 直線 $y = x$ に関して対称なグラフの表す関数を考えると, $y = \dfrac{1}{2}x + \dfrac{1}{2}$ となる. 対称なグラフを用いる考え方は (計算ができない) 三角関数 $y = \sin x$ にも通用する方法である. このように, 広い範囲の関数に通用する「グラフを用いる方法」を採用することによって, $y = 2x - 1$ の逆関数を, $(x = \dfrac{1}{2}y + \dfrac{1}{2}$ とするのではなく) ここでさらに x と y を入れ換えた形で, $y = \dfrac{1}{2}x + \dfrac{1}{2}$ とするのである (規約!). このことは「独立変数は通常 x で表す」ということにつながる. 以上のことを踏まえて, 逆関数について, 以下の基本事項をみよ.

基本事項 (逆関数)

関数 $y = f(x)$ が区間 I で単調関数のとき, その値域に属する任意の値 y に対して,

$$f(x) = y$$

となる x の値が (I 内に) ただ 1 つ定まる. そして, $f(x) = y$ を満たす x の値を $f^{-1}(y)$ で表す. すなわち

$$x = f^{-1}(y) \iff y = f(x).$$

このとき，$x = f^{-1}(y)$ において，さらに x と y を入れ換えた関数 $y = f^{-1}(x)$ を $y = f(x)$ の逆関数という．

$$y = f^{-1}(x) \iff x = f(y).$$

✎　**注意 24**　　(1) 関数 $y = f(x)$ とその逆関数 $y = f^{-1}(x)$ では，定義域と値域が入れ換わる．

　(2) 関数 $y = f(x)$ の逆関数を求めるには，$y = f(x)$ において x と y を入れ換えた $x = f(y)$ を y について解く．

基本事項 (逆関数のグラフ)

関数 $y = f(x)$ のグラフとその逆関数 $y = f^{-1}(x)$ のグラフは直線 $y = x$ に関して対称である．

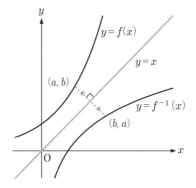

　なぜならば，$y = f(x)$ のグラフ上の任意の点を (a, b) とすると，$b = f(a)$ だから，$a = f^{-1}(b)$．よって，点 (b, a) は $y = f^{-1}(x)$ のグラフ上の点である．一方，点 (a, b) と点 (b, a) は直線 $y = x$ に関して対称である．したがって，関数 $y = f(x)$ のグラフとその逆関数 $y = f^{-1}(x)$ のグラフは直線 $y = x$ に関して対称である．

例 32　$y = 3x + 5$ の逆関数を求めてみよう．まず，$y = 3x + 5$ が $(-\infty, \infty)$ で増加関数であることに注意しよう．$y = 3x + 5$ の x と y を入れ換えた

$$x = 3y + 5$$

を y について解いた

$$y = \frac{1}{3}(x - 5)$$

が求める逆関数である.

例 33 $y = x^2 \ (x \geqq 0)$ の逆関数を求めてみよう. まず, $y = x^2$ が $x \geqq 0$ で増加関数であることに注意しよう. $y = x^2 \ (x \geqq 0)$ の x と y を入れ換えた

$$x = y^2 \ (y \geqq 0)$$

を y について解くと

$$y = \pm\sqrt{x}.$$

ここで, $y \geqq 0$ に注意すれば, $y = \sqrt{x}$ が求める逆関数である.

例 34 $y = x^3$ の逆関数を求めてみよう. まず, $y = x^3$ が $(-\infty, \infty)$ で増加関数であることに注意しよう. $y = x^3$ の x と y を入れ換えた

$$x = y^3$$

を y について解いた $y = \sqrt[3]{x}$ が求める逆関数である.

基本問題 3.3

問題 76 次の逆関数を求めよ.

(1) $y = 2x - 5$

(2) $y = x^2 + 3 \ (x \leqq 0)$

(3) $y = x^2 - 4x \ (x \geqq 2)$

(4) $y = \dfrac{x + 3}{x - 2} \ (x > 2)$

問題 77 関数 $y = \sqrt{x - 1} + 2$ の逆関数を求めよ. また, その定義域と値域は何か.

3.4 円の方程式

円は 2 次曲線の中でバランスのとれた最も安定した曲線で, いかなる円も大小にかかわらず, すべて相似である. また, それだけで有限で閉じた可視的な世界をなす実に面白い曲線でもある.

基本事項 (円の方程式)

点 $A(a, b)$ を中心として，半径 $r(> 0)$ の円 C の方程式は
$$(x - a)^2 + (y - b)^2 = r^2.$$

特に，原点を中心とする半径 $r(> 0)$ の円 C の方程式は
$$x^2 + y^2 = r^2.$$

実際，点 $P(x, y)$ が円 C 上の点 $\iff PA = r$
$$\iff \sqrt{(x - a)^2 + (y - b)^2} = r$$
$$\iff (x - a)^2 + (y - b)^2 = r^2.$$

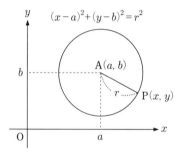

📝 **注意 25** $r = 0$ ならば円は点 $(0, 0)$ のみからなる．この場合の円 $x^2 + y^2 = r^2$ を「点円」という．高校では，一般に「円」というときは「半径 > 0」の場合を意味する．

例題 52 次の方程式の表す図形を描け．

(1) $x^2 + y^2 = 4$ (2) $x^2 + y^2 - 2y = 0$ (3) $x^2 + y^2 - 6x + 5 = 0$

解答 (1) $x^2 + y^2 = 4 = 2^2$ だから，原点中心，半径 2 の円を表す．

(2) $x^2 + y^2 - 2y = 0$ より $x^2 + (y - 1)^2 = 1$．したがって，中心 $(0, 1)$，半径 1 の円を表す．

(3) $x^2 + y^2 - 6x + 5 = 0$ より $(x - 3)^2 + y^2 = 4 = 2^2$．したがって，中心 $(3, 0)$，半径 2 の円を表す．

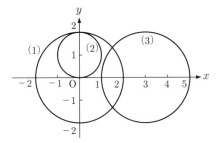

基本問題 3.4

問題 78 次の円の方程式を求めなさい.
(1) 点 $(2,3)$ を中心とし,半径 $\sqrt{5}$ の円.
(2) 原点を中心とし,半径 2 の円.
(3) y 軸上に中心があり,原点と点 $(0,6)$ を通る円.
(4) 原点を中心とし,点 $(3,-4)$ を通る円.

問題 79 次の方程式はどのような図形を表すか述べよ.
(1) $x^2 + y^2 - 5 = 0$ (2) $x^2 + y^2 + 4x = 0$
(3) $x^2 + y^2 - 6x + 2y + 4 = 0$

問題 80 次を求めよ.
(1) 円 $x^2 + y^2 = 5$ と 直線 $y = 2x$ の交点の座標.
(2) 円 $x^2 + y^2 = 2$ と 直線 $x + y = 1$ の交点の座標.
(3) 円 $x^2 + y^2 - 2x = 2$ と 直線 $2x - y = 1$ の交点の座標.
(4) 円 $x^2 + y^2 - 4x + 2y = 5$ と 円 $x^2 + y^2 - 2x = 9$ の交点の座標.

3.5 有理分数関数と無理関数

有理分数式で表される関数を有理分数関数 ($\neq$ 一般の分数関数) といい,無理式で表される関数を無理関数という.ここではこれらのグラフについて学ぶ.有理分数関数や無理関数を扱うときには,まず定義域 (!) に注意しなけれらない (ついでに値域にも注意しておくこと).また,分数式にたいしては (無理式の割り算の場合も含めて) 分母が 0 でないところで考えなければならない!

有理分数関数

基本事項 (直角双曲線)

有理分数関数 $y = \dfrac{k}{x}$ $(k \neq 0)$ のグラフは直角双曲線と呼ばれる次の曲線である.

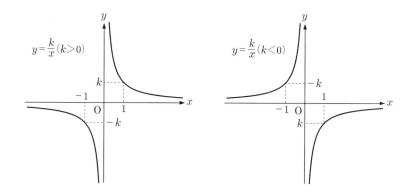

📝 **注意 26** 有理分数関数 $y = \dfrac{k}{x}$ $(k \neq 0)$ は,$xy = k$ とかけるので,x と y が反比例の関係になっている.

> **例題 53** 関数 $y = f(x) = \dfrac{1}{x}$ のグラフを描け.

解答 関数 $y = f(x) = \dfrac{1}{x}$ の定義域は $x = 0$ を除くすべての実数全体である. また,

$$f(-x) = \frac{1}{-x} = -\frac{1}{x} = -f(x)$$

であるから,$f(x) = \dfrac{1}{x}$ は奇関数である. そのグラフは原点に関して対称な曲線になる. 数 x, y の値の対応表をかいてみよう.

x	$\cdots$	$\dfrac{1}{4}$	$\dfrac{1}{3}$	$\dfrac{1}{2}$	1	2	3	4	$\cdots$
$f(x)$	$\cdots$	4	3	2	1	$\dfrac{1}{2}$	$\dfrac{1}{3}$	$\dfrac{1}{4}$	$\cdots$

表の値の組に対して,点 (x, y) を xy-平面上にとり,それらの点をなめらかな線で結んで得られる曲線 (第一象限内にある部分) と,それを原点に関して対称移動した曲線 (第

三象限内にある部分) が求める曲線である.

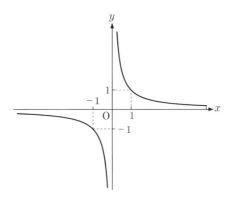

📎 **注意 27**   関数 $y = \dfrac{1}{x}$ において, x を 0 より大きい方から 0 に限りなく近づけてみよう.

x	0.1	0.01	0.001	0.0001	0.00001	$\cdots \dashrightarrow$	0
$y = \dfrac{1}{x}$	10	100	1000	10000	100000	$\cdots \dashrightarrow$	∞

x を 0 より大きい方から 0 に限りなく近づけると, 関数 $y = \dfrac{1}{x}$ の値は限りなく大きくなることがわかる. したがって, x を 0 より大きい方から 0 に限りなく近づけると, 関数 $y = \dfrac{1}{x}$ のグラフは限りなく y 軸に近づいていくことがわかる.

また, 関数 $y = \dfrac{1}{x}$ において, x の値を限りなく大きくしてみよう.

x	10	100	1000	10000	100000	1000000	$\cdots \dashrightarrow$	∞
$\dfrac{1}{x}$	0.1	0.01	0.001	0.0001	0.00001	0.000001	$\cdots \dashrightarrow$	0

x の値を限りなく大きくすると, 関数 $y = \dfrac{1}{x}$ の値は限りなく 0 に近づいていく様子が感じ取れる. 実際は 0 に近づくことがわかっている. したがって, x の値を限りなく大きくすると, 関数 $y = \dfrac{1}{x}$ のグラフは限りなく x 軸に近づいていくことがわかる. このようなとき, x 軸, y 軸をこの直角双曲線の漸近線という.

📎 **注意 28**   (1) 有理分数関数では, 分母を 0 にする変数の値は変域から除く.

(2) グラフを描くときには, x 軸, y 軸だけでなく, 漸近線を点線で記入すること (こ

れは礼儀!)

1 次分数関数　$ad - bc \neq 0$ を満たす実数 a, b, c, d が与えられたとき,

$$(*) \qquad\qquad y = f(x) = \frac{ax + b}{cx + d}$$

の形の関数を 1 次分数関数という.

$ad - bc \neq 0$, $c \neq 0$ のとき,

$$\frac{ax + b}{cx + d} = \frac{\frac{a}{c}(cx + d) + b - \frac{ad}{c}}{cx + d} = \frac{a}{c} + \frac{\frac{bc - ad}{c^2}}{x + \frac{d}{c}}$$

であるから,

$$k = \frac{bc - ad}{c^2}$$

とおけば, 直角双曲線 $y = \dfrac{k}{x}$ のグラフを,

$$x \text{ 軸方向に} -\frac{d}{c}, \ y \text{ 軸方向に} \frac{a}{c}$$

だけ平行移動した直角双曲線が 1 次分数関数 $(*)$ のグラフであることがわかる.

✎　**注意 29**　1 次分数関数 $(*)$ において, $ad - bc = 0$ ならば, (分母を 0 とする x の値を除いて) 1 次分数関数 $(*)$ は定数関数になる.

例題 54　次の関数のグラフを描け.
$$y = \frac{2x - 1}{x - 1}$$

　$(2x - 1) \div (x - 1)$ を実行して,

$$y = \frac{k}{x - 1} + p$$

の形に変形する.

　$y = \dfrac{2x - 1}{x - 1} = \dfrac{2(x - 1) + 1}{x - 1} = 2 + \dfrac{1}{x - 1}.$ よって,

$$y - 2 = \frac{1}{x - 1}$$

であるから, 関数 $y = \dfrac{1}{x}$ のグラフを, x 軸方向に 1, y 軸方向に 2 だけ平行移動したグラフが求めるものであり, それは以下のようになる. 漸近線の方程式は $x = 1$, $y = 2$ である.

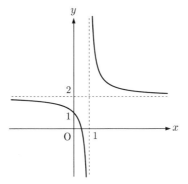

無理関数 無理関数を扱うときは，特に変域に注意しなければならない (ついでながら，値域にも注意しよう).

無理関数 $y = \sqrt{x}$ のグラフは，$y = \sqrt{x}$ が $y = x^2 (x \geq 0)$ の逆関数 (例33 をみよ) であるから，$y = x^2 (x \geq 0)$ のグラフを直線 $y = x$ に関して対称移動すればよい．グラフは次のようになる．

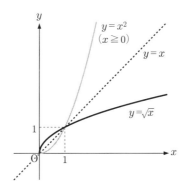

例題 55 $y = \sqrt{x-2} + 1$ のグラフを描け．

解答 $y = \sqrt{x-2} + 1$ のグラフは，$y = \sqrt{x}$ のグラフを，

$$x \text{ 軸方向に } 2, \quad y \text{ 軸方向に } 1$$

だけ平行移動すればよい．グラフは次のようになる．

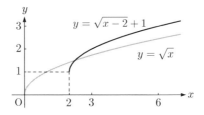

例題 56　$y = \sqrt[3]{x}$ のグラフを描け.

Point!　$y = \sqrt[3]{x}$ は，$y = x^3$ の逆関数であることに注目しよう (例 34 参照).
または，数 x, y の値の対応表をかいてみよう.

解答　$y = \sqrt[3]{x}$ は，$y = x^3$ の逆関数 (例 34 をみよ) であるから，グラフは次のようになる.

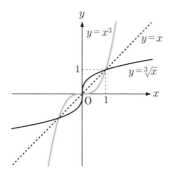

✎　**注意 30**　$x^2 + y^2 = 1$ のとき，$y^2 = 1 - x^2$ であるから，$y = \pm\sqrt{1 - x^2}$.
また，$x^2 = 1 - y^2$ であるから，$x = \pm\sqrt{1 - y^2}$.

(1) 単位円の ($y \geqq 0$ の部分にある) 半円を表す式：$y = \sqrt{1 - x^2}$

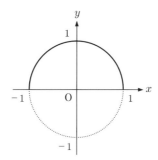

(2) 単位円の $(y \leqq 0$ の部分にある) 半円を表す式：$y = -\sqrt{1 - x^2}$

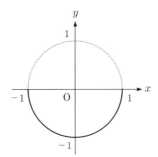

(3) 単位円の $(x \geqq 0$ の部分にある) 半円を表す式：$x = \sqrt{1 - y^2}$

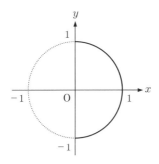

(4) 単位円の $(x \leqq 0$ の部分にある) 半円を表す式：$x = -\sqrt{1 - y^2}$

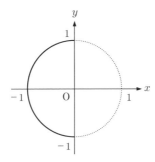

基本問題 3.5

問題 81　次の関数のグラフを描け.

(1) $y = \dfrac{2}{x}$　　　　　　　　(2) $y = -\dfrac{1}{x}$

問題 82　次の関数のグラフを描け.

(1) $y = \dfrac{3x - 4}{x - 2}$　　　　　　(2) $y = \dfrac{1 - 2x}{x + 2}$

問題 83　次の分数関数の漸近線の方程式を求めよ.

(1) $y = \dfrac{x - 1}{x}$　　　　　(2) $y = \dfrac{x - 2}{x - 3}$　　　　　(3) $y = \dfrac{3x - 2}{x + 1}$

問題 84　分数関数 $y = \dfrac{2x}{x - 2}$ のグラフと直線 $y = x - 3$ の交点の座標を求めよ.

問題 85　次の関数のグラフを描け.

(1) $y = \sqrt{-x}$　　　　　(2) $y = \sqrt{2x - 3}$　　　　　(3) $y = \sqrt{4 - x^2}$

(4) $y = \sqrt[3]{x - 2} + 1$　　　　(5) $y = \sqrt[4]{x}$

問題 86　無理関数 $y = \sqrt{x + 2}$ のグラフと直線 $y = x - 3$ の交点の座標を求めよ.

第4章

三角関数と 逆三角関数

　三角法は，古い時代から (すでにギリシャ時代において) 知られており，人類の知恵のたいへん重要な産物の 1 つになっている．というのも，人間の生活のさまざまな場面において測量が必要 (かつ重要) となり，このことは三角法が開発されたお陰で，多様に可能になったといってよい．三角法や後の三角関数についての数学の発展は現代科学の発展の一側面をも支えている．現に人間はさまざまな振動や波動の渦 (世界) のなかで生きており，その一部を現代科学の力を借りて制御しながら生活している．たとえ目に見えない世界であっても，そこには常に三角関数が深く絡んでいる (少し大げさにいうと，三角関数に支配されている)．本章ではまず三角比と三角関数，逆三角関数についての基礎概念と基本的性質について学ぶ．

4.1　三角比

　この節では後に導入される三角関数を考える上で最も基本的な三角比について，その定義と基本的性質についてまとめておく．ここで少し「三角比」の意義について考えてみよう．もし 2 点間の問題なら，2 点の間に直接的邪魔なものがあると問題解決にはなはだ困る場合がある．しかし，3 点間の問題にすることによって，本来の 2 点間に直接的邪魔なものがあっても，もう 1 点を増やしたことによって，問題が難なく処理できる場合がある．広さ (面積) を考える場合も，有界な場所 (境界も入れた領域) をいくつかの三角形に分けて近似することによって，合理的に扱うことができる．三角比をもとにした考え方はたい

へん重要である.

基本事項 (三角比)

角 θ $(0° < \theta < 90°)$ に対して, $\angle A = \theta$, $\angle C = 90°$ となる直角三角形 ABC をつくる. このとき,

$$\sin\theta = \frac{a}{c} = \frac{\text{対辺}}{\text{斜辺}}, \quad \cos\theta = \frac{b}{c} = \frac{\text{隣辺}}{\text{斜辺}}, \quad \tan\theta = \frac{a}{b} = \frac{\text{対辺}}{\text{隣辺}}$$

と定義する. $\sin\theta$ を角 θ の正弦 (サイン θ), $\cos\theta$ を角 θ の余弦 (コサイン θ), $\tan\theta$ を角 θ の正接 (タンジェント θ) という. いずれも三角形の大きさとは関係なく, 角 θ だけで定まる. $\sin\theta, \cos\theta, \tan\theta$ をまとめて三角比という.

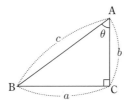

✎ **注意 31** 上記の直角三角形 ABC において
$$a = c\sin\theta, \quad b = c\cos\theta, \quad a = b\tan\theta.$$

例 35 (1) 次の直角三角形 ABC において, ピタゴラスの定理 (第1章をみよ) より

$$AB^2 = 3^2 + 4^2 = 25 \text{ であるから, } AB = 5.$$

$$\therefore \quad \sin\theta = \frac{3}{5}, \quad \cos\theta = \frac{4}{5}, \quad \tan\theta = \frac{3}{4}.$$

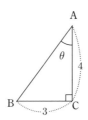

(2) $\tan\theta = 7$ $(0° < \theta < 90°)$ のとき, θ は直角をつくる2辺の長さが $1, 7$ の直角三角形の1つの角として表せる. この直角三角形の斜辺の長さはピタゴ

ラスの定理より

$$\sqrt{1^2 + 7^2} = \sqrt{50} = \sqrt{5^2 \cdot 2} = 5\sqrt{2}$$

であるから,

$$\sin\theta = \frac{7}{5\sqrt{2}}, \quad \cos\theta = \frac{1}{5\sqrt{2}}.$$

$30°$, $45°$, $60°$ の三角比

角 θ の取り得る値の中でも (正三角形や二等辺三角形に関連して) θ が $30°$, $45°$, $60°$ の三角比はとくに大切である (必ず覚えておくこと!).

基本事項 (三角比の値)

θ	$30°$	$45°$	$60°$
$\sin\theta$	$\dfrac{1}{2}$	$\dfrac{1}{\sqrt{2}}$	$\dfrac{\sqrt{3}}{2}$
$\cos\theta$	$\dfrac{\sqrt{3}}{2}$	$\dfrac{1}{\sqrt{2}}$	$\dfrac{1}{2}$
$\tan\theta$	$\dfrac{1}{\sqrt{3}}$	1	$\sqrt{3}$

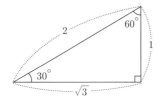 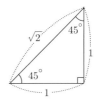

✎　**注意 32**　$(\sin\theta)^2, (\cos\theta)^2, (\tan\theta)^2$ を,それぞれ $\sin^2\theta, \cos^2\theta, \tan^2\theta$ とかく. 一般に

$$(\sin\theta)^n = \sin^n\theta, \ (\cos\theta)^n = \cos^n\theta, \ (\tan\theta)^n = \tan^n\theta \quad (n = 2, 3, \cdots)$$

とかく (規約!). 普通は (規約として) 右辺のような表記法を用いる. (もちろん,左辺のような表記法を用いるのもよい.)

基本事項 (三角比の相互関係)

(1) $\tan \theta = \dfrac{\sin \theta}{\cos \theta}$.

(2) $\sin^2 \theta + \cos^2 \theta = 1$.

(3) $1 + \tan^2 \theta = \dfrac{1}{\cos^2 \theta}$.

(4) $\sin (90° - \theta) = \cos \theta$.

(5) $\cos (90° - \theta) = \sin \theta$.

(6) $\tan (90° - \theta) = \dfrac{1}{\tan \theta}$.

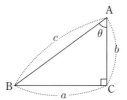

証明   (1) $\tan \theta = \dfrac{a}{b} = \dfrac{\frac{a}{c}}{\frac{b}{c}} = \dfrac{\sin \theta}{\cos \theta}$.

(2) ピタゴラスの定理 (第 1 章をみよ) より $a^2 + b^2 = c^2$. この両辺を c^2 で割ると

$$\left(\frac{a}{c}\right)^2 + \left(\frac{b}{c}\right)^2 = 1, \quad \text{すなわち} \quad \sin^2 \theta + \cos^2 \theta = 1.$$

(3) $\sin^2 \theta + \cos^2 \theta = 1$ の両辺を $\cos^2 \theta$ で割ると

$$\left(\frac{\sin \theta}{\cos \theta}\right)^2 + 1 = \frac{1}{\cos^2 \theta}, \quad \text{すなわち} \quad \tan^2 \theta + 1 = \frac{1}{\cos^2 \theta}.$$

(4), (5), (6) は図より明らかであろう.

例題 57   ある地点 A からポールの先端を見上げたとき, 水平面とのなす角が 30° であった. ポールに向かって 10 m 歩いた地点 B から見上げたところ, 水平面とのなす角が 45° であった. 目の高さを 1.7 m とするとき, ポールの高さを求めよ.

 Point!   図において, PR をポールとするとき, AB の長さを PQ の長さで表せ.

 解答 $PQ = x$ とおく.

$$\frac{PQ}{CQ} = \frac{x}{CQ} = \tan 30° = \frac{1}{\sqrt{3}} \text{ より, } CQ = \sqrt{3}x.$$

$$\frac{PQ}{DQ} = \frac{x}{DQ} = \tan 45° = 1 \text{ より, } DQ = x.$$

$AB = CD = CQ - DQ = 10$ より, $\sqrt{3}x - x = (\sqrt{3} - 1)x = 10.$

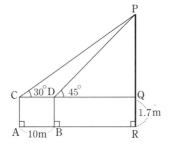

$$\therefore \quad x = \frac{10}{\sqrt{3}-1} = \frac{10(\sqrt{3}+1)}{(\sqrt{3}-1)(\sqrt{3}+1)} = \frac{10(\sqrt{3}+1)}{2} = 5(\sqrt{3}+1)$$

したがって，ポールの高さは

$$\{5(\sqrt{3}+1)+1.7\}\,\mathrm{m} = (5\sqrt{3}+6.7)\,\mathrm{m}\ \text{である．}$$

基本問題 4.1

問題 87　∠C を直角とする直角三角形 ABC で，∠A $= \theta$, AC $= 12$, BC $= 5$ のとき，次を求めよ．

  (1) $\sin\theta$　　　　　　　(2) $\cos\theta$　　　　　　　(3) $\tan\theta$

問題 88　次の図の直角三角形において，辺の長さ x, y を求めよ．

  (1)
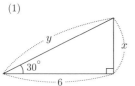

  (2)

  (3)
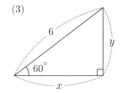

問題 89　1 辺の長さが 2 の正三角形 ABC の頂点 A から対辺 BC に垂線 AH を下ろすとき，次を求めよ．

  (1) AH　　　　　　　(2) BH　　　　　　　(3) 正三角形 ABC の面積

問題 90　傾斜角 $30°$ の坂道をまっすぐに $100\,\mathrm{m}$ 登った．このとき，鉛直方向には何 m 登ったか，また，水平方向には何 m 進んだか．

問題 91　平地に立っている木の根元から $10\,\mathrm{m}$ 離れた地点に立って木の先端を見上げたとき，水平面とのなす角が $30°$ であった．目の高さを $1.7\,\mathrm{m}$ とするとき，木の高さを求めよ．

問題 92　平地に立っている木の先端を見上げたとき，水平面とのなす角が 45° であっ
た．木に向かって 10 m 歩いた地点から見上げたところ，水平面とのなす角が 60° で
あった．目の高さを 1.7 m とするとき，木の高さを求めよ．

問題 93　$\sin\theta = \dfrac{1}{3}$ のとき，$\cos\theta, \tan\theta$ の値を求めよ．ただし，$0° < \theta < 90°$ と
する．

問題 94　$\tan\theta = 2\sqrt{2}$ のとき，$\sin\theta, \cos\theta$ の値を求めよ．ただし，$0° < \theta < 90°$ と
する．

4.2　三角関数

　三角比では角度は 0° から 90° までしか考えなかった．ここでは，角を「回
転の量」と捉え (この考え方は非常に重要!)，角の考え方を拡げることにより，
三角比を一般化することを考える．この一般化は，運動 (の広がり) を考える上
で欠かせない．振動や波動の解析に必要な数理モデル (関数表示) は勿論，そ
の他にも，たとえば加速度が絡む一見単純な運動も，うまくコンピュータの画
面に映すと波状になる．このような場合の解析にも三角関数はたいへん重要で
ある．

　一般角　平面上で，点 O を中心として 1 つの半直線 OP を回転させ，(回転
の量としての) その回転した角度 θ を考える．この半直線 OP を動径といい，
半直線 OP の最初の位置としての定半直線 OX を始線という．

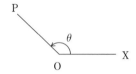

　動径 OP の回転する向きは 2 通りある．動径 OP が

　　　反時計まわりに回転するときは正，　　時計まわりに回転するときは負

として角に符号をつける．動径は 1 回り ($\pm 360°$) するごとにもとの位置にもど
るから，動径 OP が表す角は無数にある．動径 OP が表す 1 つの角を θ とする
と，動径 OP が表す角は

$$\theta + 360° \times n \quad (n \text{ は整数})$$

$$(\text{ここで，} 360° \times n \text{ は } n \text{ 回まわりの回転量と解釈する})$$

となる．このように，回転の大きさを表す量としての角を一般角という．

例 36　$60°, 480°, -120°$ は次のような角を表す．

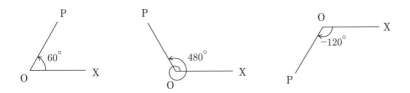

弧度法　微分積分学では，角の大きさを表すのに弧度法と呼ばれる方法が必要になる．半径 1 の円において，長さが 1 の円弧に対する中心角を 1(ラジアン) と定義する．1(ラジアン) を単位とする角の測り方を弧度法という．弧度法は回転量としての角度を実数化する規則である．

弧 PQ の長さが θ のとき，中心角 $\angle QOP = \theta$ (ラジアン) である．弧度法では，(実数化であることを考慮して)「ラジアン」という単位は省略するのが普通である．したがって，弧度法では角は 1 つの実数で表される．

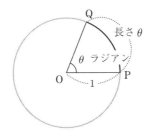

$360° = 2\pi$ より，$180° = \pi$ だから，

$$1° = \frac{\pi}{180}, \quad 1 = \frac{180°}{\pi}$$

となる．動径 OP が表す 1 つの角を θ とすると，動径 OP が表す角は

$$\theta + 2n\pi \quad (n \text{ は整数}) \quad (\text{これは実数の普通の足し算である})$$

となる．

✎ **注意 33**　角度で，°(度) とラジアンの変換を考えるときには

$$180° = \pi$$

をもとにするとよい．

例 37　(1) $90° = 90 \cdot \dfrac{\pi}{180} = \dfrac{\pi}{2}$　　(2) $60° = 60 \cdot \dfrac{\pi}{180} = \dfrac{\pi}{3}$

(3) $300° = 300 \cdot \dfrac{\pi}{180} = \dfrac{5\pi}{3}$　　(4) $\dfrac{2\pi}{3} = \dfrac{2}{3} \cdot 180° = 120°$

(5) $\dfrac{9\pi}{4} = \dfrac{9}{4} \cdot 180° = 405°$　　(6) $-\dfrac{5\pi}{3} = -\dfrac{5}{3} \cdot 180° = -300°$

例 38

度	$0°$	$30°$	$45°$	$60°$	$90°$	$120°$	$135°$	$150°$	$180°$
ラジアン	0	$\dfrac{\pi}{6}$	$\dfrac{\pi}{4}$	$\dfrac{\pi}{3}$	$\dfrac{\pi}{2}$	$\dfrac{2\pi}{3}$	$\dfrac{3\pi}{4}$	$\dfrac{5\pi}{6}$	π

基本事項 (扇形の弧の長さ, 面積)

半径 r, 中心角 $\theta(0 < \theta \le 2\pi)$ の扇形の弧の長さを l, 面積を S とすれば

$$l = r\theta, \quad S = \frac{1}{2}r^2\theta = \frac{1}{2}rl.$$

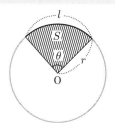

証明　一定の角 θ に対する弧の長さは半径に比例するから

$$1 : r = \theta : l \qquad \therefore \quad l = r\theta.$$

扇形の面積は中心角に比例するから

$$S : \pi r^2 = \theta : 2\pi \qquad \therefore \quad S = \frac{1}{2}r^2\theta.$$

例 39　半径 4, 中心角 $\dfrac{3}{4}\pi$ の扇形の弧の長さ l, 面積 S は

$$l = 4 \cdot \frac{3}{4}\pi = 3\pi, \quad S = \frac{1}{2} \cdot 4^2 \cdot \frac{3}{4}\pi = 6\pi.$$

三角比の拡張　座標平面上で, 原点 O を中心とする半径 1 の円 (単位円という) を考える. x 軸の正の部分 Ox を始線として, そこから角 θ (一般角) だけ回転したときの動径と単位円との交点を P(x, y) とする. このとき,

$$\sin\theta = y \text{ (P の } y \text{ 座標)}, \quad \cos\theta = x \text{ (P の } x \text{ 座標)}, \quad \tan\theta = \frac{y}{x} = \frac{\sin\theta}{\cos\theta} \ (x \ne 0)$$

と定義する.

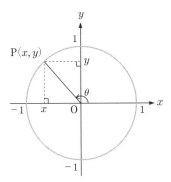

　上の図は，単位円周上で，x 軸上の点 $(1,0)$ を原点のまわりに角 θ だけ (反時計まわりに) 回転したときの点が $\mathrm{P}(x,y)$ であることを示している．このことを，「ベクトルと行列」(付録 B をみよ) を用いて表すと

$$\left(\begin{array}{c} x \\ y \end{array}\right) = \left(\begin{array}{cc} \cos\theta & -\sin\theta \\ \sin\theta & \cos\theta \end{array}\right)\left(\begin{array}{c} 1 \\ 0 \end{array}\right) \quad (x = \cos\theta, y = \sin\theta \text{ の行列表示})$$

となる．ここで用いた行列を回転行列といい，その重要性や応用などは線形代数で学ぶことになる．

✎ **注意 34**　(1) 任意の実数 θ に対して，$\sin^2\theta + \cos^2\theta = 1$.

　(2) $0° < \theta < 90°$ のとき，これらの値は直角三角形で定義された三角比の値に一致する．実際，(1) は，$\mathrm{OP} = 1$ であるから，

$$\mathrm{OP}^2 = x^2 + y^2 = \cos^2\theta + \sin^2\theta = 1.$$

(2) は，$0° < \theta < 90°$ のとき，

$$\sin\theta = y = \frac{y}{1}, \quad \cos\theta = x = \frac{x}{1}$$

よりわかる．

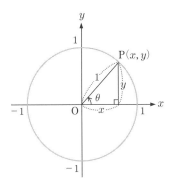

θ	0	$\dfrac{\pi}{2}$	π	$\dfrac{3\pi}{2}$	2π
$\sin\theta$	0	1	0	-1	0
$\cos\theta$	1	0	-1	0	1
$\tan\theta$	0	$\times$	0	$\times$	0

例 **40**

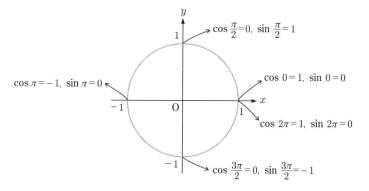

$\cos\dfrac{\pi}{2}=0,\ \sin\dfrac{\pi}{2}=1$

$\cos\pi=-1,\ \sin\pi=0$

$\cos 0=1,\ \sin 0=0$

$\cos 2\pi=1,\ \sin 2\pi=0$

$\cos\dfrac{3\pi}{2}=0,\ \sin\dfrac{3\pi}{2}=-1$

✎　**注意 35**

(1) 任意の実数 θ に対して,
$$-1\leqq \sin\theta \leqq 1,\ -1\leqq \cos\theta \leqq 1.$$
(2) $\tan\theta$ は, $x=0$ となる角 θ, すなわち
$$\theta=\frac{\pi}{2}+n\pi \quad (n=0,\pm1,\pm2,\cdots)$$
では定義されない.

(3) 単位円と角 θ の動径との交点を P とする. 点 $(1,0)$ における単位円の接線と直線 OP との交点を $T(1,t)$ とすれば

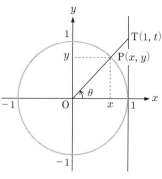

$$\tan\theta=\frac{y}{x}=\frac{t}{1}=t$$

である. θ が $-\dfrac{\pi}{2}<\theta<\dfrac{\pi}{2}$ の範囲を動けば, 点 T は直線 $x=1$ 上のすべての点を動くから, $\tan\theta$ の値はすべての実数値をとる.

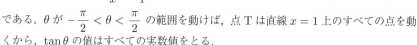

例題 58　$\sin\dfrac{2\pi}{3}$, $\cos\dfrac{2\pi}{3}$, $\tan\dfrac{2\pi}{3}$ の値を求めよ.

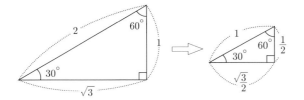

解答 下の図より,

$$\sin\frac{2\pi}{3} = (\text{P の } y \text{ 座標}) = \frac{\sqrt{3}}{2}, \quad \cos\frac{2\pi}{3} = (\text{P の } x \text{ 座標}) = -\frac{1}{2},$$

$$\tan\frac{2\pi}{3} = \frac{\sin\frac{2\pi}{3}}{\cos\frac{2\pi}{3}} = \frac{\frac{\sqrt{3}}{2}}{-\frac{1}{2}} = -\sqrt{3}.$$

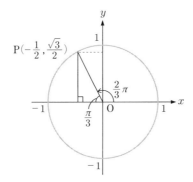

例題 59 $0 < x < \dfrac{\pi}{2}$ のとき, 次の不等式を示せ.

$$\cos x < \frac{\sin x}{x} < 1$$

証明 半径 1 の円 O の周上に $\angle AOB = x$ となる 2 点 A,B をとる. 点 A における円の接線と半直線 OB との交点を P とする. このとき, 面積について次が成り立つ.

$$\triangle OAB \text{ の面積} = \frac{1}{2} \cdot 1 \cdot 1 \cdot \sin x = \frac{1}{2}\sin x,$$

$$\triangle OAP \text{ の面積} = \frac{1}{2} \cdot 1 \cdot \tan x = \frac{1}{2}\tan x,$$

$$\text{扇形 OAB の面積} = \frac{1}{2} \cdot 1^2 \cdot x = \frac{1}{2}x.$$

このとき, 明らかに

$$\triangle OAB \text{ の面積} < \text{扇形 OAB の面積} < \triangle OAP \text{ の面積}$$

であるから,

$$\frac{1}{2}\sin x < \frac{1}{2}x < \frac{1}{2}\tan x.$$

各辺を $\frac{1}{2}\sin x\,(>0)$ で割ると

$$1 < \frac{x}{\sin x} < \frac{\tan x}{\sin x} = \frac{\frac{\sin x}{\cos x}}{\sin x} = \frac{1}{\cos x}.$$

逆数をとると

$$1 > \frac{\sin x}{x} > \cos x.$$

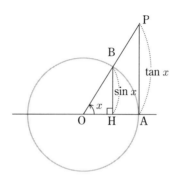

例題 60　$0 \leqq x \leqq 2\pi$ のとき, 次に答えよ.

(1) 方程式 $\sin x = \dfrac{1}{\sqrt{2}}$ を解け.

(2) 不等式 $\sin x \leqq \dfrac{1}{\sqrt{2}}$ を解け.

解答　(1) 単位円周上で y 座標が $\dfrac{1}{\sqrt{2}}$ である点は 2 つあり, それらは

$$\left(\frac{1}{\sqrt{2}}, \frac{1}{\sqrt{2}}\right), \quad \left(-\frac{1}{\sqrt{2}}, \frac{1}{\sqrt{2}}\right)$$

である. したがって, $x = \dfrac{\pi}{4},\ \dfrac{3\pi}{4}.$

(2) 単位円周上で y 座標が $\dfrac{1}{\sqrt{2}}$ 以下である点は図の太線の部分であるから, 求める x の値の範囲は

$$0 \leqq x \leqq \frac{\pi}{4}, \quad \frac{3\pi}{4} \leqq x \leqq 2\pi.$$

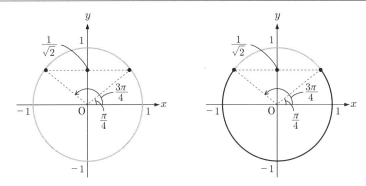

三角関数　弧度法では，任意の角は 1 つの実数で表され，逆に，任意の実数は 1 つの角を表す．実数 x に対して定義された次の 6 個の関数を総称して三角関数という．

$$\sin x, \quad \cos x, \quad \tan x = \frac{\sin x}{\cos x} \ (\cos x \neq 0 \ \text{のとき}),$$

$$\cot x = \frac{\cos x}{\sin x} \ (\sin x \neq 0 \ \text{のとき}), \quad \sec x = \frac{1}{\cos x} \ (\cos x \neq 0 \ \text{のとき}),$$

$$\operatorname{cosec} x = \frac{1}{\sin x} \ (\sin x \neq 0 \ \text{のとき}).$$

$\sin x$ を x の正弦関数 (サイン x)，$\cos x$ を x の余弦関数 (コサイン x)，$\tan x$ を x の正接関数 (タンジェント x)，$\cot x$ を x の余接関数 (コタンジェント x)，$\sec x$ を x の正割関数 (セカンド x)，$\operatorname{cosec} x$ を x の余割関数 (コセカンド x) という．

　ところで，三角関数のもとになる三角比は測量において不可欠の手法 (三角法) であり，さらに一般化によって定義される三角関数は振動や波動を解析するための数理モデルの表現に欠かせない．音楽 (音波) 然り，電波は町での家並みや，山間では山を越え谷も越えて各自のアンテナの受信機にまで届く．そのような音波や電波の運動にも三角関数が深く関係している．つまり，三角関数は (特に振動や波動の解析にはなくてはならない) たいへん重要な関数であるということである．したがって，まずは三角関数に関するさまざまな，関係式など，情報をしっかり勉強しておく必要がある．

基本事項 (三角関数の相互関係)

(1) $\sin^2 x + \cos^2 x = 1$.

(2) $\tan x = \dfrac{\sin x}{\cos x}$.

(3) $1 + \tan^2 x = \sec^2 x$.

(4) $1 + \cot^2 x = \operatorname{cosec}^2 x$.

例題 61　$\sin x = \dfrac{4}{5}$ のとき, $\cos x, \tan x$ の値を求めよ. ただし, $\dfrac{\pi}{2} < x < \pi$ とする.

 $\sin^2 x + \cos^2 x = 1, \quad \tan x = \dfrac{\sin x}{\cos x}$.

解答　$\sin^2 x + \cos^2 x = 1, \quad \sin x = \dfrac{4}{5}$ より, $\cos x = \pm\sqrt{1 - \left(\dfrac{4}{5}\right)^2} = \pm\dfrac{3}{5}$.

$\dfrac{\pi}{2} < x < \pi$ より $\cos x < 0$ であるから, $\cos x = -\dfrac{3}{5}$.

$$\therefore \quad \tan x = \frac{\sin x}{\cos x} = \frac{\frac{4}{5}}{-\frac{3}{5}} = -\frac{4}{3}.$$

三角関数の偶奇性

基本事項 (三角関数の偶奇性)

任意の実数 x に対して, 次が成り立つ.

$$\sin(-x) = -\sin x, \qquad \cos(-x) = \cos x,$$
$$\tan(-x) = -\tan x \quad (\cos x \neq 0 \text{ のとき}).$$

したがって, $\cos x$ は偶関数, $\sin x, \tan x$ は奇関数である.

実際, 角 x の動径と単位円との交点を $\mathrm{P}(a, b)$ とすれば

$$\sin x = b, \quad \cos x = a, \quad \tan x = \frac{b}{a}(a \neq 0).$$

角 $-x$ の動径と単位円との交点 Q の座標は $\mathrm{Q}(a, -b)$ である. したがって,

$$\sin(-x) = -b = -\sin x,$$
$$\cos(-x) = a = \cos x,$$
$$\tan(-x) = \frac{-b}{a} = -\tan x.$$

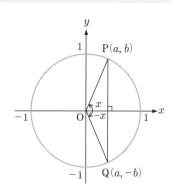

三角関数の基本公式

基本事項 (三角関数の基本公式 (1))

任意の実数 x に対して，次が成り立つ.

(1) $\sin\left(\dfrac{\pi}{2} + x\right) = \cos x$, $\quad \cos\left(\dfrac{\pi}{2} + x\right) = -\sin x$,

$\quad \tan\left(\dfrac{\pi}{2} + x\right) = -\cot x$ $(\sin x \neq 0$ のとき$)$.

(2) $\sin\left(\dfrac{\pi}{2} - x\right) = \cos x$, $\quad \cos\left(\dfrac{\pi}{2} - x\right) = \sin x$,

$\quad \tan\left(\dfrac{\pi}{2} - x\right) = \cot x$ $(\sin x \neq 0$ のとき$)$.

基本事項 (三角関数の基本公式 (2))

任意の実数 x に対して，次が成り立つ.

(1) $\sin(\pi + x) = -\sin x$, $\quad \cos(\pi + x) = -\cos x$,

$\quad \tan(\pi + x) = \tan x$ $(\cos x \neq 0$ のとき$)$.

(2) $\sin(\pi - x) = \sin x$, $\quad \cos(\pi - x) = -\cos x$,

$\quad \tan(\pi - x) = -\tan x$ $(\cos x \neq 0$ のとき$)$.

以上の公式は，次の図と三角関数の偶奇性から明らかであろう.

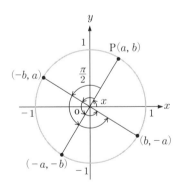

周期関数　関数 $f(x)$ について，0 でない定数 α が存在して，つねに，

$$f(x + \alpha) = f(x)$$

が成り立つとき，関数 $f(x)$ を周期関数といい，α を関数 $f(x)$ の周期という.

α が $f(x)$ の周期，すなわち $f(x + \alpha) = f(x)$ ならば，
$$f(x + 2\alpha) = f((x + \alpha) + \alpha) = f(x + \alpha) = f(x),$$
$$f(x + 3\alpha) = f((x + 2\alpha) + \alpha) = f(x + 2\alpha) = f(x),$$
$$f(x - \alpha) = f((x - \alpha) + \alpha) = f(x),$$
$$f(x - 2\alpha) = f((x - 2\alpha) + \alpha) = f(x - \alpha) = f(x)$$

であるから，$2\alpha, 3\alpha, -\alpha, -2\alpha$ も周期である．同様にして
$$\alpha, 2\alpha, 3\alpha, \cdots, -\alpha, -2\alpha, -3\alpha, \cdots$$

もすべて $f(x)$ の周期となることがわかる．$f(x)$ の周期の中で，正で最小のものを基本周期という．すべての周期は基本周期の整数倍になっている．基本周期のことを単に周期ということが多い．

三角関数の周期性

基本事項 (三角関数の周期性)

n を整数とするとき，任意の実数 x に対して
$$\sin(x + 2n\pi) = \sin x, \qquad \cos(x + 2n\pi) = \cos x,$$
$$\tan(x + n\pi) = \tan x \ (\cos x \neq 0 \text{ のとき}).$$

したがって，$\sin x$, $\cos x$ は (基本) 周期 2π の周期関数 (2π ごとに同じ変化をくり返す)，$\tan x$ は (基本) 周期 π の周期関数 (π ごとに同じ変化をくり返す).

実際，$\sin$ と $\cos$ については，x の動径と $x + 2n\pi$ の動径が一致することからわかる．さらに，$\tan$ については $\tan(x + \pi) = \tan x$ に注意すればよい．

例 41 (1) $\sin\dfrac{25\pi}{6} = \sin\left(\dfrac{\pi}{6} + 4\pi\right) = \sin\dfrac{\pi}{6} = \dfrac{1}{2}$,

(2) $\cos\left(-\dfrac{9\pi}{4}\right) = \cos\left(-\dfrac{\pi}{4} - 2\pi\right) = \cos\left(-\dfrac{\pi}{4}\right) = \cos\dfrac{\pi}{4} = \dfrac{1}{\sqrt{2}}$,

(3) $\tan\dfrac{10\pi}{3} = \tan\left(\dfrac{\pi}{3} + 3\pi\right) = \tan\dfrac{\pi}{3} = \sqrt{3}$.

例 42 r, k, a は定数で，$r \neq 0$, $k \neq 0$ とする．

(1) 関数 $r\sin(kx + a)$, $r\cos(kx + a)$ は (基本) 周期 $\dfrac{2\pi}{k}$ の周期関数である．

(2) 関数 $r\tan(kx + a)$ は (基本) 周期 $\dfrac{\pi}{k}$ の周期関数である．

基本問題 4.2

問題 95　次の一般角を表す動径 OP を OX を始線として表せ.

(1) $120°$　　　　　(2) $690°$　　　　　(3) $-45°$　　　　　(4) $-420°$

(5) $\dfrac{\pi}{6}$　　　　　(6) $\dfrac{5}{3}\pi$　　　　　(7) $-\pi$　　　　　(8) $-\dfrac{7}{4}\pi$

問題 96　次の一般角を, °(度) はラジアンで, ラジアンは °(度) で表せ.

(1) $-60°$　　　　　(2) $210°$　　　　　(3) $480°$　　　　　(4) $-225°$

(5) $-\dfrac{\pi}{4}$　　　　　(6) $\dfrac{2}{3}\pi$　　　　　(7) $\dfrac{17}{6}\pi$　　　　　(8) $-\dfrac{7}{2}\pi$

問題 97　半径 2, 中心角 $\dfrac{2}{3}\pi$ の扇形の弧の長さ l, 面積 S を求めよ.

問題 98　次の表を完成せよ.

θ	0	$\dfrac{\pi}{6}$	$\dfrac{\pi}{4}$	$\dfrac{\pi}{3}$	$\dfrac{\pi}{2}$	π	2π
$\sin\theta$							
$\cos\theta$							
$\tan\theta$							

問題 99　次の値を求めよ.

(1) $\sin\dfrac{5\pi}{6}$, $\cos\dfrac{5\pi}{6}$, $\tan\dfrac{5\pi}{6}$　　(2) $\sin\dfrac{4\pi}{3}$, $\cos\dfrac{4\pi}{3}$, $\tan\dfrac{4\pi}{3}$

(3) $\sin\dfrac{7\pi}{4}$, $\cos\dfrac{7\pi}{4}$, $\tan\dfrac{7\pi}{4}$　　(4) $\sin\left(-\dfrac{\pi}{4}\right)$, $\cos\left(-\dfrac{\pi}{4}\right)$, $\tan\left(-\dfrac{\pi}{4}\right)$

(5) $\sin\left(-\dfrac{2\pi}{3}\right)$, $\cos\left(-\dfrac{2\pi}{3}\right)$, $\tan\left(-\dfrac{2\pi}{3}\right)$

問題 100　次の値を求めよ.

(1) $\sin\dfrac{13\pi}{6}$　　　　　(2) $\cos\dfrac{19\pi}{4}$　　　　　(3) $\tan\dfrac{31\pi}{6}$

(4) $\sin\left(-\dfrac{13\pi}{4}\right)$　　　　　(5) $\cos\left(-\dfrac{47\pi}{3}\right)$　　　　　(6) $\tan\left(-\dfrac{40\pi}{3}\right)$

問題 101　次を満たす x の値をすべて求めよ.

(1) $\sin x = \dfrac{\sqrt{3}}{2}$　　　　　(2) $\cos x = -\dfrac{1}{\sqrt{2}}$　　　　　(3) $\tan x = 1$

問題 102　$\cos\theta = -\dfrac{2}{3}$ のとき, $\sin\theta, \tan\theta$ の値を求めよ. ただし, $\pi < \theta < 2\pi$ とする.

問題 103　(1) $\sin x = \dfrac{1}{2}$ を満たす x の値をすべて求めよ.

(2) $|\sin x| < \dfrac{1}{2}$ $(0 \leqq x \leqq 2\pi)$ を満たす x の範囲を求めよ.

4.3 三角関数のグラフ

(最小限) 基本的三角関数 $\sin x$, $\cos x$, $\tan x$ のグラフの形状ぐらいは是非とも覚えてほしい. そして, これらの三角関数の基本的性質をグラフと照合することによって, 理解を深めてほしい.

$y = \sin x$ のグラフ

基本事項 (正弦関数 $y = \sin x$ の性質)

(1) 定義域は $(-\infty, \infty)$ で, 値域は $[-1, 1]$ である.

(2) 奇関数である. そのグラフは原点に関して対称である.

(3) 周期 2π の周期関数である.

単位円と一般角 x を表す動径との交点 P の y 座標が $\sin x$ に等しい. このことを利用して関数 $y = \sin x$ のグラフを描くことができる. $y = \sin x$ のグラフを $0 \leqq x \leqq 2\pi$ で描くと次のようになる.

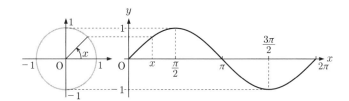

$\sin x$ は周期 2π の周期関数だから, $\sin x$ の値は 2π ごとに同じ変化をくり返す. したがって, $y = \sin x$ のグラフは 2π ごとに同じ形をくり返す. $y = \sin x$ のグラフを $-2\pi \leqq x \leqq 2\pi$ で描くと次のようになる.

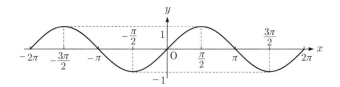

✎ **注意 36** $y = \sin x$ のグラフは次のように描いてもよい.

(1) $0 \leqq x \leqq \dfrac{\pi}{2}$ における部分のグラフを描く. この部分で, $y = \sin x$ が増加関数であること, 変数 x, y の値の対応表に注意してかく.

x	0	$\dfrac{\pi}{6}$	$\dfrac{\pi}{4}$	$\dfrac{\pi}{3}$	$\dfrac{\pi}{2}$
$\sin x$	0	$\dfrac{1}{2}$	$\dfrac{1}{\sqrt{2}}$	$\dfrac{\sqrt{3}}{2}$	1

(2) $\sin\left(\dfrac{\pi}{2}-x\right)=\sin\left(\dfrac{\pi}{2}+x\right)$ だから，そのグラフは直線 $x=\dfrac{\pi}{2}$ に関して対称である．(1) を使って，$\dfrac{\pi}{2}\leqq x\leqq\pi$ における部分のグラフを描く．これにより，$0\leqq x\leqq\pi$ の部分のグラフを描くことができる．

(3) $y=\sin x$ は奇関数である．そのグラフは原点に関して対称．(2) を使って，$-\pi\leqq x\leqq 0$ における部分のグラフを描く．これにより，$-\pi\leqq x\leqq\pi$ の部分のグラフを描くことができる．

あとは，$y=\sin x$ は周期 2π の周期関数であることに注意すればよい．

$y=\cos x$ のグラフ

基本事項 (余弦関数 $y=\cos x$ の性質)

(1) 定義域は $(-\infty,\infty)$ で，値域は $[-1,1]$ である．

(2) 偶関数で，そのグラフは y 軸に関して対称である．

(3) 周期 2π の周期関数である．

$\cos x=\sin\left(x+\dfrac{\pi}{2}\right)$ だから，$y=\cos x$ のグラフは $y=\sin x$ のグラフを x 軸方向に $-\dfrac{\pi}{2}$ だけ平行移動したものである．したがって，$y=\cos x$ のグラフは次のようになる．

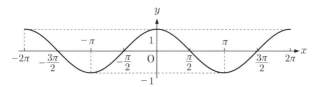

$\cos x$ は周期 2π の周期関数だから，$y=\cos x$ のグラフは 2π ごとに同じ形をくり返す．

$y=\tan x$ のグラフ

基本事項 (正接関数 $y=\tan x$ の性質)

(1) 定義域は $x=\dfrac{\pi}{2}+n\pi\ (n=0,\pm 1,\pm 2,\cdots)$ を除く実数の全体で，値域は

$(-\infty, \infty)$ である.

(2) 奇関数である. そのグラフは原点に関して対称で, $x = \dfrac{\pi}{2} + n\pi$ ($n = 0, \pm 1, \pm 2, \cdots$) を漸近線にもつ.

(3) 周期 π の周期関数である.

　単位円 O と角 x の動径との交点を P とする. 点 $(1, 0)$ における単位円の接線と直線 OP との交点を Q とすれば Q の y 座標が $\tan x$ に等しい. このことを利用して関数 $y = \tan x$ のグラフを描くと次のようになる.

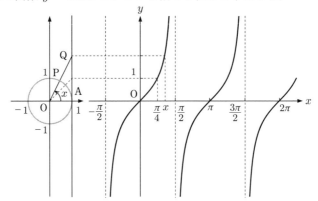

　$\tan x$ は周期 π の周期関数だから, $y = \tan x$ のグラフは π ごとに同じ形をくり返す.

例題 62　次の関数のグラフの概形を描け. また, 周期を答えよ.

　(1) $y = \sin 2x$　　　(2) $y = \cos\left(x + \dfrac{\pi}{2}\right) - 1$　　　(3) $y = \tan\dfrac{x}{2}$

Point!　　(1) $y = \sin x$ のグラフを x 軸の方向に $\dfrac{1}{2}$ 倍すればよい.

(2) $y = \cos x$ のグラフを x 軸方向に $-\dfrac{\pi}{2}$, y 軸方向に -1 だけ平行移動すればよい. または, $\cos\left(x + \dfrac{\pi}{2}\right) = -\sin x$ だから, $y = -\sin x$ のグラフを y 軸方向に -1 だけ平行移動すればよい. (3) $y = \tan x$ のグラフを x 軸の方向に 2 倍すればよい.

解答　　(1) 周期は π である.

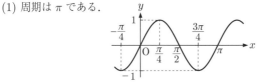

(2) 周期は 2π である.

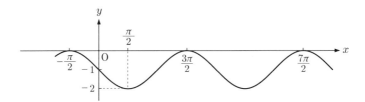

(3) 周期は 2π である.

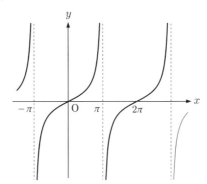

基本問題 4.3

問題 104 次の関数のグラフの概形を描け,また,周期を答えよ.

(1) $y = 1 + \sin x$ (2) $y = \dfrac{1}{2}\sin x$ (3) $y = 1 - \cos x$

(4) $y = \cos\dfrac{x}{2}$ (5) $y = \sin 3x$ (6) $y = \cos 2x$

(7) $y = \tan x - 1$ (8) $y = -\tan x$ (9) $y = \tan 2x$

問題 105 次のグラフを表す関数を求めなさい.

(1) $y = \sin x$ のグラフを x 軸方向に $\dfrac{\pi}{2}$ だけ平行移動したグラフ.

(2) $y = \cos x$ のグラフを x 軸方向に $\dfrac{\pi}{2}$,y 軸方向に 1 だけ平行移動したグラフ.

(3) $y = \tan x$ のグラフを x 軸方向に π だけ平行移動したたグラフ.

(4) $y = \sin 2x$ のグラフを x 軸方向に $\dfrac{\pi}{2}$ だけ平行移動したグラフ.

問題 **106** $0 \leqq x \leqq 2\pi$ において, 2 つの曲線 $y = \sin x$ と $y = \cos x$ の交点を求めよ.

問題 **107** $0 \leqq x \leqq 2\pi$ において, 2 つの曲線 $y = \sin 2x$ と $y = \cos x$ の交点を求めよ.

4.4 三角関数の加法定理

加法定理

基本事項 (加法定理)

(1) $\sin(\alpha + \beta) = \sin\alpha\cos\beta + \cos\alpha\sin\beta,$

　　$\sin(\alpha - \beta) = \sin\alpha\cos\beta - \cos\alpha\sin\beta.$

(2) $\cos(\alpha + \beta) = \cos\alpha\cos\beta - \sin\alpha\sin\beta,$

　　$\cos(\alpha - \beta) = \cos\alpha\cos\beta + \sin\alpha\sin\beta.$

(3) $\tan(\alpha + \beta) = \dfrac{\tan\alpha + \tan\beta}{1 - \tan\alpha\tan\beta},$ 　　$\tan(\alpha - \beta) = \dfrac{\tan\alpha - \tan\beta}{1 + \tan\alpha\tan\beta}.$

証明　まず, (2) を示そう.

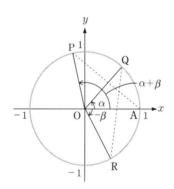

　A を座標 $(1, 0)$ の点とする. 原点を中心として点 A を角 $\alpha + \beta$, 角 α, 角 $-\beta$ だけ回転した点を, それぞれ P, Q, R とすると, それらの座標は

　　　$\mathrm{P}(\cos(\alpha + \beta), \sin(\alpha + \beta)),$ 　$\mathrm{Q}(\cos\alpha, \sin\alpha),$ 　$\mathrm{R}(\cos\beta, -\sin\beta)$

である. このとき,

　　　$\mathrm{AP}^2 = \{\cos(\alpha + \beta) - 1\}^2 + \{\sin(\alpha + \beta) - 0\}^2$

$$\Longleftarrow \boxed{\begin{array}{l} \mathrm{A}(x_1, y_1), \ \mathrm{B}(x_2, y_2) \text{ のとき}, \\ \mathrm{AB} = \sqrt{(x_1 - x_2)^2 + (y_1 - y_2)^2} \end{array}}$$

$$= \cos^2(\alpha + \beta) + \sin^2(\alpha + \beta) + 1 - 2\cos(\alpha + \beta)$$
$$= 2 - 2\cos(\alpha + \beta).$$
$$\mathrm{RQ}^2 = (\cos\alpha - \cos\beta)^2 + (\sin\alpha + \sin\beta)^2$$
$$= (\cos^2\alpha + \sin^2\alpha) + (\cos^2\beta + \sin^2\beta) - 2(\cos\alpha\cos\beta - \sin\alpha\sin\beta)$$
$$= 2 - 2(\cos\alpha\cos\beta - \sin\alpha\sin\beta).$$

点 Q は原点を中心として点 R を角 $\alpha + \beta$ だけ回転した点であるから,

$$\mathrm{AP} = \mathrm{RQ}.$$

よって, $\mathrm{AP}^2 = \mathrm{RQ}^2$ であるから,

$$2 - 2\cos(\alpha + \beta) = 2 - 2(\cos\alpha\cos\beta - \sin\alpha\sin\beta).$$

$$\therefore \quad \cos(\alpha + \beta) = \cos\alpha\cos\beta - \sin\alpha\sin\beta.$$

これにより,

$$\cos(\alpha - \beta) = \cos\{\alpha + (-\beta)\} = \cos\alpha\cos(-\beta) - \sin\alpha\sin(-\beta)$$
$$= \cos\alpha\cos\beta - \sin\alpha(-\sin\beta) = \cos\alpha\cos\beta + \sin\alpha\sin\beta.$$

次に, (2) から (1) を導こう.

$$\sin(\alpha + \beta) = \cos\left\{\frac{\pi}{2} - (\alpha + \beta)\right\} = \cos\left\{\left(\frac{\pi}{2} - \alpha\right) - \beta\right\}$$
$$= \cos\left(\frac{\pi}{2} - \alpha\right)\cos\beta + \sin\left(\frac{\pi}{2} - \alpha\right)\sin\beta$$
$$= \sin\alpha\cos\beta + \cos\alpha\sin\beta.$$

これにより,

$$\sin(\alpha - \beta) = \sin\{\alpha + (-\beta)\} = \sin\alpha\cos(-\beta) + \cos\alpha\sin(-\beta)$$
$$= \sin\alpha\cos\beta + \cos\alpha(-\sin\beta) = \sin\alpha\cos\beta - \cos\alpha\sin\beta.$$

次に, (1), (2) から (3) を導こう.

$$\tan(\alpha + \beta) = \frac{\sin(\alpha + \beta)}{\cos(\alpha + \beta)} = \frac{\sin\alpha\cos\beta + \cos\alpha\sin\beta}{\cos\alpha\cos\beta - \sin\alpha\sin\beta}$$

分母, 分子を $\cos\alpha\cos\beta$ で割ると

$$= \frac{\frac{\sin\alpha}{\cos\alpha} + \frac{\sin\beta}{\cos\beta}}{1 - \frac{\sin\alpha}{\cos\alpha} \cdot \frac{\sin\beta}{\cos\beta}} = \frac{\tan\alpha + \tan\beta}{1 - \tan\alpha\tan\beta}.$$

これにより,

$$\tan(\alpha - \beta) = \tan\{\alpha + (-\beta)\} = \frac{\tan\alpha + \tan(-\beta)}{1 - \tan\alpha\tan(-\beta)}$$
$$= \frac{\tan\alpha + (-\tan\beta)}{1 - \tan\alpha(-\tan\beta)} = \frac{\tan\alpha - \tan\beta}{1 + \tan\alpha\tan\beta}.$$

例題 63　$\sin \dfrac{5\pi}{12} (= \sin 75°),\ \cos \dfrac{5\pi}{12},\ \tan \dfrac{5\pi}{12}$ の値を求めよ.

Point!　$\dfrac{5\pi}{12} = \dfrac{\pi}{6} + \dfrac{\pi}{4}$ に注意して, 加法定理を用いる.

解答　$\sin \dfrac{5\pi}{12} = \sin \left(\dfrac{\pi}{6} + \dfrac{\pi}{4} \right) = \sin \dfrac{\pi}{6} \cos \dfrac{\pi}{4} + \cos \dfrac{\pi}{6} \sin \dfrac{\pi}{4}$

$$= \dfrac{1}{2} \cdot \dfrac{1}{\sqrt{2}} + \dfrac{\sqrt{3}}{2} \cdot \dfrac{1}{\sqrt{2}} = \dfrac{1 + \sqrt{3}}{2\sqrt{2}} = \dfrac{\sqrt{2} + \sqrt{6}}{4} = \dfrac{\sqrt{6} + \sqrt{2}}{4},$$

$$\cos \dfrac{5\pi}{12} = \cos \left(\dfrac{\pi}{6} + \dfrac{\pi}{4} \right) = \cos \dfrac{\pi}{6} \cos \dfrac{\pi}{4} - \sin \dfrac{\pi}{6} \sin \dfrac{\pi}{4}$$

$$= \dfrac{\sqrt{3}}{2} \cdot \dfrac{1}{\sqrt{2}} - \dfrac{1}{2} \cdot \dfrac{1}{\sqrt{2}} = \dfrac{\sqrt{3} - 1}{2\sqrt{2}} = \dfrac{\sqrt{6} - \sqrt{2}}{4},$$

$$\tan \dfrac{5\pi}{12} = \dfrac{\sin \frac{5\pi}{12}}{\cos \frac{5\pi}{12}} = \dfrac{\frac{\sqrt{6}+\sqrt{2}}{4}}{\frac{\sqrt{6}-\sqrt{2}}{4}} = \dfrac{\sqrt{6} + \sqrt{2}}{\sqrt{6} - \sqrt{2}}$$

$$= \dfrac{(\sqrt{6} + \sqrt{2})^2}{(\sqrt{6} - \sqrt{2})(\sqrt{6} + \sqrt{2})} = \dfrac{8 + 4\sqrt{3}}{4} = 2 + \sqrt{3}.$$

2 倍角の公式と半角の公式　加法定理で $\beta = \alpha$ とおいて, 次の 2 倍角の公式を得る.

基本事項 (2 倍角の公式)

(1) $\sin 2\alpha = 2 \sin \alpha \cos \alpha.$　　　(2) $\cos 2\alpha = \cos^2 \alpha - \sin^2 \alpha.$

(3) $\tan 2\alpha = \dfrac{2\tan\alpha}{1 - \tan^2 \alpha}.$

$\cos^2 \alpha + \sin^2 \alpha = 1$ より,

$$\sin^2 \alpha = 1 - \cos^2 \alpha, \quad \cos^2 \alpha = 1 - \sin^2 \alpha$$

であるから,

$$\cos 2\alpha = \cos^2 \alpha - \sin^2 \alpha$$
$$= \cos^2 \alpha - (1 - \cos^2 \alpha) = 2 \cos^2 \alpha - 1$$
$$= 1 - \sin^2 \alpha - \sin^2 \alpha = 1 - 2 \sin^2 \alpha.$$

(2′)　$\cos 2\alpha = 2 \cos^2 \alpha - 1 = 1 - 2 \sin^2 \alpha.$

$\cos 2\alpha$ はこの形で利用されることも多い. これらを $\sin^2 \alpha, \cos^2 \alpha$ について解けば, 次の半角の公式を得る.

基本事項 (半角の公式)

(1) $\sin^2\alpha = \dfrac{1-\cos 2\alpha}{2}$.   (2) $\cos^2\alpha = \dfrac{1+\cos 2\alpha}{2}$.

例題 64 $\sin\alpha = \dfrac{1}{5}$ のとき, $\sin 2\alpha$, $\cos 2\alpha$, $\tan 2\alpha$ の値を求めよ. ただし, $\dfrac{\pi}{2} < \alpha < \pi$ とする.

Point! $\sin^2\alpha + \cos^2\alpha = 1$ を用いて $\cos\alpha$ の値を求め, あとは 2 倍角の公式を適用する.

解答 $\cos^2\alpha = 1 - \sin^2\alpha = 1 - \left(\dfrac{1}{5}\right)^2 = \dfrac{24}{25}$. $\dfrac{\pi}{2} < \alpha < \pi$ であるから, $\cos\alpha < 0$.

$$\therefore \quad \cos\alpha = -\sqrt{\dfrac{24}{25}} = -\dfrac{\sqrt{24}}{\sqrt{25}} = -\dfrac{2\sqrt{6}}{5}.$$

$$\therefore \quad \sin 2\alpha = 2\sin\alpha\cos\alpha = 2 \times \dfrac{1}{5} \times \left(-\dfrac{2\sqrt{6}}{5}\right) = -\dfrac{4\sqrt{6}}{25},$$

$$\cos 2\alpha = \cos^2\alpha - \sin^2\alpha = \dfrac{24}{25} - \left(\dfrac{1}{5}\right)^2 = \dfrac{23}{25},$$

$$\tan 2\alpha = \dfrac{\sin 2\alpha}{\cos 2\alpha} = \dfrac{-\frac{4\sqrt{6}}{25}}{\frac{23}{25}} = -\dfrac{4\sqrt{6}}{23}.$$

例題 65 $\sin\dfrac{\pi}{8}\,(=\sin 22.5°)$, $\cos\dfrac{\pi}{8}$, $\tan\dfrac{\pi}{8}$ の値を求めよ.

Point! 半角の公式を用いる.

解答 $\sin^2\dfrac{\pi}{8} = \dfrac{1-\cos\left(2\cdot\frac{\pi}{8}\right)}{2}$

$$= \dfrac{1-\cos\frac{\pi}{4}}{2} = \dfrac{1-\frac{1}{\sqrt{2}}}{2} = \dfrac{\sqrt{2}-1}{2\sqrt{2}} = \dfrac{2-\sqrt{2}}{4}.$$

$\sin\dfrac{\pi}{8} > 0$ であるから,

$$\sin\dfrac{\pi}{8} = \sqrt{\dfrac{2-\sqrt{2}}{4}} = \dfrac{\sqrt{2-\sqrt{2}}}{\sqrt{4}} = \dfrac{\sqrt{2-\sqrt{2}}}{2}.$$

$$\cos^2\dfrac{\pi}{8} = \dfrac{1+\cos\left(2\cdot\frac{\pi}{8}\right)}{2}$$

$$= \frac{1 + \cos \frac{\pi}{4}}{2} = \frac{1 + \frac{1}{\sqrt{2}}}{2} = \frac{\sqrt{2} + 1}{2\sqrt{2}} = \frac{2 + \sqrt{2}}{4}.$$

$\cos \dfrac{\pi}{8} > 0$ であるから,

$$\cos \frac{\pi}{8} = \sqrt{\frac{2 + \sqrt{2}}{4}} = \frac{\sqrt{2 + \sqrt{2}}}{\sqrt{4}} = \frac{\sqrt{2 + \sqrt{2}}}{2}.$$

$$\tan \frac{\pi}{8} = \frac{\sin \frac{\pi}{8}}{\cos \frac{\pi}{8}} = \frac{\frac{\sqrt{2 - \sqrt{2}}}{2}}{\frac{\sqrt{2 + \sqrt{2}}}{2}} = \frac{\sqrt{2 - \sqrt{2}}}{\sqrt{2 + \sqrt{2}}}$$

$$= \frac{\left(\sqrt{2 - \sqrt{2}}\right)^2}{\left(\sqrt{2 + \sqrt{2}}\right)\left(\sqrt{2 - \sqrt{2}}\right)} = \frac{2 - \sqrt{2}}{\sqrt{2}} = \sqrt{2} - 1.$$

3 倍角の公式　　加法定理で $\beta = 2\,\alpha$ とおいて, 2 倍角の公式を用いれば, 次の 3 倍角の公式を得る.

基本事項 (3 倍角の公式)

(1) $\sin 3\alpha = 3 \sin \alpha - 4 \sin^3 \alpha.$　　　(2) $\cos 3\alpha = 4 \cos^3 \alpha - 3 \cos \alpha.$

(3) $\tan 3\alpha = \dfrac{3 \tan \alpha - \tan^3 \alpha}{1 - 3 \tan^2 \alpha}.$

実際, $\sin 3\alpha = \sin (2\alpha + \alpha) = \sin 2\alpha \cos \alpha + \cos 2\alpha \sin \alpha$

$$= 2 \sin \alpha \cos \alpha \cdot \cos \alpha + (1 - 2 \sin^2 \alpha) \sin \alpha$$

$$= 2 \sin \alpha (1 - \sin^2 \alpha) + (1 - 2 \sin^2 \alpha) \sin \alpha$$

$$= 3 \sin \alpha - 4 \sin^3 \alpha.$$

$$\cos 3\alpha = \cos (2\alpha + \alpha) = \cos 2\alpha \cos \alpha - \sin 2\alpha \sin \alpha$$

$$= (2 \cos^2 \alpha - 1) \cos \alpha - 2 \sin \alpha \cos \alpha \cdot \sin \alpha$$

$$= (2 \cos^2 \alpha - 1) \cos \alpha - 2 \cos \alpha (1 - \cos^2 \alpha)$$

$$= 4 \cos^3 \alpha - 3 \cos \alpha.$$

$$\tan 3\alpha = \tan (2\alpha + \alpha) = \frac{\tan 2\alpha + \tan \alpha}{1 - \tan 2\alpha \tan \alpha}$$

$$= \frac{\frac{2 \tan \alpha}{1 - \tan^2 \alpha} + \tan \alpha}{1 - \frac{2 \tan \alpha}{1 - \tan^2 \alpha} \cdot \tan \alpha}$$

分母，分子に $(1 - \tan^2\alpha)$ を掛けて

$$= \frac{2\tan\alpha + \tan\alpha(1 - \tan^2\alpha)}{1 - \tan^2\alpha - 2\tan^2\alpha} = \frac{3\tan\alpha - \tan^3\alpha}{1 - 3\tan^2\alpha}.$$

積を和になおす公式 加法定理から次の積を和になおす公式が得られる．

基本事項 (積を和になおす公式)

(1) $\sin\alpha\cos\beta = \dfrac{1}{2}\{\sin(\alpha+\beta) + \sin(\alpha-\beta)\}.$

(2) $\cos\alpha\sin\beta = \dfrac{1}{2}\{\sin(\alpha+\beta) - \sin(\alpha-\beta)\}.$

(3) $\cos\alpha\cos\beta = \dfrac{1}{2}\{\cos(\alpha+\beta) + \cos(\alpha-\beta)\}.$

(4) $\sin\alpha\sin\beta = -\dfrac{1}{2}\{\cos(\alpha+\beta) - \cos(\alpha-\beta)\}.$

(1) は，
$$\sin(\alpha+\beta) = \sin\alpha\cos\beta + \cos\alpha\sin\beta$$
$$+)\ \sin(\alpha-\beta) = \sin\alpha\cos\beta - \cos\alpha\sin\beta$$
$$\overline{\sin(\alpha+\beta) + \sin(\alpha-\beta) = 2\sin\alpha\cos\beta}$$
$$\therefore\quad \sin\alpha\cos\beta = \frac{1}{2}\{\sin(\alpha+\beta) + \sin(\alpha-\beta)\}.$$

(2) は，
$$\sin(\alpha+\beta) = \sin\alpha\cos\beta + \cos\alpha\sin\beta$$
$$-)\ \sin(\alpha-\beta) = \sin\alpha\cos\beta - \cos\alpha\sin\beta$$
$$\overline{\sin(\alpha+\beta) - \sin(\alpha-\beta) = 2\cos\alpha\sin\beta}$$
$$\therefore\quad \cos\alpha\sin\beta = \frac{1}{2}\{\sin(\alpha+\beta) - \sin(\alpha-\beta)\}.$$

(3) は，
$$\cos(\alpha+\beta) = \cos\alpha\cos\beta - \sin\alpha\sin\beta$$
$$+)\ \cos(\alpha-\beta) = \cos\alpha\cos\beta + \sin\alpha\sin\beta$$
$$\overline{\cos(\alpha+\beta) + \cos(\alpha-\beta) = 2\cos\alpha\cos\beta}$$
$$\therefore\quad \cos\alpha\cos\beta = \frac{1}{2}\{\cos(\alpha+\beta) + \cos(\alpha-\beta)\}.$$

(4) は，
$$\cos(\alpha+\beta) = \cos\alpha\cos\beta - \sin\alpha\sin\beta$$
$$-)\ \cos(\alpha-\beta) = \cos\alpha\cos\beta + \sin\alpha\sin\beta$$
$$\overline{\cos(\alpha+\beta) - \cos(\alpha-\beta) = -2\sin\alpha\sin\beta}$$
$$\therefore\quad \sin\alpha\sin\beta = -\frac{1}{2}\{\cos(\alpha+\beta) - \cos(\alpha-\beta)\}.$$

例 43 (1) $\sin 3x \cos 2x = \dfrac{1}{2}\left\{\sin(3x+2x) + \sin(3x-2x)\right\}$

$\qquad\qquad\qquad\quad = \dfrac{1}{2}(\sin 5x + \sin x),$

$\quad$ (2) $\cos 3x \sin 2x = \dfrac{1}{2}\left\{\sin(3x+2x) - \sin(3x-2x)\right\}$

$\qquad\qquad\qquad\quad = \dfrac{1}{2}(\sin 5x - \sin x),$

$\quad$ (3) $\cos 3x \cos 2x = \dfrac{1}{2}\left\{\cos(3x+2x) + \cos(3x-2x)\right\}$

$\qquad\qquad\qquad\quad = \dfrac{1}{2}(\cos 5x + \cos x),$

$\quad$ (4) $\sin 3x \sin 2x = -\dfrac{1}{2}\left\{\cos(3x+2x) - \cos(3x-2x)\right\}$

$\qquad\qquad\qquad\quad = -\dfrac{1}{2}(\cos 5x - \cos x).$

和を積になおす公式 積を和になおす公式で, $\alpha+\beta = A$, $\alpha-\beta = B$ とおけば,

$$\alpha = \frac{A+B}{2}, \quad \beta = \frac{A-B}{2}$$

であるから, 次の和を積になおす公式が得られる.

基本事項 (和を積になおす公式)

(1) $\sin A + \sin B = 2\sin \dfrac{A+B}{2} \cos \dfrac{A-B}{2}.$

(2) $\sin A - \sin B = 2\cos \dfrac{A+B}{2} \sin \dfrac{A-B}{2}.$

(3) $\cos A + \cos B = 2\cos \dfrac{A+B}{2} \cos \dfrac{A-B}{2}.$

(4) $\cos A - \cos B = -2\sin \dfrac{A+B}{2} \sin \dfrac{A-B}{2}.$

例 44 (1) $\sin 3x + \sin 2x = 2\sin \dfrac{3x+2x}{2} \cos \dfrac{3x-2x}{2} = 2\sin \dfrac{5x}{2} \cos \dfrac{x}{2}.$

$\quad$ (2) $\sin 3x - \sin 2x = 2\cos \dfrac{3x+2x}{2} \sin \dfrac{3x-2x}{2} = 2\cos \dfrac{5x}{2} \sin \dfrac{x}{2}.$

$\quad$ (3) $\cos 3x + \cos 2x = 2\cos \dfrac{3x+2x}{2} \cos \dfrac{3x-2x}{2} = 2\cos \dfrac{5x}{2} \cos \dfrac{x}{2}.$

$\quad$ (4) $\cos 3x - \cos 2x = -2\sin \dfrac{3x+2x}{2} \sin \dfrac{3x-2x}{2} = -2\sin \dfrac{5x}{2} \sin \dfrac{x}{2}.$

例題 66　次の値を求めよ.

(1) $\sin\dfrac{\pi}{12}\cos\dfrac{5\pi}{12}$　　　　　　　(2) $\sin\dfrac{\pi}{12}+\sin\dfrac{7\pi}{12}$

Point!　　(1) は積を和になおす公式を用いる.

(2) は和を積になおす公式を用いる.

解答　　(1) $\sin\dfrac{\pi}{12}\cos\dfrac{5\pi}{12}=\dfrac{1}{2}\left\{\sin\left(\dfrac{\pi}{12}+\dfrac{5\pi}{12}\right)+\sin\left(\dfrac{\pi}{12}-\dfrac{5\pi}{12}\right)\right\}$

$\qquad=\dfrac{1}{2}\left\{\sin\dfrac{\pi}{2}+\sin\left(-\dfrac{\pi}{3}\right)\right\}=\dfrac{1}{2}\left\{\sin\dfrac{\pi}{2}-\sin\dfrac{\pi}{3}\right\}$

$\qquad=\dfrac{1}{2}\left(1-\dfrac{\sqrt{3}}{2}\right)=\dfrac{2-\sqrt{3}}{4}.$

(2) $\sin\dfrac{\pi}{12}+\sin\dfrac{7\pi}{12}=2\sin\dfrac{\dfrac{\pi}{12}+\dfrac{7\pi}{12}}{2}\cos\dfrac{\dfrac{\pi}{12}-\dfrac{7\pi}{12}}{2}$

$\quad=2\sin\dfrac{\pi}{3}\cos\left(-\dfrac{\pi}{4}\right)=2\sin\dfrac{\pi}{3}\cos\dfrac{\pi}{4}=2\cdot\dfrac{\sqrt{3}}{2}\cdot\dfrac{1}{\sqrt{2}}=\dfrac{\sqrt{6}}{2}.$

三角関数の合成 (単振動の合成)　　単振動とは, 一定点からの距離に比例する引力 (復元力) を受けて, その定点を通る一定直線上を動く運動をいう. 単振動とは一般に微分方程式と呼ばれる運動方程式で与えられるもので, もっとも単純な振動であり, 振動の周期が振幅によらず一定であることが特徴の 1 つである. たとえば, 単振動をする物体の変位を x とすると, x は

$x=A\sin(\omega t+a)$, または $x=A\cos(\omega t+a)$, または $x=a\sin\omega t+b\cos\omega t$

のようにかかれる. さて, 一般に三角関数の和

$$a\sin\theta+b\cos\theta \quad ((a,b)\neq(0,0))$$

を $r\sin(\theta+\alpha)$ の形に変形することを考えよう. このような変形を三角関数の合成 (単振動の合成) という.

　座標平面上に 点 $\mathrm{P}(a,b)$ をとり, OP が x 軸の正の方向となす角を α,

$$r=\mathrm{OP}=\sqrt{a^2+b^2}$$

とすれば,

$$a=r\cos\alpha, \quad b=r\sin\alpha.$$

よって,

$$a\sin\theta+b\cos\theta=r\sin\theta\cos\alpha+r\cos\theta\sin\alpha=r\sin(\theta+\alpha).$$

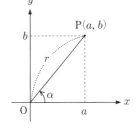

基本事項 (単振動の合成)

$$a \sin \theta + b \cos \theta = r \sin (\theta + \alpha).$$

ただし, $\cos \alpha = \dfrac{a}{\sqrt{a^2 + b^2}}, \ \sin \alpha = \dfrac{b}{\sqrt{a^2 + b^2}}.$

例題 67 $\sin \theta + \sqrt{3} \cos \theta$ を合成せよ.

解答 $P(1, \sqrt{3})$ をとると,

$$OP = \sqrt{1^2 + (\sqrt{3})^2} = \sqrt{4} = 2,$$

OP が x 軸の正の方向となす角は $\dfrac{\pi}{3}$.

したがって,

$$\sin \theta + \sqrt{3} \cos \theta = 2 \sin \left(\theta + \frac{\pi}{3} \right).$$

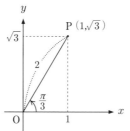

最大値・最小値   「関数 $y = f(x)$ が $a \leqq x \leqq b$ で最大値 (または最小値)M をとる」とは, 次の 2 つの条件が満たされることである.

(1) $a \leqq x \leqq b$ であるすべての x に対して, $f(x) \leqq M$ (または $f(x) \geqq M$) が成り立つ.

(2) $f(x_0) = M$((1) で必ず等号が成り立つ) となる x_0 が存在して, 必ず $a \leqq x_0 \leqq b$ を満たす.

例題 68   関数 $y = \sin x + \cos x \ (0 \leqq x \leqq 2\pi)$ の最大値と最小値を求めよ.

    $\sin x + \cos x$ を合成する.

    $\sin x + \cos x = \sqrt{2} \sin \left(x + \dfrac{\pi}{4} \right)$ だから $y = \sqrt{2} \sin \left(x + \dfrac{\pi}{4} \right)$.

$\dfrac{\pi}{4} \leqq x + \dfrac{\pi}{4} \leqq \dfrac{9\pi}{4}$ より，$-1 \leqq \sin\left(x + \dfrac{\pi}{4}\right) \leqq 1$ だから

$$-\sqrt{2} \leqq y \leqq \sqrt{2}.$$

したがって，y の最大値は $\sqrt{2}$ $\left(x = \dfrac{\pi}{4}\right)$，最小値は $-\sqrt{2}$ $\left(x = \dfrac{5\pi}{4}\right)$.

✎ **注意 37**　　$-1 \leqq \sin x \leqq 1,\ -1 \leqq \cos x \leqq 1\ (0 \leqq x \leqq 2\pi)$ より，

$$-2 \leqq \sin x + \cos x \leqq 2\ (0 \leqq x \leqq 2\pi)$$

は正しい．しかし，

$$\sin x_1 + \cos x_1 = 2, \quad \sin x_2 + \cos x_2 = -2$$

となるような x_1, x_2 は存在しない（グラフを描いてみるとだいたいわかる）．ゆえに，2 は最大値になりえない．また，-2 は最小値になりえない．ただし，たとえば，

$$\sin \alpha + \cos \beta = 2$$

となる α, β は存在する．実際，$\alpha = \dfrac{\pi}{2}$, $\beta = 0$ にとればよい．

基本問題 4.4

問題 108　加法定理を用いて，次の値を求めよ．

$$\sin \dfrac{\pi}{12}, \quad \cos \dfrac{\pi}{12}, \quad \tan \dfrac{\pi}{12} \qquad \left(\text{ヒント.}\ \dfrac{\pi}{12} = \dfrac{\pi}{4} - \dfrac{\pi}{6}\right)$$

問題 109　α, β は鋭角で，$\sin \alpha = \dfrac{4}{5}$, $\cos \beta = \dfrac{5}{13}$ のとき，次の値を求めよ．

(1) $\cos \alpha,\ \sin \beta$ (2) $\sin(\alpha + \beta),\ \cos(\alpha + \beta)$

(3) $\sin(\alpha - \beta),\ \cos(\alpha - \beta)$

問題 110　$\tan \alpha = 3$, $\tan \beta = 2$ のとき，$\tan(\alpha + \beta)$, $\tan(\alpha - \beta)$ の値を求めよ．

問題 111　$\sin \alpha = \dfrac{1}{3}$, $\cos \beta = -\dfrac{1}{4}$ のとき，次の値を求めよ．ただし，$\dfrac{\pi}{2} < \alpha < \pi$, $\dfrac{\pi}{2} < \beta < \pi$ とする．

(1) $\cos \alpha, \quad \sin \beta$ (2) $\sin(\alpha + \beta), \quad \cos(\alpha + \beta)$

(3) $\sin(\alpha - \beta), \quad \cos(\alpha - \beta)$

問題 112　加法定理を用いて，次の等式を示せ．

(1) $\cos\left(\dfrac{\pi}{2} + \theta\right) = -\sin \theta$ (2) $\sin\left(\dfrac{\pi}{2} - \theta\right) = \cos \theta$

(3) $\sin(\pi + \theta) = -\sin \theta$ (4) $\cos(\pi - \theta) = -\cos \theta$

問題 113   次の等式を示せ.

(1) $\sin(\alpha + \beta) \sin(\alpha - \beta) = \sin^2 \alpha - \sin^2 \beta$

(2) $\cos(\alpha + \beta) \cos(\alpha - \beta) = \cos^2 \alpha - \sin^2 \alpha$

問題 114 $\cos \alpha = \dfrac{1}{3}$ のとき, $\sin 2\alpha$, $\cos 2\alpha$, $\tan 2\alpha$ の値を求めよ. ただし, $\dfrac{3\pi}{2} < \alpha < 2\pi$ とする.

問題 115 $\tan \alpha = \dfrac{1}{3}$ のとき, $\tan 2\alpha$ の値を求めよ.

問題 116 $\cos \alpha = \dfrac{1}{4}$ のとき, $\sin \dfrac{\alpha}{2}$, $\cos \dfrac{\alpha}{2}$, $\tan \dfrac{\alpha}{2}$ の値を求めよ. ただし, $\pi < \alpha < 2\pi$ とする.

問題 117   次の等式を示せ.

(1) $(\sin \theta + \cos \theta)^2 = 1 + \sin 2\theta$ (2) $\cos^4 \theta - \sin^4 \theta = \cos 2\theta$

問題 118 $\tan \dfrac{\theta}{2} = t$ とおくとき, $\sin \theta$, $\cos \theta$, $\tan \theta$ を t で表せ.

問題 119   次の値を求めよ.

(1) $\sin \dfrac{\pi}{4} \sin \dfrac{\pi}{12}$ (2) $\sin \dfrac{\pi}{8} \cos \dfrac{5\pi}{8}$

(3) $\sin \dfrac{7\pi}{12} - \sin \dfrac{\pi}{12}$ (4) $\cos \dfrac{5\pi}{8} + \cos \dfrac{3\pi}{8}$

問題 120   次を合成せよ.

(1) $\sqrt{3} \sin \theta + \cos \theta$ (2) $\sin \theta - \cos \theta$

問題 121 $0 \le x \le 2\pi$ において, 次の関数の最大値と最小値を求めよ.

(1) $y = \sqrt{3} \sin x - \cos x$ (2) $y = 3 \sin x + 4 \cos x$

問題 122 $0 \le x \le 2\pi$ のとき, $\sin x - \sqrt{3} \cos x = 1$ を満たす x の値を求めよ.

問題 123   次のそれぞれの関数について, 与えられた範囲において関数値のとり得る値の範囲を求めよ.

(1) $f(x) = 2 + \sin x$ $(0 \le x < \pi)$ (2) $f(x) = \cos^2 x$ $\left(\dfrac{\pi}{4} \le x \le \dfrac{3\pi}{4} \right)$

(3) $f(x) = \sin x - \cos x$ $(\pi \le x \le 2\pi)$

(4) $f(x) = \sin^2 x - 2 \sin x + 3$ $(0 \le x < \pi)$

(5) $f(x) = \cos x + \cos \left(x + \dfrac{\pi}{3} \right)$ $\left(0 \le x \le \dfrac{2\pi}{3} \right)$

4.5   三角形に関する基本的な定理

三角形で基本的な定理をいくつか挙げておこう. 以下, a, b, c は $\triangle ABC$ の 3 辺 BC, CA, AB の長さを, A, B, C は $\angle A$, $\angle B$, $\angle C$ の大きさを表す.

まず, $\triangle ABC$ において, 次が成り立っていることを注意しよう.

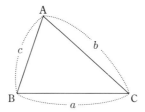

角について : $A + B + C = \pi (= 180^\circ),\ A > 0,\ B > 0,\ C > 0.$

辺について : $a + b > c$ かつ $b + c > a$ かつ $c + a > b.$

三角形の面積

基本事項 (三角形の面積)

$\triangle \mathrm{ABC}$ の面積を S とするとき，次が成り立つ．

$$S = \frac{1}{2} bc \sin A = \frac{1}{2} ca \sin B = \frac{1}{2} ab \sin C.$$

証明 最初の等式だけ証明しよう．残りの等式も同様に示せる．まず，

$$\text{三角形の面積} = \frac{1}{2} \cdot (\text{底辺の長さ}) \cdot (\text{底辺から見た高さ})$$

を思い出しておこう．

(i) $A < \dfrac{\pi}{2}$ のとき，頂点 B から辺 AC に下ろした垂線の長さを h とすると，

$$h = c \sin A. \quad \therefore \quad S = \frac{1}{2} bh = \frac{1}{2} bc \sin A.$$

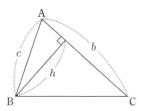

(ii) $A = \dfrac{\pi}{2}$ のとき，$\sin A = 1$ であるから，$S = \dfrac{1}{2} bc = \dfrac{1}{2} bc \sin A.$

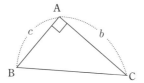

(iii) $A > \dfrac{\pi}{2}$ のとき，頂点 B から辺 AC の延長に下ろした垂線の長さを h とすると，

$$h = c \sin(\pi - A) = c \sin A. \quad \therefore \quad S = \frac{1}{2}bh = \frac{1}{2}bc \sin A.$$

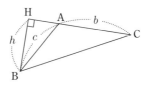

例 45　△ABC において，AB $= 6$，AC $= 4$，$A = \dfrac{2\pi}{3}\,(= 120°)$ のとき，

$$\triangle\text{ABC の面積} = \frac{1}{2} \cdot 6 \cdot 4 \sin\frac{2\pi}{3} = \frac{1}{2} \cdot 6 \cdot 4 \cdot \frac{\sqrt{3}}{2} = 6\sqrt{3}.$$

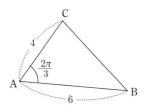

余弦定理

基本事項 (余弦定理)

△ABC において，次が成り立つ．

$$a^2 = b^2 + c^2 - 2bc \cos A.$$
$$b^2 = c^2 + a^2 - 2ca \cos B.$$
$$c^2 = a^2 + b^2 - 2ab \cos C.$$

証明　最初の等式だけ証明しよう．残りの等式の証明は同様である．

(i) $A < \dfrac{\pi}{2}$ のとき，頂点 B から辺 AC に下ろした垂線の足を H とすると，

$$\text{BH} = c \sin A, \quad \text{CH} = \text{CA} - \text{HA} = b - c \cos A$$

であるから，直角三角形 BCH にピタゴラスの定理を用いれば

$$\begin{aligned}
a^2 &= (c \sin A)^2 + (b - c \cos A)^2 \\
&= b^2 + c^2(\sin^2 A + \cos^2 A) - 2bc \cos A \\
&= b^2 + c^2 - 2bc \cos A.
\end{aligned}$$

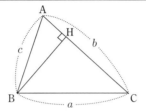

(ii) $A = \dfrac{\pi}{2}$ のとき，$\cos A = 0$ であるから，ピタゴラスの定理により

$$a^2 = b^2 + c^2 = b^2 + c^2 - 2bc \cos A.$$

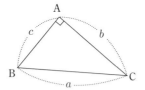

(iii) $A > \dfrac{\pi}{2}$ のとき，頂点 B から辺 AC の延長に下ろした垂線の足を H とすると，

$$\mathrm{BH} = c \sin (\pi - A) = c \sin A,$$
$$\mathrm{CH} = \mathrm{CA} + \mathrm{AH} = b + c \cos (\pi - A) = b - c \cos A$$

であるから，直角三角形 BCH にピタゴラスの定理を用いれば

$$
\begin{aligned}
a^2 &= (c \sin A)^2 + (b - c \cos A)^2 \\
&= b^2 + c^2 (\sin^2 A + \cos^2 A) - 2bc \cos A \\
&= b^2 + c^2 - 2bc \cos A.
\end{aligned}
$$

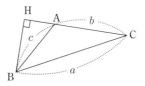

例 46 $\triangle \mathrm{ABC}$ において，$\mathrm{AB} = 6$, $\mathrm{AC} = 3$, $A = \dfrac{2\pi}{3} (= 120°)$ のとき，余弦定理より

$$\mathrm{BC}^2 = 6^2 + 3^2 - 2 \cdot 6 \cdot 3 \cdot \cos \frac{2\pi}{3} = 45 - 36 \cdot \left(-\frac{1}{2} \right) = 63.$$

$$\therefore \quad \mathrm{BC} = \sqrt{63} = \sqrt{3^2 \cdot 7} = 3\sqrt{7}.$$

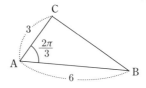

例題69　円に内接する四角形 ABCD において,

$$AB = 4, \quad BC = 4, \quad DA = 6, \quad A = 60°$$

のとき, 次を求めよ.

(1) CD の長さ.　　　　　　　　(2) 四角形 ABCD の面積.

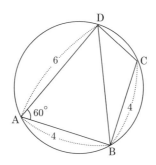

　円に内接する四角形の向かい合う角の和は $\pi(= 180°)$ である.

　(1) $\triangle$ABD に余弦定理を適用して

$$\mathrm{BD}^2 = 6^2 + 4^2 - 2 \cdot 6 \cdot 4 \cdot \cos 60° = 6^2 + 4^2 - 2 \cdot 6 \cdot 4 \cdot \frac{1}{2} = 28.$$

四角形 ABCD は円に内接しているので

$$A + C = 180° \text{より}, \ C = 180° - A = 180° - 60° = 120°.$$

よって, CD $= x$ として, $\triangle$BCD に余弦定理を適用すれば

$$\mathrm{BD}^2 = 4^2 + x^2 - 2 \cdot 4 \cdot x \cdot \cos 120° = 4^2 + x^2 - 2 \cdot 4 \cdot x \cdot \left(-\frac{1}{2}\right) = 28.$$

したがって, $x^2 + 4x - 12 = (x+6)(x-2) = 0$. これから, $x = -6, 2$.
$x > 0$ であるから, $x = 2$, すなわち　CD $= 2$.

(2) 四角形 ABCD の面積 $= \triangle$ABD の面積 $+ \triangle$BCD の面積

$$= \frac{1}{2} \cdot 6 \cdot 4 \cdot \sin 60° + \frac{1}{2} \cdot 4 \cdot 2 \cdot \sin 120°$$

$$= \frac{1}{2} \cdot 6 \cdot 4 \cdot \frac{\sqrt{3}}{2} + \frac{1}{2} \cdot 4 \cdot 2 \cdot \frac{\sqrt{3}}{2} = 8\sqrt{3}.$$

ヘロンの公式　　3辺の長さが既知の三角形の面積はヘロンの公式で求めることができる.

基本事項 (ヘロンの公式)

△ABC の面積を S とすると

$$S = \sqrt{s(s-a)(s-b)(s-c)}, \qquad ただし, \ s = \frac{a+b+c}{2}.$$

証明　　$S = \dfrac{1}{2}bc\sin A$ より $S^2 = \left(\dfrac{1}{2}bc\right)^2 \sin^2 A = \left(\dfrac{1}{2}bc\right)^2 (1 - \cos^2 A)$.

余弦定理より $a^2 = b^2 + c^2 - 2bc\cos A$ であるから,

$$\cos A = \frac{b^2 + c^2 - a^2}{2bc}.$$

$$\therefore \quad S^2 = \left(\frac{1}{2}bc\right)^2 \left\{1 - \left(\frac{b^2+c^2-a^2}{2bc}\right)^2\right\} = \left(\frac{1}{2}bc\right)^2 - \left(\frac{b^2+c^2-a^2}{4}\right)^2$$

$$= \left(\frac{1}{2}bc + \frac{b^2+c^2-a^2}{4}\right)\left(\frac{1}{2}bc - \frac{b^2+c^2-a^2}{4}\right)$$

$$= \frac{(b^2+c^2+2bc)-a^2}{4} \cdot \frac{a^2-(b^2+c^2-2bc)}{4}$$

$$= \frac{(b+c)^2-a^2}{4} \cdot \frac{a^2-(b-c)^2}{4}$$

$$= \frac{(b+c+a)(b+c-a)}{4} \cdot \frac{(a+b-c)(a-b+c)}{4}$$

$$= \frac{b+c+a}{2} \cdot \frac{b+c-a}{2} \cdot \frac{a+b-c}{2} \cdot \frac{a-b+c}{2}$$

$$= \frac{a+b+c}{2} \cdot \left(\frac{a+b+c}{2}-a\right)\left(\frac{a+b+c}{2}-c\right)\left(\frac{a+b+c}{2}-b\right)$$

$$= s(s-a)(s-c)(s-b) = s(s-a)(s-b)(s-c).$$

$$\therefore \quad S > 0 \ より \quad S = \sqrt{s(s-a)(s-b)(s-c)}.$$

例 47　　3辺の長さが $7, 8, 9$ の三角形の面積 S は, $s = \dfrac{7+8+9}{2} = 12$ より

$$S = \sqrt{12(12-7)(12-8)(12-9)} = \sqrt{12 \cdot 5 \cdot 4 \cdot 3} = \sqrt{12^2 \cdot 5} = 12\sqrt{5}.$$

正弦定理　　正弦定理を証明するために必要な円周角の性質を述べておこう.

1つの弧に対する円周角の大きさは一定で中心角の半分である. 次の図において

$$\angle ACB = \angle ADB = \angle AEB = \frac{1}{2}\angle AOB.$$

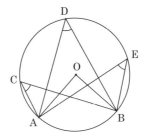

特に，半円の弧に対する円周角の大きさは $\dfrac{\pi}{2}(= 90°)$ である．図において

$$\angle ACB = \angle ADB = \dfrac{\pi}{2}.$$

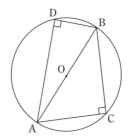

円周角の大きさは中心角の半分であるから，円に内接する四角形の向かい合う角の和は $\pi(= 180°)$ である．図において

$$\angle ABC + \angle ADC = \pi.$$

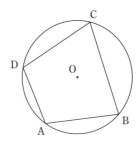

基本事項 (正弦定理)

△ABC の外接円の半径を R とすると

$$\frac{a}{\sin A} = \frac{b}{\sin B} = \frac{c}{\sin C} = 2R.$$

証明 (i) $A < \dfrac{\pi}{2}$ のとき，点 B を通る直径を BD とすると，円周角の性質から

$$\angle BDC = A, \quad \angle BCD = \frac{\pi}{2}$$

である．よって，

$$a = 2R\sin\angle BDC = 2R\sin A. \qquad \therefore \quad \frac{a}{\sin A} = 2R.$$

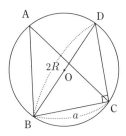

(ii) $A = \dfrac{\pi}{2}$ のとき，$\sin\dfrac{\pi}{2} = 1$ であるから，

$$a = 2R = 2R\sin A. \qquad \therefore \quad \frac{a}{\sin A} = 2R.$$

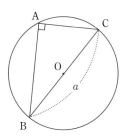

(iii) $A > \dfrac{\pi}{2}$ のとき，点 B を通る直径を BD とすると，

$$A + \angle BDC = \pi, \quad \angle BCD = \frac{\pi}{2}$$

であるから，

$$a = 2R\sin\angle BDC = 2R\sin(\pi - A) = 2R\sin A. \qquad \therefore \quad \frac{a}{\sin A} = 2R.$$

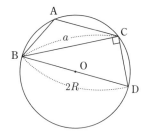

同様に，

$$\frac{b}{\sin B} = \frac{c}{\sin C} = 2R$$

が成り立つ．したがって，次の等式が成り立つ．

$$\frac{a}{\sin A} = \frac{b}{\sin B} = \frac{c}{\sin C} = 2R.$$

例48　$\triangle ABC$ において，$A = \dfrac{\pi}{3}$, $B = \dfrac{\pi}{4}$, $BC = \sqrt{6}$ のとき，正弦定理より

$$\frac{\sqrt{6}}{\sin \frac{\pi}{3}} = \frac{AC}{\sin \frac{\pi}{4}}.$$

$$\therefore \quad AC = \frac{\sqrt{6}}{\sin \frac{\pi}{3}} \cdot \sin \frac{\pi}{4} = \frac{\sqrt{6}}{\frac{\sqrt{3}}{2}} \cdot \frac{1}{\sqrt{2}} = 2.$$

三角形の面積と内接円の半径　$\triangle ABC$ の面積を S，内接円の半径を r とおくと，

$$S = \frac{1}{2}(a + b + c)r.$$

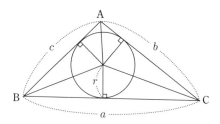

実際，$S = \dfrac{1}{2}ar + \dfrac{1}{2}br + \dfrac{1}{2}cr = \dfrac{1}{2}(a + b + c)r.$

三角形の面積と外接円の半径　$\triangle ABC$ の面積を S，外接円の半径を R とお

くと,

$$S = \frac{abc}{4R}.$$

実際, 正弦定理より $\dfrac{a}{\sin A} = 2R$ であるから, $\sin A = \dfrac{a}{2R}$. よって,

$$S = \frac{1}{2}bc\sin A = \frac{1}{2}bc \cdot \frac{a}{2R} = \frac{abc}{4R}.$$

基本問題 4.5

問題 124 次のような △ABC の面積を求めよ.

(1) $a = 3$, $b = 5$, $C = 30°$ (2) $b = 4$, $c = 6$, $A = 60°$

(3) $a = 3\sqrt{2}$, $c = 6$, $B = 135°$ (4) 1 辺の長さが 2 の正三角形

問題 125 △ABC について, 次に答えよ.

(1) $a = 5$, $b = 4$, $C = 60°$ のとき, c を求めよ.

(2) $b = \sqrt{3} + 1$, $c = \sqrt{3} - 1$, $A = 120°$ のとき, a を求めよ.

(3) $a = \sqrt{6} + \sqrt{2}$, $b = 2\sqrt{3}$, $c = 2\sqrt{2}$ のとき, $\cos A$ を求めよ.

(4) $a = 3\sqrt{2}$, $B = 135°$, $C = 15°$ のとき, c を求めよ.

問題 126 円に内接する四角形 ABCD において

$$AB = 5, \quad BC = 8, \quad CD = 8, \quad D = 60°$$

のとき, 次を求めよ.

(1) AC   (2) AD   (3) 四角形 ABCD の面積   (4) $\cos A$ (5) BD

問題 127 △ABC において, $a = 4$, $b = 5$, $c = 6$ のとき, 次を求めよ.

(1) $\cos A$ (2) △ABC の面積

(3) △ABC の内接円の半径   (4) △ABC の外接円の半径

問題 128 △ABC において, 次の等式が成り立つことを示せ.

$$\cos A + \cos B + \cos C = 1 + 4\sin\frac{A}{2}\sin\frac{B}{2}\sin\frac{C}{2}$$

4.6　逆三角関数

　これから学ぶ逆三角関数は次のステップで学ぶ微分積分学においてなくてはならないたいへん重要な関数の一種である. 何となれば, たとえば, (逆三角関数に絡んだ) 次の問題を考える:

(1) 微分すると $\dfrac{1}{\sqrt{1-x^2}}$ になるような関数は存在するだろうか.

(2) $\sqrt{1-x^2}$ の積分は存在するだろうか.

　この問題は実は逆三角関数がなければ解決できない. まさにこの問題に答えるのが微分積分学だからである. この節では逆三角関数とはどのような関数であるか, その定義と, そのような関数の性質について説明する.

逆三角関数の定義　まず, 本書で扱う関数はすべて, その定義域上での一価関数 (与えられた x にただ 1 つの値が対応する関数) である. したがって, それらの逆関数も定義域上で一価関数であることに注意しよう.

　(1) 関数 $y = \sin x\ (-\infty < x < \infty)$ について, $-\dfrac{\pi}{2} \leqq x \leqq \dfrac{\pi}{2}$ となる x に対して, $y = \sin x$ は増加関数である. したがって,「逆関数の基本事項と規約」により, $[-1, 1]$ を定義域, $\left[-\dfrac{\pi}{2}, \dfrac{\pi}{2}\right]$ を値域 (主値の範囲) とする $\sin x$ の逆関数が定まる. この逆関数を

$$y = \mathrm{Sin}^{-1}x \quad (\text{または } y = \mathrm{Arcsin}\,x)$$

とかいて, 逆正弦関数 ((ラージ) アークサイン x) という.

$$y = \mathrm{Sin}^{-1}x\ (-1 \leqq x \leqq 1) \iff \begin{cases} x = \sin y \\ -\dfrac{\pi}{2} \leqq y \leqq \dfrac{\pi}{2} \end{cases}$$

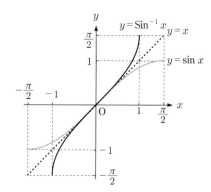

同様にして, $y = \dfrac{1}{\sin x} = \operatorname{cosec} x$ の逆関数 $y = \mathrm{Cosec}^{-1}x$ も定義される.

　(2) 関数 $y = \cos x\ (-\infty < x < \infty)$ について, $0 \leqq x \leqq \pi$ となる x に対して, $y = \cos x$ は減少関数である. したがって,「逆関数の基本事項と規約」に

より，$[-1, 1]$ を定義域，$[0, \pi]$ を値域 (主値の範囲) とする $\cos x$ の逆関数が定まる．この逆関数を

$$y = \mathrm{Cos}^{-1}x \quad (\text{または } y = \mathrm{Arccos}\, x)$$

とかいて，逆余弦関数 ((ラージ) アークコサイン x) という．

$$y = \mathrm{Cos}^{-1}x \ (-1 \leqq x \leqq 1) \iff \begin{cases} x = \cos y \\ 0 \leqq y \leqq \pi \end{cases}$$

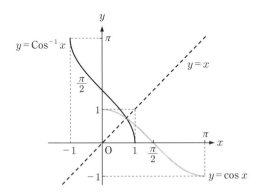

同様にして，$y = \dfrac{1}{\cos x} = \sec x$ の逆関数 $y = \mathrm{Sec}^{-1}x$ も定義される．

(3) 関数 $y = \tan x \left(\cdots, -\dfrac{3\pi}{2} < x < -\dfrac{\pi}{2}, -\dfrac{\pi}{2} < x < \dfrac{\pi}{2}, \dfrac{\pi}{2} < x < \dfrac{3\pi}{2}, \right.$ $\cdots)$ について，$-\dfrac{\pi}{2} < x < \dfrac{\pi}{2}$ となる x に対して，$y = \tan x$ は増加関数である．したがって，「逆関数の基本事項と規約」により，$(-\infty, \infty)$ を定義域，$\left(-\dfrac{\pi}{2}, \dfrac{\pi}{2} \right)$ を値域 (主値の範囲) とする $\tan x$ の逆関数が定まる．この逆関数を

$$y = \mathrm{Tan}^{-1}x \quad (\text{または } \mathrm{Arctan}\, x)$$

とかいて，逆正接関数 ((ラージ) アークタンジェント x) という．

$$y = \mathrm{Tan}^{-1}x \ (-\infty < x < \infty) \iff \begin{cases} x = \tan y \\ -\dfrac{\pi}{2} < y < \dfrac{\pi}{2} \end{cases}$$

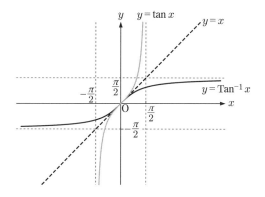

同様にして, $y = \dfrac{1}{\tan x} = \cot x$ の逆関数 $y = \mathrm{Cot}^{-1}x$ も定義される.

以上 (1),(2),(3) において定義された 6 個の逆関数

$$y = \mathrm{Sin}^{-1}x, \quad y = \mathrm{Cos}^{-1}x, \quad y = \mathrm{Tan}^{-1}x,$$
$$y = \mathrm{Sec}^{-1}x, \quad y = \mathrm{Cosec}^{-1}x, \quad y = \mathrm{Cot}^{-1}x$$

をまとめて (総称して) 逆三角関数という.

✎ **注意 38** 数学的な定義は往々にして形式が簡略化されて, 抽象的である. だから, 必ずしも視覚的ではなく, わかりにくい場合もある. たとえば, $y = 2x - 3$ の逆関数を求めるときは,「逆関数の基本事項と規約」によらずとも, まず, x について解いて $x = \dfrac{1}{2}y + \dfrac{3}{2}$ とし, 次に x と y を入れ換えて, $y = \dfrac{1}{2}x + \dfrac{3}{2}$ とする方がわかりやすい. これは計算ができる場合のことである.

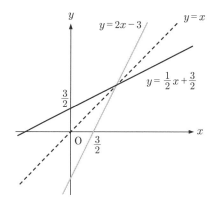

このような計算法は, たとえば, $y = \sin x$ については, 計算ができないので, 残念ながら適用できない. 抽象的な議論ではなく, 具体的に計算ができなければ, グラフを

利用する手しかない．そこで，$y = \sin x$ のグラフの，直線 $y = x$ に関して対称なグラフを描き，このグラフの関数を $y = \sin^{-1} x$ としようというのである．

$$\left[y = \sin^{-1} x \text{ は新しい関数で,} \sin^{-1} x \neq \frac{1}{\sin x} \right] \text{ に注意せよ！}$$

しかし，関数 $y = \sin^{-1} x$ は無限多価関数であるために，微分積分学の対象ではない．よって，本書の対象でもない．一価関数にしなければならない！ そこで，$y = \sin^{-1} x$ のグラフの $-\dfrac{\pi}{2} \leqq y \leqq \dfrac{\pi}{2}$ の部分だけを切り取ったものを $y = \sin^{-1} x$ の主値といい，残りは捨てる．この切り取った部分 (主値) のグラフの名前が $y = \mathrm{Sin}^{-1} x$ で，これを $y = \sin x$ の逆関数と呼ぼうというわけである．

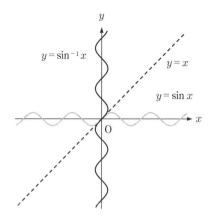

逆三角関数と三角関数の関係　逆三角関数については，計算を通じて定めたものではないので，直接計算をする方法がない．したがって，計算はもとの三角関数に戻して間接的に計算する方法をとることになる．もちろん，一度得られた関係式は公式として直接逆三角関数に応用してかまわない．そのためにも，次の関係は基本的でたいへん重要である (必ず覚えておくこと)．

(1) $y = \mathrm{Sin}^{-1} x \iff x = \sin y$　かつ　$-\dfrac{\pi}{2} \leqq y \leqq \dfrac{\pi}{2}$．

(2) $y = \mathrm{Cos}^{-1} x \iff x = \cos y$　かつ　$0 \leqq y \leqq \pi$．

(3) $y = \mathrm{Tan}^{-1} x \iff x = \tan y$　かつ　$-\dfrac{\pi}{2} < y < \dfrac{\pi}{2}$．

例 49　$\mathrm{Sin}^{-1} \dfrac{1}{2},\ \mathrm{Cos}^{-1} \dfrac{1}{2},\ \mathrm{Tan}^{-1} 1$ を求めてみよう．

$$y = \mathrm{Sin}^{-1} \frac{1}{2} \iff \frac{1}{2} = \sin y \quad \text{かつ} \quad -\frac{\pi}{2} \leqq y \leqq \frac{\pi}{2}.$$

$$\therefore \quad \mathrm{Sin}^{-1}\frac{1}{2} = \frac{\pi}{6}.$$

$$y = \mathrm{Cos}^{-1}\frac{1}{2} \iff \frac{1}{2} = \cos y \quad \text{かつ} \quad 0 \leqq y \leqq \pi.$$

$$\therefore \quad \mathrm{Cos}^{-1}\frac{1}{2} = \frac{\pi}{3}.$$

$$y = \mathrm{Tan}^{-1}1 \iff 1 = \tan y \quad \text{かつ} \quad -\frac{\pi}{2} < y < \frac{\pi}{2}.$$

$$\therefore \quad \mathrm{Tan}^{-1}1 = \frac{\pi}{4}.$$

✎ **注意 39**　たとえば，$\mathrm{Tan}^{-1}1$ を求める場合，$\tan\theta = 1(>0)$ になる θ を $0 < \theta < \dfrac{\pi}{2}$ の範囲で求めればよい．また，$\mathrm{Tan}^{-1}(-1)$ を求める場合は $\tan\theta = -1(<0)$ になる θ を $-\dfrac{\pi}{2} < \theta < 0$ の範囲で求めればよい．$\tan\theta$ は θ の範囲ですでに一価になっているので，$\mathrm{Tan}\,\theta$ のように新しく大文字の $\mathrm{Tan}\,\theta$ を導入する必要がない (つまり，$\mathrm{Tan}\,\theta$ のようなかき方はしない!).

例 50

x	-1	$-\dfrac{\sqrt{3}}{2}$	$-\dfrac{1}{\sqrt{2}}$	$-\dfrac{1}{2}$	0	$\dfrac{1}{2}$	$\dfrac{1}{\sqrt{2}}$	$\dfrac{\sqrt{3}}{2}$	1
$\mathrm{Sin}^{-1}x$	$-\dfrac{\pi}{2}$	$-\dfrac{\pi}{3}$	$-\dfrac{\pi}{4}$	$-\dfrac{\pi}{6}$	0	$\dfrac{\pi}{6}$	$\dfrac{\pi}{4}$	$\dfrac{\pi}{3}$	$\dfrac{\pi}{2}$
$\mathrm{Cos}^{-1}x$	π	$\dfrac{5\pi}{6}$	$\dfrac{3\pi}{4}$	$\dfrac{2\pi}{3}$	$\dfrac{\pi}{2}$	$\dfrac{\pi}{3}$	$\dfrac{\pi}{4}$	$\dfrac{\pi}{6}$	0

x	$-\sqrt{3}$	-1	$-\dfrac{1}{\sqrt{3}}$	0	$\dfrac{1}{\sqrt{3}}$	1	$\sqrt{3}$
$\mathrm{Tan}^{-1}x$	$-\dfrac{\pi}{3}$	$-\dfrac{\pi}{4}$	$-\dfrac{\pi}{6}$	0	$\dfrac{\pi}{6}$	$\dfrac{\pi}{4}$	$\dfrac{\pi}{3}$

例 51　$\triangle\mathrm{ABC}$ において，$\mathrm{BC} = 7$, $\mathrm{CA} = 8$, $\mathrm{AB} = 9$ のとき，3 つの角 A, B, C の大きさを求めてみよう．余弦定理により

$$7^2 = 8^2 + 9^2 - 2 \cdot 8 \cdot 9 \cdot \cos A = 145 - 144\cos A.$$

$$\therefore \quad \cos A = \frac{96}{144} = \frac{2}{3}.$$

$0 < A < \pi$ であるから，

$$A = \mathrm{Cos}^{-1}\frac{2}{3}.$$

同様にして,

$$\cos B = \frac{11}{21} \text{ より } \quad B = \mathrm{Cos}^{-1}\frac{11}{21}.$$

$$\cos C = \frac{2}{7} \text{ より } \quad C = \mathrm{Cos}^{-1}\frac{2}{7}.$$

したがって, $A + B + C = \pi$ であるから

$$\mathrm{Cos}^{-1}\frac{2}{3} + \mathrm{Cos}^{-1}\frac{11}{21} + \mathrm{Cos}^{-1}\frac{2}{7} = \pi.$$

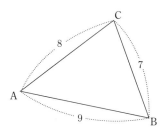

例題 70 $\mathrm{Sin}^{-1}x + \mathrm{Cos}^{-1}x = \dfrac{\pi}{2}$ を示せ.

証明 $\mathrm{Sin}^{-1}x = \alpha$, $\mathrm{Cos}^{-1}x = \beta$ とおけば,

$$\sin\alpha = x, \quad -\frac{\pi}{2} \leqq \alpha \leqq \frac{\pi}{2}, \quad \cos\beta = x, \quad 0 \leqq \beta \leqq \pi.$$

$$\therefore \quad \sin\alpha = \cos\beta = \sin\left(\frac{\pi}{2} - \beta\right).$$

ここで, $-\dfrac{\pi}{2} \leqq \dfrac{\pi}{2} - \beta \leqq \dfrac{\pi}{2}$ であるから,

$$\alpha = \frac{\pi}{2} - \beta.$$

したがって, $\alpha + \beta = \mathrm{Sin}^{-1}x + \mathrm{Cos}^{-1}x = \dfrac{\pi}{2}$.

基本事項 (逆三角関数と三角関数の関係)

(1) $\sin\left(\mathrm{Sin}^{-1}x\right) = x \ (-1 \leqq x \leqq 1), \quad \cos\left(\mathrm{Cos}^{-1}x\right) = x \ (-1 \leqq x \leqq 1),$
$\tan\left(\mathrm{Tan}^{-1}x\right) = x \ (-\infty < x < \infty).$
(2) $\mathrm{Sin}^{-1}(\sin y) = y \ \left(-\dfrac{\pi}{2} \leqq y \leqq \dfrac{\pi}{2}\right), \quad \mathrm{Cos}^{-1}(\cos y) = y \ (0 \leqq y \leqq \pi),$
$\mathrm{Tan}^{-1}(\tan y) = y \ \left(-\dfrac{\pi}{2} < y < \dfrac{\pi}{2}\right).$

例 52 $\cos(\mathrm{Sin}^{-1} x - \mathrm{Sin}^{-1} y) - \cos(\mathrm{Sin}^{-1} x + \mathrm{Sin}^{-1} y) = 2xy.$

実際，加法定理により

$$\cos(\mathrm{Sin}^{-1} x - \mathrm{Sin}^{-1} y) - \cos(\mathrm{Sin}^{-1} x + \mathrm{Sin}^{-1} y)$$
$$= \left\{ \cos(\mathrm{Sin}^{-1} x)\cos(\mathrm{Sin}^{-1} y) + \sin(\mathrm{Sin}^{-1} x)\sin(\mathrm{Sin}^{-1} y) \right\}$$
$$\qquad - \left\{ \cos(\mathrm{Sin}^{-1} x)\cos(\mathrm{Sin}^{-1} y) - \sin(\mathrm{Sin}^{-1} x)\sin(\mathrm{Sin}^{-1} y) \right\}$$
$$= 2\sin(\mathrm{Sin}^{-1} x)\sin(\mathrm{Sin}^{-1} y) = 2xy.$$

例題 71 $4\,\mathrm{Tan}^{-1}\dfrac{1}{5} - \mathrm{Tan}^{-1}\dfrac{1}{239} = \dfrac{\pi}{4}$ を示せ.

証明 $\mathrm{Tan}^{-1}\dfrac{1}{5} = \alpha$ とおくと,

$$\tan\alpha = \frac{1}{5} \quad かつ \quad -\frac{\pi}{2} < \alpha < \frac{\pi}{2}.$$

$\tan\dfrac{\pi}{8} = \sqrt{2} - 1$ (例題 65 をみよ) で $\sqrt{2} - 1 = 0.41\cdots > \dfrac{1}{5}$ であるから,

$$0 < \alpha < \frac{\pi}{8}.$$

2 倍角の公式より

$$\tan 2\alpha = \frac{2 \cdot \frac{1}{5}}{1 - \left(\frac{1}{5}\right)^2} = \frac{5}{12}.$$

さらに，2 倍角の公式を用いて

$$\tan 4\alpha = \tan(2 \cdot 2\alpha) = \frac{2 \cdot \frac{5}{12}}{1 - \left(\frac{5}{12}\right)^2} = \frac{120}{119}.$$

次に，加法定理を用いて

$$\tan\left(4\alpha - \frac{\pi}{4}\right) = \frac{\frac{120}{119} - 1}{\frac{120}{119} + 1} = \frac{1}{239}.$$

$-\dfrac{\pi}{4} < 4\alpha - \dfrac{\pi}{4} < \dfrac{\pi}{4}$ であるから $4\alpha - \dfrac{\pi}{4} = \mathrm{Tan}^{-1}\dfrac{1}{239}$.

$$\therefore \quad 4\,\mathrm{Tan}^{-1}\frac{1}{5} - \mathrm{Tan}^{-1}\frac{1}{239} = \frac{\pi}{4}.$$

(**参考** *11*)   上の等式は 1706 年 Machin(マチン) によって得られたものである. この等式はコンピュータで円周率 π の近似値を求めるときに使われる. ちなみに，π の近似値は (時間の経過と共に小数点以下の桁数が増え続けているが), 2009 年 8 月の時点では，筑波大学が出した小数 2 兆 5769 億 8037 万桁が記録になっている (これは多分コンピュータの計算の速さの性能に関係しているの

であろう．その速さが「ナノ」世界での解析に応用され，将来 (多分近未来?)
現実化し，人類の平和と幸福に貢献してくれることを期待することにしよう).
類似の等式として

$$8\,\mathrm{Tan}^{-1}\frac{1}{10} - 4\,\mathrm{Tan}^{-1}\frac{1}{515} - \mathrm{Tan}^{-1}\frac{1}{239} = \frac{\pi}{4}$$

が 1958 年 Freeman によって得られている．

基本問題 4.6

問題 129　次の値を求めよ．

(1) $\mathrm{Sin}^{-1}1$ 　　　　　　(2) $\mathrm{Sin}^{-1}\left(-\dfrac{1}{2}\right)$ 　　　　(3) $\mathrm{Cos}^{-1}\dfrac{\sqrt{3}}{2}$

(4) $\mathrm{Cos}^{-1}(-1)$ 　　　　(5) $\mathrm{Tan}^{-1}\sqrt{3}$ 　　　　(6) $\mathrm{Tan}^{-1}\left(-\dfrac{1}{\sqrt{3}}\right)$

問題 130　次の値を求めよ．

(1) $\sin\left(\mathrm{Cos}^{-1}\dfrac{2}{3}\right)$ 　　　(2) $\sin\left(2\,\mathrm{Cos}^{-1}\dfrac{1}{5}\right)$ 　　　(3) $\cos\left(\mathrm{Tan}^{-1}3\right)$

問題 131　次の等式を証明せよ．

(1) $\mathrm{Sin}^{-1}\dfrac{3}{5} + \mathrm{Sin}^{-1}\dfrac{4}{5} = \dfrac{\pi}{2}$ 　　　(2) $2\,\mathrm{Tan}^{-1}\dfrac{1}{5} = \mathrm{Tan}^{-1}\dfrac{5}{12}$

(3) $\mathrm{Tan}^{-1}\dfrac{1}{2} + \mathrm{Tan}^{-1}\dfrac{1}{3} = \dfrac{\pi}{4}$ 　　　(4) $\mathrm{Tan}^{-1}\dfrac{1}{5} + \mathrm{Tan}^{-1}\dfrac{1}{515} = 2\,\mathrm{Tan}^{-1}\dfrac{1}{10}$

問題 132　次の等式を証明せよ．

(1) $\sin\left(\mathrm{Cos}^{-1}x\right) = \sqrt{1-x^2}$ 　　　(2) $\mathrm{Cos}^{-1}x + \mathrm{Cos}^{-1}(-x) = \pi$

(3) $\mathrm{Tan}^{-1}x + \mathrm{Tan}^{-1}\dfrac{1}{x} = \dfrac{\pi}{2}$ $(x>0)$

問題 133　△ABC において，BC $= 5$, CA $= 6$, AB $= 7$ のとき，3 つの角 A, B, C
の大きさを求めよ．

第5章

指数関数と対数関数

 細胞の分裂は1個が初回は2個に，次の回は4個に，さらに次の回は8個に，⋯ という割合で分裂するといわれている．この表現では回数が多くなるとその個数がわかりにくい．そこで，表現を変えて，$2^0, 2^1, 2^2, 2^3 \cdots$ とかくと，100回目の個数の表現は指数表現を使って 2^{100} とかけて，実にわかりやすい．指数関数 2^x を導入するならば，2^{100} はこの関数の $x = 100$ における関数値ということになる．しかし，2^{100} は実際どのぐらい大きい数字であるかを知るには，このままでは無理であろう．少なくともその桁数がわかれば凡その大きさの感覚がわかる．このようなときに対数が役に立つ．対数を用いると，たとえば，$\log_{10} 2^{100} = 100 \log_{10} 2$ となり，$\log_{10} 2$ の近似値がわかれば，2^{100} の桁数がわかるという仕組みになっている．実際，$\log_{10} 2 \fallingdotseq 0.3010$ であるから

$$30 < \log_{10} 2^{100} \fallingdotseq 100 \cdot 0.3010 = 30.1 < 31$$

$$\therefore \quad 10^{30} < 2^{100} < 10^{31}$$

$$\therefore \quad 2^{100} \text{の桁数は} 31.$$

 このような簡単な例でも見られるように，指数関数，対数関数は実際に自然科学や社会科学などを含む広い分野において，さまざまな現象を，数理モデル化し，解析する上でなくてはならないたいへん重要な関数である．本章では指数・指数関数，対数・対数関数について，これらの概念の導入と性質について学ぶ．

5.1 累乗と指数法則

　細胞分裂の例において逆の見方をすれば，31 桁もある莫大な細胞数は人間の感覚を超越している．ましてや，その数を表現することなど無理のように思われる．しかし，もとの見方に戻ると，2^{100}，これが指数の威力である! 想像すらできない極微の世界においてさえも，その表現や計算は指数を用いることによって可能である．小さい数はいくらでもかけるが，現実的極微の世界の一例として，電子の静止質量は 9.1094×10^{-28} g であるとされている．この節では指数の基本である累乗とその性質について学ぶ．

実数 a に対する $a^{整数}$ の定義　正の整数乗は第 1 章において，多項式における x^n のように，高等学校の数学ですでに知られていることを前提にした．もう一度ここで改めて一般の整数乗の定義を述べておく．a を実数，n を整数とする．

　$n > 0$ ならば，$a^n = \underbrace{a \times a \times \cdots \times a}_{n\,個},$

　$n = 0$ ならば，$a \neq 0$ の場合に限り $a^0 = 1$ $(a = 0$ のときは定義しない$)$，

　$n < 0$ ならば，$a \neq 0$ の場合に限り $a^n = \dfrac{1}{a^{-n}}$

$$(\iff m = -n \text{ とおくと } m > 0 \text{ で, } a^{-m} = \frac{1}{a^m})$$

$$(a = 0 \text{ のときは定義しない})$$

と定める．a^n を a の n 乗と読み，n を指数，a を底という．

例 53　(1) $2^4 = 2 \times 2 \times 2 \times 2 = 16.$　　　(2) $3^0 = 1,\ (-3)^0 = 1.$
(3) $2^{-1} = \dfrac{1}{2},\ 3^{-2} = \dfrac{1}{3^2} = \dfrac{1}{9}.$

基本事項 ($a^{整数}$ の指数法則)

$a \neq 0,\ b \neq 0$ で，m, n が整数のとき

　(1) $a^m a^n = a^{m+n}.$　　　(2) $a^m \div a^n = a^{m-n}.$　　(3) $(a^m)^n = a^{mn}.$

　(4) $(ab)^m = a^m b^m.$　　　(5) $a^{-m} = \dfrac{1}{a^m}.$　　　(6) $\left(\dfrac{a}{b}\right)^m = \dfrac{a^m}{b^m}.$

例 54　(1) $a^4 a^2 = a^{4+2} = a^6,\quad a^4 a^{-2} = a^{4+(-2)} = a^2.$
(2) $a^3 \div a^5 = a^{3-5} = a^{-2} = \dfrac{1}{a^2},\quad a^3 \div a^{-5} = a^{3-(-5)} = a^8.$

(3) $(a^2)^3 = a^{2 \cdot 3} = a^6$, $\quad (a^{-2})^{-3} = a^{(-2) \cdot (-3)} = a^6$.

(4) $(ab)^3 = a^3 b^3$.

(5) $a^{-8} = \dfrac{1}{a^8}$.

(6) $\left(\dfrac{a}{b} \right)^3 = \dfrac{a^3}{b^3}$.

例題 72　1 光年は光の速さで 1 年間に進める距離である．1 光年は約 9.46×10^{15} m であることを示せ．ただし，光は 1 秒間に 30 万 km 進み，1 年を 365 日とする．

解答　　$30 \, \text{万 km} = 30 \cdot 10^4 \cdot 10^3 = 3 \cdot 10^8 \, \text{m}$,

$$365 \, \text{日} = 365 \cdot 24 \cdot 60 \cdot 60 = 31\,536\,000 = 31\,536 \cdot 10^3 \, \text{秒},$$

これから，1 光年 $= 3 \cdot 10^8 \cdot 31\,536 \cdot 10^3 \, \text{m} = 94\,608 \cdot 10^{11} \, \text{m} \fallingdotseq 9.46 \cdot 10^{15} \, \text{m}$.
したがって，1 光年は約 9.46×10^{15}m である．

正の実数 a に対する $a^{\text{有理数}}$ の定義

$a > 0$ で，n を正の整数，m を整数とする．$a^{\frac{1}{n}}$ およびその記号 $\sqrt[n]{a}$ の定義は，1.3 節，基本事項 (累乗根) においてすでに定義されている．そこで，$a^{\frac{1}{n}}$ を用いて

$$a^{\frac{m}{n}} = (a^{\frac{1}{n}})^m$$

で $a^{\frac{m}{n}}$ を定義し，記号 $(\sqrt[n]{a})^m$ で表す．すなわち，

$m > 0$ ならば，$a^{\frac{m}{n}} = (a^{\frac{1}{n}})^m = a^{\frac{1}{n}} \times \cdots \times a^{\frac{1}{n}}$ （m 個），

$m = 0$ ならば，$a^0 = 1$,

$m < 0$ ならば，$a^{\frac{m}{n}} = \dfrac{1}{\left(a^{\frac{1}{n}} \right)^{-m}} = \left(\dfrac{1}{a^{\frac{1}{n}}} \right)^{-m} = \dfrac{1}{a^{\frac{1}{n}}} \times \cdots \times \dfrac{1}{a^{\frac{1}{n}}}$ （$-m$ 個）

さらに，この定義と $a^{\frac{1}{n}}$ の定義によれば

$$\left\{ (a^{\frac{1}{n}})^m \right\}^n = (a^{\frac{1}{n}})^{mn} = \left\{ (a^{\frac{1}{n}})^n \right\}^m = a^m (> 0).$$

よって，$a^{\frac{m}{n}} = (a^{\frac{1}{n}})^m = (a^m)^{\frac{1}{n}}$. $\quad \therefore \quad a^{\frac{m}{n}} = (a^m)^{\frac{1}{n}}$.

このとき，$a^{\frac{m}{n}}$ の値は有理数 $\dfrac{m}{n}$ （n は正の整数，m は整数) の取り方によらない (一意的に定義される)．実際，$\dfrac{m}{n}$ を既約分数で表して，$\dfrac{m}{n} = \dfrac{s}{t}$ （t は正の整数，s は整数で s と t は互いに素) とするとき，

$$n = kt, \; m = ks$$

となる正の整数 k が存在するので，累乗根の性質を用いれば

$$a^{\frac{m}{n}} = a^{\frac{ks}{kt}} = (a^{\frac{1}{kt}})^{ks} = \left\{ (a^{\frac{1}{t}})^{\frac{1}{k}} \right\}^{ks} = \left[\left\{ (a^{\frac{1}{t}})^{\frac{1}{k}} \right\}^k \right]^s = \left(a^{\frac{1}{t}} \right)^s = a^{\frac{s}{t}}.$$

$$\therefore \quad a^{\frac{m}{n}} = a^{\frac{s}{t}}.$$

(これで，$a^{有理数}$ が定義された!).

ここで特に重要なのは $a^{\frac{m}{n}}$ であって，$\sqrt[n]{a^m}$ は単なる記号に過ぎないということである．したがって，記号 $\sqrt[n]{a^m}$ は便利ではあるが，必要性が生じた場合は元の $a^{\frac{m}{n}}$ に戻して考えるとよい (微積分の導関数や不定積分のところで使う).

✎ **注意 40** (1) 任意の有理数に対して，$a^{有理数}$ の値が定まるには，$a > 0$ でなければばらない.

(2) $a > 0$ のとき，どんな有理数 p に対しても $a^p > 0$ である.

例 55 (1) $4^{\frac{1}{2}} = (2^2)^{\frac{1}{2}} = 2$, $27^{\frac{1}{3}} = (3^3)^{\frac{1}{3}} = 3$.

(2) $8^{\frac{2}{3}} = (8^{\frac{1}{3}})^2 = \left\{ (2^3)^{\frac{1}{3}} \right\}^2 = 2^2 = 4$, $8^{-\frac{2}{3}} = (8^{\frac{1}{3}})^{-2} = 2^{-2} = \dfrac{1}{4}$.

基本事項 ($a^{有理数}$ の指数法則)

$a > 0, b > 0$ のとき，有理数 p, q に対して，次が成り立つ.

(1) $a^p a^q = a^{p+q}$.   (2) $a^p \div a^q = a^{p-q}$.   (3) $(a^p)^q = a^{pq}$.

(4) $(ab)^p = a^p b^p$.   (5) $a^{-p} = \dfrac{1}{a^p}$.   (6) $\left(\dfrac{a}{b} \right)^p = \dfrac{a^p}{b^p}$.

証明　$a > 0, b > 0$ のとき，正の整数 n, l に対して，累乗根の性質より次が成り立つ.

$$a^{\frac{1}{nl}} = (a^{\frac{1}{n}})^{\frac{1}{l}}, \quad (ab)^{\frac{1}{n}} = a^{\frac{1}{n}} b^{\frac{1}{n}}, \quad \left(\frac{a}{b} \right)^{\frac{1}{n}} = \frac{a^{\frac{1}{n}}}{b^{\frac{1}{n}}}.$$

$p = \dfrac{m}{n}, q = \dfrac{k}{l}$ (n, l は正の整数，m, k は整数) とする.

(1) $a^{p+q} = a^{\frac{ml+nk}{nl}} = (a^{\frac{1}{nl}})^{ml+nk} = (a^{\frac{1}{nl}})^{ml} (a^{\frac{1}{nl}})^{nk} = a^{\frac{ml}{nl}} a^{\frac{nk}{nl}}$

$\qquad = a^{\frac{m}{n}} a^{\frac{k}{l}} = a^p a^q$.

(2) $a^{p-q} = a^{\frac{ml-nk}{nl}} = (a^{ml-nk})^{\frac{1}{nl}} = \left(\dfrac{a^{ml}}{a^{nk}} \right)^{\frac{1}{nl}} = \dfrac{(a^{ml})^{\frac{1}{nl}}}{(a^{nk})^{\frac{1}{nl}}} = \dfrac{a^{\frac{m}{n}}}{a^{\frac{k}{l}}} = \dfrac{a^p}{a^q}$

$\qquad = a^p \div a^q$.

(3) $a^{pq} = a^{\frac{mk}{nl}} = (a^{\frac{1}{nl}})^{mk} = ((a^{\frac{1}{n}})^{\frac{1}{l}})^{mk} = (((a^{\frac{1}{n}})^{\frac{1}{l}})^m)^k = ((a^{\frac{1}{n}})^{\frac{m}{l}})^k$

$\qquad = (((a^{\frac{1}{n}})^m)^{\frac{1}{l}})^k = ((a^{\frac{m}{n}})^{\frac{1}{l}})^k = (a^{\frac{m}{n}})^{\frac{k}{l}} = (a^p)^q$.

(4) $a^p b^p = a^{\frac{m}{n}} b^{\frac{m}{n}} = (a^m)^{\frac{1}{n}} (b^m)^{\frac{1}{n}} = (a^m b^m)^{\frac{1}{n}} = ((ab)^m)^{\frac{1}{n}} = (ab)^{\frac{m}{n}}$

$$= (ab)^p.$$

(5) $\dfrac{1}{a^p} = \dfrac{1}{a^{\frac{m}{n}}} = \dfrac{1}{\left(a^{\frac{1}{n}}\right)^m} = \left(a^{\frac{1}{n}}\right)^{-m} = a^{-\frac{m}{n}} = a^{-p}.$

(6) $\dfrac{a^p}{b^p} = \dfrac{a^{\frac{m}{n}}}{b^{\frac{m}{n}}} = \dfrac{\left(a^{\frac{1}{n}}\right)^m}{\left(b^{\frac{1}{n}}\right)^m} = \left(\dfrac{a^{\frac{1}{n}}}{b^{\frac{1}{n}}}\right)^m = \left(\left(\dfrac{a}{b}\right)^{\frac{1}{n}}\right)^m = \left(\dfrac{a}{b}\right)^{\frac{m}{n}} = \left(\dfrac{a}{b}\right)^p.$

例 56 (1) $9^{\frac{1}{6}} \cdot 9^{\frac{1}{3}} = 9^{\frac{1}{6}+\frac{1}{3}} = 9^{\frac{1}{2}} = (3^2)^{\frac{1}{2}} = 3.$

(2) $27^{\frac{5}{6}} \div 27^{\frac{1}{6}} = 27^{\frac{5}{6}-\frac{1}{6}} = 27^{\frac{2}{3}} = (3^3)^{\frac{2}{3}} = 3^2 = 9.$

(3) $\left(5^{\frac{2}{3}}\right)^{\frac{9}{2}} = 5^{\frac{2}{3} \times \frac{9}{2}} = 5^3 = 125.$

(4) $40^{\frac{2}{3}} = (5 \cdot 8)^{\frac{2}{3}} = 5^{\frac{2}{3}} \cdot 8^{\frac{2}{3}} = 5^{\frac{2}{3}} \cdot (2^3)^{\frac{2}{3}}$
$\qquad = 5^{\frac{2}{3}} \cdot 2^{3 \times \frac{2}{3}} = 5^{\frac{2}{3}} \cdot 2^2 = 5^{\frac{2}{3}} \cdot 4 = 4 \cdot 5^{\frac{2}{3}}.$

(5) $\left(\dfrac{7}{125}\right)^{\frac{1}{3}} = \dfrac{7^{\frac{1}{3}}}{125^{\frac{1}{3}}} = \dfrac{7^{\frac{1}{3}}}{(5^3)^{\frac{1}{3}}} = \dfrac{7^{\frac{1}{3}}}{5^{3 \times \frac{1}{3}}} = \dfrac{7^{\frac{1}{3}}}{5}.$

(6) $8^{-\frac{2}{3}} = \dfrac{1}{8^{\frac{2}{3}}} = \dfrac{1}{(2^3)^{\frac{2}{3}}} = \dfrac{1}{2^{3 \times \frac{2}{3}}} = \dfrac{1}{2^2} = \dfrac{1}{4}.$

$a^{\text{無理数}}$ の定義　$a > 0$ に対して，x が無理数のときにも a^x を定義すること
ができる．[しかしながら，$a^{\text{無理数}}$ を定義するためには，第 6 章の数列と極限
の議論が必要である．ここでは，この議論を先に使うことにする．それでもな
お，] 無理数乗の定義は，実は少々込み入った議論 (微分積分学の根底を支える
たいへん重要な定理) が必要であるが，あまり深入りせず，たとえば，$\sqrt{2}$ の場
合で説明する．いま，$0 < r_1 < r_2 < \cdots < r_n < \cdots$ で $r_n \to \sqrt{2}$ となるよう
な有理数列 $\{r_n\}$ を考える (そのような数列は実際には無数に存在するが，説
明は本書の範囲を超える)．このとき，

$$a^{r_1}, a^{r_2}, a^{r_3}, \cdots, a^{r_n}, \cdots$$

を考えることができる．これらの値が $n \to \infty$ のとき，上で言及した重要な定
理によって，ある一定の値に限りなく近づいていくことがわかる．この一定の
値を $a^{\sqrt{2}}$ と定める．一般の無理数に対しても，このようにして (議論が類似)，
$a^{\text{無理数}}$ が定義される．したがって，$a^{\text{実数}}$ が定義されたことになる．

例 57　$3^{\sqrt{2}}$ について調べてみよう．

まず，$\sqrt{2} = 1.414213562373\cdots$ に注意する．

x	3^x
1	3
1.4	$4.65553672174\cdots$
1.41	$4.70696500171\cdots$
1.414	$4.72769503526\cdots$
1.4142	$4.72873393017\cdots$
1.41421	$4.72878588090\cdots$
1.414213	$4.72880146624\cdots$
1.4142135	$4.72880406380\cdots$
1.41421356	$4.72880437550\cdots$
1.414213562	$4.72880438589\cdots$
1.4142135623	$4.72880438745\cdots$
1.41421356237	$4.72880438782\cdots$
1.414213562373	$4.72880438783\cdots$

したがって，$3^{\sqrt{2}} = 4.7288043878\cdots$ となる．

$a^{実数}$ の指数法則

$a > 0, b > 0$ のとき，実数 x, y に対して，次が成り立つ．

(1) $a^x a^y = a^{x+y}$.　　(2) $a^x \div a^y = a^{x-y}$.　　(3) $(a^x)^y = a^{xy}$.

(4) $(ab)^x = a^x b^x$.　　(5) $a^{-x} = \dfrac{1}{a^x}$.　　(6) $\left(\dfrac{a}{b}\right)^x = \dfrac{a^x}{b^x}$.

✎ **注意 41**　(1) どんな実数 x に対しても $1^x = 1$.
　(2) $a > 0$ のとき，どんな実数 x に対しても $a^x > 0$.

基本事項 (a^x の値の大小関係)

(1) $a > 0, a \neq 1$ のとき，$x = y \iff a^x = a^y$.

(2) $a > 1$ のとき，$x > y \iff a^x > a^y$.

(3) $0 < a < 1$ のとき，$x > y \iff a^x < a^y$.

例題 73　(1) 方程式 $8^{2x-1} = 32$ を解け.

(2) 不等式 $3^{2x-1} < \sqrt{3}$ を解け.

(3) 不等式 $0.5^{3x} > \dfrac{1}{16}$ を解け.

解答　(1) $8 = 2^3$, $32 = 2^5$ であるから,

$$8^{2x-1} = 32 \iff 2^{3(2x-1)} = 2^5 \iff 3(2x-1) = 5$$

$$\iff 6x = 8 \iff x = \frac{4}{3}. \qquad \therefore \quad x = \frac{4}{3}.$$

(2) $\sqrt{3} = 3^{\frac{1}{2}}$ であるから,

$$3^{2x-1} < \sqrt{3} \iff 3^{2x-1} < 3^{\frac{1}{2}}$$

（3^x は増加関数であるから）

$$\iff 2x - 1 < \frac{1}{2}$$

$$\iff 2x < \frac{3}{2} \iff x < \frac{3}{4}. \quad \therefore \quad x < \frac{3}{4}.$$

(3) $0.5 = \dfrac{1}{2}$, $\dfrac{1}{16} = \left(\dfrac{1}{2}\right)^4$ であるから,

$$0.5^{3x} > \frac{1}{16} \iff \left(\frac{1}{2}\right)^{3x} > \left(\frac{1}{2}\right)^4$$

（$\left(\dfrac{1}{2}\right)^x$ は減少関数であるから）

$$\iff 3x < 4 \iff x < \frac{4}{3}. \quad \therefore \quad x < \frac{4}{3}.$$

または, $0.5 = 2^{-1}$, $\dfrac{1}{16} = 2^{-4}$ であるから,

$$0.5^{3x} > \frac{1}{16} \iff (2^{-1})^{3x} = 2^{-3x} > 2^{-4}$$

$$\iff -3x > -4 \iff x < \frac{4}{3}. \quad \therefore \quad x < \frac{4}{3}.$$

例題 74　(1) 方程式 $4^x - 2^{x+3} = 0$ を解け.

(2) 不等式 $9^x - 3^{x+1} < 0$ を解け.

Point!　$a > 0$ のとき, 任意の実数 x に対して, $a^x > 0$, とくに $a^x \neq 0$.

解答　(1) $4^x - 2^{x+3} = (2^x)^2 - 2^3 \cdot 2^x = 0$

$$\iff 2^x(2^x - 2^3) = 0$$

（ここで, $2^x \neq 0$ であるから）

$$\Longleftrightarrow 2^x - 2^3 = 0 \Longleftrightarrow 2^x = 2^3 \Longleftrightarrow x = 3. \quad \therefore \ x = 3.$$

(2) $9^x - 3^{x+1} = (3^x)^2 - 3 \cdot 3^x < 0 \Longleftrightarrow 3^x(3^x - 3) < 0$

（ここで，$3^x > 0$ であるから）

$$\Longleftrightarrow 3^x - 3 < 0 \Longleftrightarrow 3^x < 3 \Longleftrightarrow x < 1. \quad \therefore \ x < 1.$$

例 58 年利 r ％ の複利で M 円を預金した．1 年後の利息と元金の合計は

$$\left(1 + \frac{r}{100}\right) M (円).$$

2 年目はこれを元金として利息がつくから，2 年後の利息と元金の合計は

$$\left(1 + \frac{r}{100}\right)^2 M (円).$$

同様に，n 年後の利息と元金の合計は

$$\left(1 + \frac{r}{100}\right)^n M (円)$$

となる．

基本問題 5.1

問題 134 次の値を求めよ．

(1) 3^5 　　　　　　　　(2) 2^{-3} 　　　　　　　(3) $(-15)^0$

(4) $(-2)^{-3}$ 　　　　　(5) $(2^{-2})^3$ 　　　　　(6) $3^{15} \times 9^{-9}$

(7) $(5^2)^{-3} \times 5^4$ 　　(8) $(2^{-1})^4 \times 2^7$ 　　(9) $\left(\dfrac{1}{3}\right)^{-4} \div 3^2$

(10) $5^3 \times 5^{-6} \div 5^{-4}$ 　(11) $24^5 \times 6^{-8}$ 　　(12) $15^{10} \times (3^3 \times 5^2)^{-4}$

問題 135 次の式を簡単にし，その結果を負の指数を用いずに表せ．ただし，$a \neq 0, b \neq 0$ とする．

(1) $a^5 \times a^{-3}$ 　　　　　(2) $(a^2)^{-1}$ 　　　　　(3) $a^5 \div a^8$

(4) $(ab^{-2})^2$ 　　　　　　(5) $(a^{-2}b)^4 \times (ab^2)^{-2}$ 　　(6) $\left(\dfrac{1}{a}\right)^{-3} \times a^{-2}$

(7) $\left(\dfrac{b}{a}\right)^3 \times (a^2 b)^{-2}$

問題 136 地球からアンドロメダ銀河までの距離は約 230 万光年である．230 万光年 をメートル (m) で表せ．ただし，1 光年を 9.5×10^{15} m とする．

問題 137 $a > 0$ のとき，次の式を a^x の形で表せ．

(1) $\sqrt{a}$ 　　　　(2) $\sqrt[3]{a^2}$ 　　　　(3) $\sqrt{\dfrac{1}{a}}$ 　　　　(4) $\dfrac{1}{\sqrt[3]{a}}$

(5) $\sqrt[4]{\dfrac{1}{a^3}}$　　　　(6) $\sqrt[4]{a^3} \times \sqrt{a}$　　　(7) $\sqrt[4]{a} \times \sqrt[3]{a} \div \sqrt{a}$

問題 138　次の値を求めよ.

(1) $16^{\frac{1}{2}}$　　　　　(2) $100^{\frac{1}{2}}$　　　　(3) $8^{\frac{1}{3}}$　　　　　(4) $125^{\frac{1}{3}}$

(5) $27^{\frac{4}{3}}$　　　　　(6) $8^{-\frac{1}{3}}$　　　　(7) $36^{-\frac{3}{2}}$　　　(8) $16^{-0.75}$

(9) $\left(\dfrac{4}{9}\right)^{-\frac{3}{2}}$　　　(10) $8^{\frac{1}{2}} \times 8^{\frac{1}{6}}$　　　(11) $9^{\frac{1}{3}} \times 9^{\frac{1}{4}} \div 9^{\frac{1}{12}}$

問題 139　$a > 0, b > 0$ のとき, 次の式を簡単にせよ.

(1) $(a^{\frac{4}{3}})^{\frac{1}{2}} \times a^{\frac{1}{3}}$　　　　(2) $a^{-\frac{1}{2}} \times a^{\frac{1}{3}} \div a^{\frac{5}{6}}$　　　(3) $a^{-\frac{1}{3}} \div a^{\frac{1}{5}} \times a^{\frac{3}{4}}$

問題 140　次の方程式を解け.

(1) $3^{2x-1} = 81$　　　　(2) $2^{1-3x} = \dfrac{\sqrt{2}}{8}$　　　(3) $\left(\dfrac{1}{3}\right)^{x-1} = 9$

(4) $2^{2x} - 9 \cdot 2^x + 8 = 0$　　(5) $9^x + 3^x = 12$

問題 141　次の不等式を解け.

(1) $2^x > 32$　　　　(2) $\left(\dfrac{1}{3}\right)^x \leqq 27$　　　(3) $\left(\dfrac{1}{8}\right)^{2x-3} > 4^x$

(4) $\left(\dfrac{1}{\sqrt{2}}\right)^x > \dfrac{\sqrt{2}}{2^x}$　　(5) $4^x - 2^{x+2} > 0$　　(6) $9^x - 10 \cdot 3^x + 9 \leqq 0$

5.2　指数関数とそのグラフ

$a > 0$ かつ $a \neq 1$ となる実数 a に対して,

$$y = a^x$$

で表せる関数を (a を底とする) 指数関数という.

基本事項 (指数関数 $y = a^x$ の性質)

(1) 定義域は $(-\infty, \infty)$ で, 値域は $(0, \infty)$.

(2) a^x は, $a > 1$ ならば増加関数, $0 < a < 1$ ならば減少関数.

(3) 任意の実数 x, y に対して, $a^{x+y} = a^x a^y$, $a^{xy} = (a^x)^y$.

(4) $a^0 = 1$, $a^1 = a$.

指数関数 $y = a^x$ のグラフ　　関数 $y = a^x$ のグラフは, $a > 1$ ならば増加 (グラフは右上がり), $0 < a < 1$ ならば減少 (グラフは右下がり). また, 2 点 $(0, 1)$ と $(1, a)$ を通ることに注意すれば, $y = a^x$ のグラフは次のようになる.

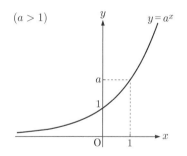

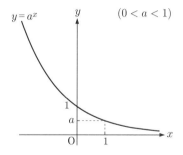

例題 75 関数 $y = 2^x$ のグラフを描け.

【解答】 変数 x, y の値の対応表をかいてみよう.

x	$\cdots$	-3	-2	-1	0	1	2	3	$\cdots$
$y = 2^x$	$\cdots$	$\dfrac{1}{8}$	$\dfrac{1}{4}$	$\dfrac{1}{2}$	1	2	4	8	$\cdots$

表の値の組に対して, 点 (x, y) を xy-平面上にとり,
それらの点をなめらかな線で結んで得られる曲線が求
めるグラフである.

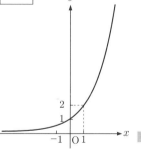

✎ **注意 42** 関数 $y = 2^x$ において, x の値を限りなく大きくしてみよう.

x	0	1	2	3	4	5	6	7	8	$\cdots --\rightarrow$	∞
2^x	1	2	4	8	16	32	64	128	256	$\cdots --\rightarrow$	∞

x の値を限りなく大きくすると, 関数 $y = 2^x$ の値は限りなく大きくなることがわか
る. 次に, x の値を負で絶対値を限りなく大きくしてみよう.

x	-1	-2	-3	-4	-5	-6	-7	$\cdots --\rightarrow$	$-\infty$
2^x	0.5	0.25	0.125	0.0625	0.03125	0.015625	0.0078125	$\cdots --\rightarrow$	0

x の値を負で絶対値を限りなく大きくすると, 関数 $y = 2^x$ の値は限りなく 0 に近づ
いていく. したがって, そのグラフは限りなく x 軸に近づいていく (x 軸を漸近線とす
る) ことがわかる.

✎ **注意 43** 関数 $y = \left(\dfrac{1}{2}\right)^x$ のグラフは, $y = 2^x$ のグラフと y 軸に関して対称で

ある. 実際, $x = -p$ における $\left(\dfrac{1}{2}\right)^x$ の値は,

$$\left(\frac{1}{2}\right)^{-p} = (2^{-1})^{-p} = 2^p$$

であるから, $x = p$ における 2^x の値と等しい. これから, 2 つの関数のグラフが y 軸に関して対称であることがわかる. したがって, $y = \left(\dfrac{1}{2}\right)^x$ のグラフは次のようになる.

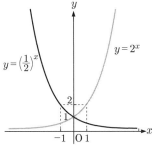

例題 76　次の数の大小を比較せよ.
$$\sqrt[3]{2}, \quad \sqrt[4]{4}, \quad \sqrt[5]{8}$$

　2^x の形になおし, (2^x が増加関数であることに注意して) 指数をくらべる.

解答　$\sqrt[3]{2} = 2^{\frac{1}{3}}$, $\sqrt[4]{4} = 4^{\frac{1}{4}} = (2^2)^{\frac{1}{4}} = 2^{2 \times \frac{1}{4}} = 2^{\frac{1}{2}}$,

$\sqrt[5]{8} = 8^{\frac{1}{5}} = (2^3)^{\frac{1}{5}} = 2^{\frac{3}{5}}$. そこで, $\dfrac{1}{3} < \dfrac{1}{2} < \dfrac{3}{5}$ だから,

$$\sqrt[3]{2} < \sqrt[4]{4} < \sqrt[5]{8}.$$

基本問題 5.2

問題 142　次の指数関数のグラフを描け.

(1) $y = 3^x$ 　　　(2) $y = 2^{-x}$ 　　　(3) $y = \left(\dfrac{1}{3}\right)^x$ 　　　(4) $y = 2^x - 1$

(5) $y = 2^{x-1}$ 　　　(6) $y = 2^{x+1} + 1$ 　　　(7) $y = \left(\dfrac{3}{2}\right)^x$

問題 143　関数 $y = 3^x$ のグラフと次の関数のグラフの位置関係をいえ.

(1) $y = 3^{x-1}$ 　　　(2) $y = -3^x$ 　　　(3) $y = \left(\dfrac{1}{3}\right)^x$ 　　　(4) $y = 3^x + 2$

問題 144 次の数を，小さい方から順に並べよ．

(1) $\sqrt[6]{32}, \quad \sqrt[3]{4}, \quad \sqrt[4]{8}$
(2) $\dfrac{\sqrt[3]{12}}{3}, \quad \dfrac{2}{\sqrt[4]{54}}, \quad \dfrac{2}{3}$

5.3 対数と対数法則

対数は，17 世紀にイギリスのネーピア (1550-1617) によって導入された．べらぼうに大きい数字は，よく「天文学的数字」といわれる．天文学では「光年」という単位がよく用いられる．このように，対数の発見は「天文学者たちの大きな数の計算の労を半減した」といわれ，天文学における計算の煩雑さを克服し，簡明なものとした．現在では，コンピュータを使えば，このような計算は簡単ではあるが，対数の考え方は今でも重要である．

対数の定義 $a > 0 \, (a \neq 1)$ のとき，指数関数 $y = a^x$ は，定義域を $(-\infty, \infty)$，値域を $(0, \infty)$ とする単調関数である ($a > 1$ ならば増加関数，$0 < a < 1$ ならば減少関数である)．指数関数 $y = a^x$ の逆関数を a を底とする対数関数といって

$$y = \log_a x$$

で表す．

$$y = \log_a x \iff x = a^y,$$

すなわち，任意の正の実数 x に対して

$$a^y = x$$

を満たす実数 y がただ 1 つ定まる．この y の値を $\log_a x$ で表し，a を底とする x の対数という．このとき，x を対数 y の真数という．真数は，つねに正である．

✎ **注意 44** $a > 0$, $a \neq 1$, $x > 0$ のときにのみ次が成り立つ．
(1) $\log_a 1 = 0, \quad \log_a a = 1.$
(2) $a^{\log_a x} = x.$

例 59 (1) $2^3 = 8$ だから $3 = \log_2 8$. (2) $3^{-2} = \dfrac{1}{9}$ だから $-2 = \log_3 \dfrac{1}{9}$.

例題 77 次の値を求めよ．

(1) $\log_3 9$
(2) $\log_2 \dfrac{1}{8}$

 $y = \log_a x \iff x = a^y$

解答 (1) $y = \log_3 9$ とおくと, $y = \log_3 9 \iff 9 = 3^y \iff 3^2 = 3^y$.
したがって, $y = 2$. ∴ $\log_3 9 = 2$.

(2) $y = \log_2 \dfrac{1}{8}$ とおくと, $y = \log_2 \dfrac{1}{8} \iff \dfrac{1}{8} = 2^y \iff 2^{-3} = 2^y$.

したがって, $y = -3$. ∴ $\log_2 \dfrac{1}{8} = -3$.

対数法則

基本事項 (対数法則)

$a > 0$ $(a \neq 1)$, $x > 0$, $y > 0$ のとき, 次が成り立つ.

(1) $\log_a xy = \log_a x + \log_a y$. (2) $\log_a \dfrac{y}{x} = \log_a y - \log_a x$.

(3) 任意の実数 r に対して, $\log_a x^r = r \log_a x$.

証明 指数法則を用いる. $\log_a x = M$, $\log_a y = N$ とおけば,

$$x = a^M, \quad y = a^N.$$

(1) $xy = a^M a^N = a^{M+N}$. よって, 対数の定義より,

$$M + N = \log_a xy. \quad ∴ \quad \log_a xy = \log_a x + \log_a y.$$

(2) $\dfrac{y}{x} = \dfrac{a^N}{a^M} = a^{N-M}$. よって, 対数の定義より,

$$N - M = \log_a \dfrac{y}{x}. \quad ∴ \quad \log_a \dfrac{y}{x} = \log_a y - \log_a x.$$

(3) $x^r = \left(a^M\right)^r = a^{rM}$. よって, 対数の定義より,

$$rM = \log_a x^r. \quad ∴ \quad \log_a x^r = r \log_a x.$$

例 60 (1) $\log_2 10 = \log_2 2 \cdot 5 = \log_2 2 + \log_2 5 = 1 + \log_2 5$.

(2) $\log_5 \dfrac{5}{2} = \log_5 5 - \log_5 2 = 1 - \log_5 2$.

(3) $\log_6 \sqrt{6} = \log_6 6^{\frac{1}{2}} = \dfrac{1}{2} \log_6 6 = \dfrac{1}{2} \times 1 = \dfrac{1}{2}$.

例 61 $2^x = 5^3$ を満たす x を求めてみよう. 両辺に 2 を底とする対数をとれば,

$$\log_2 2^x = \log_2 5^3. \text{ よって, } x \log_2 2 = 3 \log_2 5. \impliedby \boxed{\log_2 2 = 1}$$

$$∴ \quad x = 3 \log_2 5.$$

あるいは, 対数の定義より $x = \log_2 5^3 = 3 \log_2 5$.

基本事項 (底の変換公式)

$a > 0,\ b > 0,\ c > 0,\ a \neq 1,\ c \neq 1$ のとき

$$\log_a b = \frac{\log_c b}{\log_c a}.$$

証明　$\log_c a = M,\ \log_c b = N$ とおけば，$a = c^M,\quad b = c^N.$

ここで，$b = \left(c^M\right)^{\frac{N}{M}} = a^{\frac{N}{M}}$ であるから，対数の定義より，

$$\frac{N}{M} = \log_a b. \quad \therefore \quad \log_a b = \frac{\log_c b}{\log_c a}.$$

✎ **注意 45**　底の異なる対数を扱うときには，底の変換公式を用いて，底をそろえるとよい.

例 62　(1) $\log_2 6 - \log_4 9 = \log_2 6 - \dfrac{\log_2 9}{\log_2 4} = \log_2 6 - \dfrac{\log_2 3^2}{\log_2 2^2}$

$= \log_2 6 - \dfrac{2\log_2 3}{2\log_2 2} = \log_2 6 - \log_2 3 = \log_2 \dfrac{6}{3} = \log_2 2 = 1.$

(2) $\log_9 27 = \dfrac{\log_3 27}{\log_3 9} = \dfrac{\log_3 3^3}{\log_3 3^2} = \dfrac{3\log_3 3}{2\log_3 3} = \dfrac{3}{2}.$

例題 78　$\log_2 3 = a,\ \log_2 5 = b$ とするとき，次を a, b で表せ.

(1) $\log_2 \dfrac{18}{5}$　　　　　　　　　(2) $\log_6 15$

解答　(1) $\log_2 \dfrac{18}{5} = \log_2 18 - \log_2 5 = \log_2 2 \cdot 3^2 - \log_2 5$

$= \log_2 2 + \log_2 3^2 - \log_2 5 = 1 + 2\log_2 3 - \log_2 5 = 1 + 2a - b.$

(2) $\log_6 15 = \dfrac{\log_2 15}{\log_2 6} = \dfrac{\log_2 3 \cdot 5}{\log_2 2 \cdot 3} = \dfrac{\log_2 3 + \log_2 5}{\log_2 2 + \log_2 3} = \dfrac{a + b}{1 + a}.$

基本事項 ($\log_a x$ の値の大小関係)

$a > 0, a \neq 1, x > 0, y > 0$ のとき，次が成り立つ.

(1) $x = y \iff \log_a x = \log_a y.$

(2) $a > 1$ のとき，$x > y \iff \log_a x > \log_a y.$

(3) $0 < a < 1$ のとき，$x > y \iff \log_a x < \log_a y.$

例題 79　(1) 方程式 $\log_2 x + \log_2(x+1) = 1$ を解け.

(2) 不等式 $\log_3(x-1) \leqq 2 - \log_3(x+1)$ を解け.

(3) 不等式 $\log_{\frac{1}{2}}(2x-1) < \dfrac{1}{2}\log_{\frac{1}{2}}(2-x)$ を解け.

Point!　　まず, 真数 > 0 である条件を求めておく. 次に, log をはずして得た方程式の解が, 真数の条件を満たしているかどうかをチェックすること.

解答　　(1) まず, 真数 > 0 に注意して,

$$x > 0 \text{ かつ } x+1 > 0. \quad \therefore \quad x > 0. \qquad \cdots(\text{i})$$

このとき, $\log_2 x + \log_2(x+1) = \log_2 x(x+1) = 1$ であるから,

$$x(x+1) = 2.$$

よって, $x^2 + x - 2 = (x+2)(x-1) = 0.$ $\therefore$ $x = -2, 1.$ $\qquad \cdots(\text{ii})$

ゆえに, 求める解は (i), (ii) より, $x = 1$.

(2) まず, 真数 > 0 に注意して, $x-1 > 0$ かつ $x+1 > 0.$ $\therefore$ $x > 1.$ $\cdots(\text{i})$

このとき, $\log_3(x-1) \leqq 2 - \log_3(x+1) \iff \log_3(x-1) + \log_3(x+1) \leqq 2$

$\iff \log_3(x-1)(x+1) \leqq 2 = \log_3 3^2 \iff (x-1)(x+1) \leqq 3^2$

$\iff x^2 \leqq 10 \iff -\sqrt{10} \leqq x \leqq \sqrt{10}.$

$$\therefore \quad -\sqrt{10} \leqq x \leqq \sqrt{10}. \qquad \cdots(\text{ii})$$

ゆえに, 求める解は (i), (ii) より, $1 < x \leqq \sqrt{10}.$

(3) まず, 真数 > 0 に注意して,

$$2x - 1 > 0 \text{ かつ } 2 - x > 0. \quad \therefore \quad 2 > x > \frac{1}{2} \qquad \cdots(\text{i})$$

このとき, $\log_{\frac{1}{2}}(2x-1) < \dfrac{1}{2}\log_{\frac{1}{2}}(2-x) \iff 2\log_{\frac{1}{2}}(2x-1) < \log_{\frac{1}{2}}(2-x)$

$\iff \log_{\frac{1}{2}}(2x-1)^2 < \log_{\frac{1}{2}}(2-x) \iff (2x-1)^2 > 2-x$

$\iff 4x^2 - 3x - 1 = (4x+1)(x-1) > 0 \iff x > 1 \text{ または } x < -\dfrac{1}{4}.$

$$\therefore \quad x > 1 \text{ または } x < -\frac{1}{4}. \qquad \cdots(\text{ii})$$

ゆえに, 求める解は (i), (ii) より, $2 > x > 1.$

例題 80　$\log_2 3$ は無理数である.

証明 $\log_2 3$ が有理数であると仮定してみよう. このとき, $\log_2 3 > 0$ であるから,

$$\log_2 3 = \frac{n}{m}$$

となる正の整数 m, n が存在することになる. これから,

$$3 = 2^{\frac{n}{m}}.$$

この両辺を m 乗して,

$$3^m = 2^n.$$

2 と 3 は互いに素であるから, これは不可能である. よって, $\log_2 3$ は無理数である.

同様の論法で,

「$a, b\ (a < b)$ が 2 以上の整数で互いに素ならば, $\log_a b$ は無理数である」

(この事実は重要!) が証明できる.

常用対数 10 を底とする対数 $\log_{10} x$ を, x の常用対数という.

例 63 $\log_{10} 1 = 0,\ \log_{10} 10 = 1,\ \log_{10} 100 = 2,\ \log_{10} 1000 = 3.$

例題 81 (1) 2^{100} は何桁の数か. $\log_{10} 2 = 0.3010$ として求めよ.

(2) $\left(\dfrac{1}{5}\right)^{100}$ を小数で表したとき, 小数第何位にはじめて 0 でない数が現れるか.

解答 (1) $\log_{10} 2^{100} = 100\log_{10} 2 = 100 \times 0.3010 = 30.10.$ よって,

$$2^{100} = 10^{30.10}. \quad \therefore \quad 10^{30} < 2^{100} < 10^{31}.$$

したがって, 2^{100} は 31 桁の数である.

(2) $\log_{10}\left(\dfrac{1}{5}\right)^{100} = 100\log_{10}\dfrac{1}{5} = 100\log_{10}\dfrac{2}{10} = 100(\log_{10} 2 - 1)$
$\qquad = 100(0.3010 - 1) = -69.90.$ よって,

$$\left(\frac{1}{5}\right)^{100} = 10^{-69.90}. \quad \therefore \quad 10^{-70} < \left(\frac{1}{5}\right)^{100} < 10^{-69}.$$

したがって, 小数第何 70 位にはじめて 0 でない数が現れる.

例題 82 放射性物質は崩壊や核分裂により, 時間とともにその量が一定の割合で減っていく. 放射性物質であるプルトニウム 239 は 24000 年たつとその量が半分になるという. プルトニウム 239 の量がもとの量の $\dfrac{1}{10}$ になるのは, 何年後か. $\log_{10} 2 = 0.3010$ として求めよ.

Point!　1年で a 倍になるとすると，$a^{24000} = \frac{1}{2}$.

解答　1年で a 倍になるとすると

$$a^{24000} = \frac{1}{2}.$$

この両辺に常用対数をとって

$$24000 \log_{10} a = -\log_{10} 2$$

であるから，$\log_{10} a = -\frac{\log_{10} 2}{24000}$. また，$m$ 年で $\frac{1}{10}$ になったとすると $a^m = \frac{1}{10}$.
この両辺に常用対数をとって

$$m \log_{10} a = -1.$$

$$\therefore \quad m = -\frac{1}{\log_{10} a} = \frac{24000}{\log_{10} 2} = \frac{24000}{0.3010} = 79734.21\cdots.$$

プルトニウム 239 の量がもとの量の $\frac{1}{10}$ になるのは, 79735 年後である.

基本問題 5.3

問題 145　次の値を求めよ.

(1) $\log_2 8$　(2) $\log_3 81$　(3) $\log_{\sqrt{2}} 4$　(4) $\log_{\frac{1}{3}} 9$　(5) $\log_{0.1} 100$

問題 146　次を満たす x の値を求めよ.

(1) $\log_5 x = 3$　(2) $\log_9 x = \frac{1}{2}$　(3) $\log_x \frac{1}{10} = -\frac{1}{4}$

問題 147　次の値を求めよ.

(1) $\log_6 2 + \log_6 3$　(2) $\log_4 6 - \log_4 3$　(3) $\frac{1}{2} \log_3 15 - \log_3 \sqrt{5}$

(4) $2 \log_7 21 - \log_7 9$　(5) $\log_3 \sqrt{12} - \frac{1}{3} \log_3 8$

(6) $\log_2 18 + 2 \log_2 3 - \log_2 81$

問題 148　次の値を求めよ.

(1) $\log_9 27$　(2) $\log_4 6 - \log_2 \sqrt{3}$　(3) $\log_2 5 \cdot \log_5 8$　(4) $\frac{\log_3 4}{\log_9 32}$

問題 149　$\log_6 3 = a$，$\log_6 5 = b$ とするとき，次を a, b で表せ.

(1) $\log_6 15$　(2) $\log_6 2$　(3) $\log_6 \frac{125}{9}$　(4) $\log_{15} 27$

問題 150　次の方程式を解け.

(1) $\log_3(2x - 1) = -1$　(2) $\log_2(x + 2) = 1 + \log_2(x - 1)$

(3) $\log_3(2x+13) - \log_3(x+2) = \log_3(x-4)$

(4) $(\log_4 x)^3 - \log_2 x^2 = 0$

問題 151 次の方程式を解け.

(1) $2^x = 5$

(2) $3^{-x} = 5^2$

(3) $4^x + 2^{x+1} - 15 = 0$

(4) $\log_2(\log_3 x) = 2$

問題 152 次の不等式を解け.

(1) $\log_3 x > 4$

(2) $\log_{0.5} x \leqq -1$

(3) $2\log_9 x + \log_3(12-x) > 3$

問題 153 次に答えよ. ただし, $\log_{10} 2 = 0.301$, $\log_{10} 3 = 0.477$ とする.

(1) 2^{50} は何桁の数か.

(2) 18^{50} は何桁の数か.

(3) $\left(\dfrac{4}{5}\right)^{100}$ を小数で表したとき, 小数第何位にはじめて 0 でない数が現れるか.

問題 154 放射性物質は崩壊や核分裂により, 時間とともにその量が一定の割合で減っていく. 放射性物質であるラジウム 226 は 1600 年たつとその量が半分になるという. ラジウム 226 の量がもとの量の $\dfrac{1}{10}$ になるのは, 何年後か. $\log_{10} 2 = 0.3010$ として求めよ.

問題 155 あるバクテリアは, 1 分ごとに 1 回分裂して 2 倍の個数に増えていく. このバクテリア 2 個が分裂を開始して 100 万個を超えるのは何分後か. ただし, $\log_{10} 2 = 0.3010$ とする.

問題 156 年利 2 % の複利で預金した. 元金の 2 倍以上になるのは何年後か. ただし, $\log_{10} 2 = 0.301$, $\log_{10} 1.02 = 0.0086$ とする.

5.4 対数関数とそのグラフ

$a > 0$ かつ $a \neq 1$ となる実数 a に対して

$$y = \log_a x \ (x > 0)$$

で表される関数を (a を底とする) 対数関数という.

基本事項 (対数関数 $y = \log_a x$ の性質)

(1) 定義域は $(0, \infty)$ で, 値域は $(-\infty, \infty)$.

(2) $\log_a x$ は $a > 1$ ならば 増加関数, $0 < a < 1$ ならば 減少関数.

(3) $y = \log_a x$ のグラフは 2 点 $(1, 0)$, $(a, 1)$ を通る.

(4) $y = \log_a x$ のグラフは y 軸を漸近線にもつ.

対数関数 $y = \log_a x$ のグラフ　対数関数 $y = \log_a x$ は指数関数 $y = a^x$ の逆関数であった．よって，$y = \log_a x$ のグラフと $y = a^x$ のグラフ (既知!) は直線 $y = x$ に関して対称である．したがって，$y = \log_a x$ のグラフは次のような形になる．

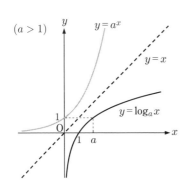 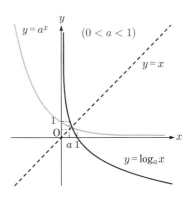

✎　**注意 46**　同値関係 $y = \log_a x \iff x = a^y$ について一言：$y = \log_a x$ のグラフと $x = a^y$ のグラフは全く同じである．よって，このグラフ上の点 (x, y) は，$y = \log_a x$ と $x = a^y$ の両方を同時に満たしているというわけで，これがこの同値関係 (重要) の意味である．

例題 83　次の関数のグラフを描け．

(1) $y = \log_2(x - 1)$　　　(2) $y = \log_2 4x$　　　　(3) $y = \log_{\frac{1}{2}} x$

解答　(1) $y = \log_2 x$ のグラフを x 軸方向に 1 だけ平行移動したグラフである．

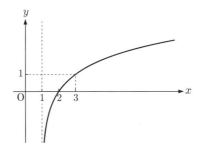

(2) $y = \log_2 4x = \log_2 4 + \log_2 x = \log_2 x + 2$ だから，$y = \log_2 x$ のグラフを y 軸方

向に 2 だけ平行移動したグラフである.

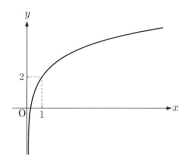

(3) $y = \log_{\frac{1}{2}} x = \dfrac{\log_2 x}{\log_2 \frac{1}{2}} = -\log_2 x$ だから， $y = \log_2 x$ のグラフと x 軸に関して対称なグラフになる.

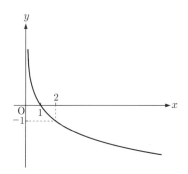

例題 84　次の数を，大きい方から順に並べよ.
$$\log_2 3, \quad 1, \quad \log_3 2, \quad \log_2 11 - 2$$

 対数関数 $\log_2 x$ は増加関数，すなわち
$$\log_2 x_1 > \log_2 x_2 \iff x_1 > x_2.$$

　$\log_2 11 - 2 = \log_2 11 - \log_2 4 = \log_2 \dfrac{11}{4}$. 対数関数 $\log_2 x$ は増加関数だから，

$$\log_2 3 > \log_2 \frac{11}{4} > \log_2 2 = 1.$$

また，$\log_3 2 = \dfrac{\log_2 2}{\log_2 3} = \dfrac{1}{\log_2 3} < 1.$

$$\therefore \quad \log_2 3 > \log_2 11 - 2 > 1 > \log_3 2.$$

基本問題 5.4

問題 157 次の関数のグラフを描け.

(1) $y = \log_3 \dfrac{1}{x}$

(2) $y = \log_3 \dfrac{x}{3}$

(3) $y = \log_3 \sqrt{x}$

(4) $y = \log_3 3(x - 2)$

問題 158 関数 $y = \log_3 x$ のグラフと次の関数のグラフの位置関係をいえ.

(1) $y = \log_3(x - 3)$

(2) $y = \log_3(x + 1) + 2$

(3) $y = -\log_3 x$

(4) $y = \log_3(-x)$

問題 159 次の数を,小さい方から順に並べよ.

(1) $\log_4 15$, $\dfrac{1}{2}\log_2 17$, 2

(2) $\log_3 5$, $1 + \log_2 3$, $\log_2 5$

問題 160 $2^{10} = 1024$ であることを用いて,次の不等式を示せ.

(1) $0.3 < \log_{10} 2 < 0.4$

(2) $0.3 < \log_{10} 2 < 0.31$

第6章

数列と極限

　一般に情報 (量) を扱うときには，基本的には，情報が連続的に変化する場合と離散的に変化する場合とがある．離散的情報量の数理モデルには数列が用いられる．有限回のものは有限数列で済むが，無限分解を必要とする場合は必然的に無限数列の議論になる．そこで，「無限」の意味のある議論をするためには「極限」の議論をしなければならない．数学では，人間の実際の行為が有限行為であるため，「無限，極限」の議論をするためには，「数学的規約」を設けることによって，結論に至る不足分を補う方法をとる (微分積分学を含む解析学全般の考え方の真髄!!)．たとえ情報が連続的に変化する場合でも，無限数列に分解し，そこから得られる情報を総合し，「無限，極限」の数学的規約を通して結論に到達する．このように，事象を数学的に理解する上で「数列，極限」の考え方はたいへん重要である．

6.1 数列

数列の定義　ある規則 (実はある種の離散値を取る関数) にしたがって並んでいる数の列 (関数値の列) を数列といい，数列の各々の数を項という．初めの項から，順に，第 1 項，第 2 項，第 3 項，$\cdots$ といい，n 番目の項を第 n 項という．とくに，第 1 項のことを初項ともいう．項の個数が有限である数列を有限数列，項の個数が無限である数列を無限数列という．数列についての基本的な問題は，一般項 (数列を作る規則の表示法) を知ること (容易ではない)，さらに，無限数列ならば，$n \to \infty$ のときの数列の極限 (状態) を知ること，の 2 点

である.

例 64 (1) 数列 $1, 3, 5, 7, 9, 11, \cdots$ は正の奇数を順に並べた無限数列である. 初項は 1, 第 2 項は 3, 第 3 項は 5, $\cdots$ である.

(2) 数列 $1, 3, 5, 7, 9$ は 1 桁の正の奇数を順に並べた項数 5 の有限数列である.

数列を一般的に表すには, 自然数全体の集合 $\mathbf{N}$ から実数全体の集合 $\mathbf{R}$ への 1 つの写像 (関数) f が定まっていて, 初項を $f(1) = a_1$, 第 2 項を $f(2) = a_2$, $\cdots$, 第 n 項を $f(n) = a_n$, $\cdots$ で表し, 次のような順序で並べてかく:

$$a_1, a_2, a_3, \cdots, a_n, \cdots$$

この数列を簡単に $\{a_n\}$ で表す. 数列の各項は, その番号を表す自然数で定まるから, a_n は n の式で与えられる. n の式で表される第 n 項 a_n の式に, 番号 n の値を定めれば, それに対応して数列の各項が求められ, 数列が確定する. このことから数列の第 n 項 a_n を一般項という.

例 65 一般項が $a_n = n^2 + 1$ である数列は

$$\text{初項は} \quad a_1 = 1^2 + 1 = 2,$$
$$\text{第 2 項は} \quad a_2 = 2^2 + 1 = 5,$$
$$\text{第 3 項は} \quad a_3 = 3^2 + 1 = 10,$$
$$\text{第 4 項は} \quad a_4 = 4^2 + 1 = 17.$$

よって, この数列 $\{n^2 + 1\}$ は $2, 5, 10, 17, \cdots$.

等差数列 a, d を定数とするとき,

$$a_1 = a, \ a_{n+1} - a_n = d \quad (n = 1, 2, 3, \cdots)$$

によって定まる数列 $\{a_n\}$ を等差数列といい, 定数 d を公差という. すなわち, 等差数列は, 初項 $a_1 = a$ に定数 d を次々と加えることにより得られる数列である.

例 66 初項 2, 公差 5 の等差数列は

$$2, \ 7(= 2 + 5), \ 12(= 7 + 5), \ 17(= 12 + 5), \ 22 = (17 + 5), \cdots$$

基本事項 (等差数列の一般項)

初項 a, 公差 d の等差数列の一般項 a_n は, $a_n = a + (n - 1)d$.

例 67　等差数列 $2, 5, 8, 11, 14, \cdots$ は初項が 2, 公差が 3 だから, 一般項 a_n は
$$a_n = 2 + (n-1)\cdot 3 = 3n - 1.$$

等比数列　a, r を定数とするとき,
$$a_1 = a,\ a_{n+1} = ra_n \quad (n = 1, 2, 3, \cdots)$$
によって定まる数列 $\{a_n\}$ を等比数列といい, 定数 r を公比という. すなわち, 等比数列は, 初項 $a_1 = a$ に定数 r を次々と掛けることにより得られる数列である.

例 68　初項 2, 公比 3 の等比数列は
$$2, 6(= 2\cdot 3), 18(= 6\cdot 3), 54(= 18\cdot 3), 162 = (54\cdot 3), \cdots$$

基本事項 (等比数列の一般項)

初項 a, 公比 r の等比数列の一般項 a_n は, $a_n = ar^{n-1}$.

例 69　等比数列 $2, -6, 18, -54, 162, \cdots$ は初項が 2, 公比が -3 だから, 一般項 a_n は
$$a_n = 2\cdot (-3)^{n-1}.$$

基本問題 6.1

問題 161　一般項 a_n が次の式で与えられる数列 $\{a_n\}$ について, 初項から第 5 項までをかけ.

(1) $a_n = 3n + 2$　　　(2) $a_n = 2^n - 1$　　　(3) $a_n = n\sin\dfrac{n\pi}{2}$

問題 162　次の数列について, 初項から第 5 項までをかけ.

(1) $\{n^3 + 1\}$　　　(2) $\{1 - (-1)^n\}$　　　(3) $\{\cos n\pi\}$

問題 163　次の数列の一般項を求めよ.

(1) $3, 6, 9, 12, 15, \cdots$　　　(2) $1, \dfrac{1}{2}, \dfrac{1}{4}, \dfrac{1}{8}, \dfrac{1}{16}, \cdots$

(3) $2, \dfrac{3}{2^2}, \dfrac{4}{3^2}, \dfrac{5}{4^2}, \dfrac{6}{5^2}, \cdots$

問題 164　次の等差数列の一般項を求めよ.

(1) 初項 1, 公差 3　　　(2) 初項 40, 公差 -7　　　(3) 初項 -6, 公差 8

(4) $1, 6, 11, 16, 21, \cdots$ (5) $23, 14, 5, -4, -13 \cdots$

問題 165　初項が 5, 公差が -3 の等差数列において, 第 10 項を求めよ. また, -148 は第何項か.

問題 166　次の等比数列の一般項を求めよ.

(1) 初項 1, 公比 3   (2) 初項 -2, 公比 -5 (3) 初項 6, 公比 $\dfrac{1}{3}$

(4) $1, 5, 25, 125, 625, \cdots$ (5) $36, -18, 9, -\dfrac{9}{2}, \dfrac{9}{4}, \cdots$

問題 167　初項が 6, 公比が -2 の等比数列において, 第 7 項を求めよ. また, -3072 は第何項か.

6.2　数列の和

ここでは, 有限数列の和 (有限和) についての基本的な公式と和の性質をまとめておく.

和の記号 (シグマ) $\displaystyle\sum$　数列 $\{a_n\}$ の初項から第 n 項までの和を表すのに, 記号 $\displaystyle\sum$ を用いて

$$\sum_{k=1}^{n} a_k = a_1 + a_2 + \cdots + a_n$$

とかく.

例 70　(1) $\displaystyle\sum_{k=1}^{7} 2^{k-1} = 1 + 2 + 2^2 + 2^3 + 2^4 + 2^5 + 2^6$.

(2) $\displaystyle\sum_{k=1}^{n} k^2 = 1^2 + 2^2 + 3^2 + \cdots + n^2$.

✎　**注意 47**　定数 c に対して,

$$\sum_{k=1}^{n} c = \underbrace{c + c + c + \cdots + c}_{n \text{ 個}} = nc.$$

基本事項 (和の基本性質)

数列 $\{a_n\}$, $\{b_n\}$ に対して, 次が成り立つ.

$$\sum_{k=1}^{n} (\alpha a_k + \beta b_k) = \alpha \sum_{k=1}^{n} a_k + \beta \sum_{k=1}^{n} b_k \quad (\alpha, \beta \text{は定数}).$$

証明　$\displaystyle\sum_{k=1}^{n}(\alpha a_k + \beta b_k) = (\alpha a_1 + \beta b_1) + (\alpha a_2 + \beta b_2) + \cdots + (\alpha a_n + \beta b_n)$

$$= (\alpha a_1 + \alpha a_2 + \cdots + \alpha a_n) + (\beta b_1 + \beta b_2 + \cdots + \beta b_n)$$

$$= a(a_1 + a_2 + \cdots + a_n) + \beta(b_1 + b_2 + \cdots + b_n)$$

$$= \alpha \sum_{k=1}^{n} a_k + \beta \sum_{k=1}^{n} b_k.$$

基本事項 (自然数の和)

(1) $\displaystyle\sum_{k=1}^{n} k = 1 + 2 + 3 + \cdots + n = \frac{1}{2}n(n+1).$

(2) $\displaystyle\sum_{k=1}^{n} k^2 = 1^2 + 2^2 + 3^2 + \cdots + n^2 = \frac{1}{6}n(n+1)(2n+1).$

(3) $\displaystyle\sum_{k=1}^{n} k^3 = 1^3 + 2^3 + 3^3 + \cdots + n^3 = \left\{\frac{1}{2}n(n+1)\right\}^2.$ ⟸ | 基本！是非 覚えてほしい。 |

証明　(1) $S_n = \displaystyle\sum_{k=1}^{n} k = 1 + 2 + 3 + \cdots + n$ とおく.

$$
\begin{array}{rccccccc}
S_n = & 1 & + & 2 & + & 3 & +\cdots+ & n \\
+\ )\ S_n = & n & + & (n-1) & + & (n-2) & +\cdots+ & 1 \\
\hline
2S_n = & (n+1) & + & (n+1) & + & (n+1) & +\cdots+ & (n+1)
\end{array}
$$

$\underbrace{\hphantom{(n+1) + (n+1) + (n+1) + \cdots + (n+1)}}_{n\ 個}$

$$\therefore\quad 2S_n = n(n+1). \qquad \therefore\quad S_n = \sum_{k=1}^{n} k = \frac{1}{2}n(n+1).$$

(2) $(k+1)^3 - k^3 = 3k^2 + 3k + 1$ に $k = 1, 2, \cdots, n$ を代入して, それらを縦に並べると,

$$2^3 - 1^3 = 3 \cdot 1^2 + 3 \cdot 1 + 1.$$

$$3^3 - 2^3 = 3 \cdot 2^2 + 3 \cdot 2 + 1.$$

$$4^3 - 3^3 = 3 \cdot 3^2 + 3 \cdot 3 + 1.$$

$$\vdots$$

$$(n+1)^3 - n^3 = 3 \cdot n^2 + 3 \cdot n + 1.$$

これらを辺々加えると,

$$(n+1)^3 - 1 = 3 \sum_{k=1}^{n} k^2 + 3 \sum_{k=1}^{n} k + n.$$

したがって,

$$3\sum_{k=1}^{n} k^2 = (n+1)^3 - 1 - 3\sum_{k=1}^{n} k - n$$

$$= (n+1)^3 - 3 \cdot \frac{1}{2}n(n+1) - (n+1)$$

$$= (n+1)\left\{(n+1)^2 - \frac{3}{2}n - 1\right\}$$

$$= \frac{1}{2}(n+1)\left\{2(n+1)^2 - 3n - 2\right\}$$

$$= \frac{1}{2}(n+1)(2n+1)n.$$

$$\therefore \quad \sum_{k=1}^{n} k^2 = \frac{1}{6}n(n+1)(2n+1).$$

(3) $(k+1)^4 - k^4 = 4k^3 + 6k^2 + 4k + 1$ を利用すれば, (2) と同様にして

$$(n+1)^4 - 1 = 4\sum_{k=1}^{n} k^3 + 6\sum_{k=1}^{n} k^2 + 4\sum_{k=1}^{n} k + n.$$

$$\therefore \quad 4\sum_{k=1}^{n} k^3 = (n+1)^4 - 1 - 6\sum_{k=1}^{n} k^2 - 4\sum_{k=1}^{n} k - n$$

$$= (n+1)^4 - 6 \cdot \frac{1}{6}n(n+1)(2n+1) - 4 \cdot \frac{1}{2}n(n+1) - (n+1)$$

$$= (n+1)^4 - n(n+1)(2n+1) - 2n(n+1) - (n+1)$$

$$= (n+1)\left\{(n+1)^3 - n(2n+1) - 2n - 1\right\}$$

$$= (n+1)\left\{(n+1)^3 - (2n^2 + 3n + 1)\right\}$$

$$= (n+1)\left\{(n+1)^3 - (2n+1)(n+1)\right\}$$

$$= (n+1)^2\left\{(n+1)^2 - (2n+1)\right\}$$

$$= (n+1)^2 \cdot n^2.$$

$$\therefore \quad \sum_{k=1}^{n} k^3 = \frac{1}{4}(n+1)^2 \cdot n^2 = \left\{\frac{1}{2}n(n+1)\right\}^2.$$

例題 85　次の和を求めよ.

$$\sum_{k=1}^{n}(2k-1)^2$$

解答
$$\sum_{k=1}^{n}(2k-1)^2 = \sum_{k=1}^{n}(4k^2 - 4k + 1)$$

$$= 4\sum_{k=1}^{n}k^2 - 4\sum_{k=1}^{n}k + \sum_{k=1}^{n}1$$

$$= 4 \times \frac{1}{6}n(n+1)(2n+1) - 4 \times \frac{1}{2}n(n+1) + n$$

$$= \frac{2}{3}n(n+1)(2n+1) - 2n(n+1) + n$$

$$= \frac{1}{3}n\{2(n+1)(2n+1) - 6(n+1) + 3\}$$

$$= \frac{1}{3}n(4n^2 - 1) = \frac{1}{3}n(2n+1)(2n-1).$$

基本事項 (等差数列の和)

等差数列 $\{a_n\}$ の初項 a, 公差 d とすると

$$\sum_{k=1}^{n}a_k = \frac{1}{2}n\{2a + (n-1)d\} = \frac{1}{2}n(a_1 + a_n).$$

証明
$$\sum_{k=1}^{n}a_k = \sum_{k=1}^{n}\{a + (k-1)d\} = a\sum_{k=1}^{n}1 + d\sum_{k=1}^{n}(k-1)$$

$$= an + d\sum_{k=1}^{n}k - d\sum_{k=1}^{n}1$$

$$= an + d \cdot \frac{1}{2}n(n+1) - dn = \frac{1}{2}n\{2a + (n-1)d\}$$

$$= \frac{1}{2}n[a + \{a + (n-1)d\}] = \frac{1}{2}n(a_1 + a_n).$$

例題86 100 以下の自然数のうち, 7 で割って 2 余るものの和 S を求めよ.

解答 100 以下の自然数のうち, 7 で割って 2 余るものは

$$2, 9, 16, 23, \cdots, 93, 100$$

の 15 個で, これらの数は初項 2, 公差 7 の等差数列をなしている.
したがって, 求める和は

$$S = \frac{15}{2} \cdot (2 + 100) = 765.$$

(**別解**) 100 以下の自然数のうち, 7 で割って 2 余るものは

$$7k + 2(k = 0, 1, 2, \cdots, 14)$$

で与えられる. したがって, 求める和は

$$S = \sum_{k=0}^{14}(7k+2) = 7\sum_{k=0}^{14}k + \sum_{k=0}^{14}2 = 7\sum_{k=1}^{14}k + 2\sum_{k=0}^{14}1$$

$$= 7 \cdot \frac{1}{2} \cdot 14 \cdot (14+1) + 2 \cdot 15 = 765.$$

基本事項 (等比数列の和)

等比数列 $\{a_n\}$ の初項 a, 公比 r とすると

$$\sum_{k=1}^{n} a_k = \sum_{k=1}^{n} ar^{k-1} = \begin{cases} \dfrac{a(1-r^n)}{1-r} & (r \neq 1), \\ na & (r = 1). \end{cases}$$

証明　$S_n = \displaystyle\sum_{k=1}^{n} a_k = a + ar + ar^2 + \cdots + ar^{n-1}$ とおく.

$r = 1$ ならば, $S_n = \underbrace{a + a + \cdots + a}_{n \text{ 個}} = na$.

次に, $r \neq 1$ とする.

$$\begin{array}{r} S_n = a + ar + ar^2 + \cdots + ar^{n-1} \qquad\quad \\ -\ )\quad rS_n = \qquad\ ar + ar^2 + \cdots + ar^{n-1} + ar^n \\ \hline (1-r)S_n = a - ar^n = a(1-r^n) \qquad\qquad\quad \end{array}$$

よって,

$$(1-r)S_n = a(1-r^n). \qquad \therefore\quad S_n = \frac{a(1-r^n)}{1-r}.$$

✎　**注意 48**　$r \neq 1$ のとき,

$$\sum_{k=1}^{n} r^{k-1} = 1 + r + r^2 + \cdots + r^{n-1} = \frac{1-r^n}{1-r} = \frac{r^n - 1}{r - 1}$$

例 71　(1) $\displaystyle\sum_{k=1}^{n} 2^{k-1} = 1 + 2 + 2^2 + \cdots + 2^{n-1} = \dfrac{2^n - 1}{2 - 1} = 2^n - 1$.

(2) $\displaystyle\sum_{k=1}^{n} \left(\frac{1}{2}\right)^{k-1} = 1 + \frac{1}{2} + \left(\frac{1}{2}\right)^2 + \cdots + \left(\frac{1}{2}\right)^{n-1} = \dfrac{1 - \left(\frac{1}{2}\right)^n}{1 - \frac{1}{2}}$

$$= 2\left\{1 - \left(\frac{1}{2}\right)^n\right\}.$$

例題 87　次の和を求めよ.

$$1 + 11 + 111 + \cdots + \underbrace{111\cdots11}_{n \text{ 桁}}$$

解答 $S_n = 1 + 11 + 111 + \cdots + \underbrace{111\cdots11}_{n\,\text{桁}}$, 第 k 項を $a_k = \underbrace{111\cdots11}_{k\,\text{桁}}$ とおくと,

$$a_k = 1 + 10 + 10^2 + \cdots + 10^{k-1}$$
$$= \frac{10^k - 1}{10 - 1} = \frac{1}{9}(10^k - 1).$$

したがって,

$$S_n = \sum_{k=1}^{n} a_k = \sum_{k=1}^{n} \frac{1}{9}(10^k - 1) = \frac{1}{9}\sum_{k=1}^{n}(10^k - 1)$$

$$= \frac{1}{9}\left(10\sum_{k=1}^{n}10^{k-1} - \sum_{k=1}^{n}1\right) = \frac{1}{9}\left(10 \cdot \frac{10^n - 1}{10 - 1} - n\right)$$

$$= \frac{1}{81}\left(10^{n+1} - 9n - 10\right).$$

例題 88 毎年はじめに一定の金額 M 円を積み立てる. n 年後の積立金の利息と元金の合計を S_n 円とするとき, S_n を求めよ. ただし, 年利 $r\%$ の複利で預けるものとする.

解答 $\rho = 1 + \dfrac{r}{100}$ とおけば, 1 年後の積立金の利息と元金の合計は

$$S_1 = \rho M.$$

2 年後の積立金の利息と元金の合計は

$$S_2 = (M + \rho M)\rho = \left(\rho + \rho^2\right)M.$$

同様に, n 年後の積立金の利息と元金の合計は

$$S_n = \left(\rho + \rho^2 + \cdots + \rho^n\right)M.$$

したがって,

$$S_n = \rho\left(1 + \rho + \cdots + \rho^{n-1}\right)M$$
$$= \rho \cdot \frac{\rho^n - 1}{\rho - 1} \cdot M = M\left(1 + \frac{100}{r}\right)\left\{\left(1 + \frac{r}{100}\right)^n - 1\right\}.$$
$$\therefore \quad S_n = M\left(1 + \frac{100}{r}\right)\left\{\left(1 + \frac{r}{100}\right)^n - 1\right\}.$$

例題 89 次の和を求めよ.

$$\sum_{k=1}^{n} \frac{1}{k(k+1)} = \frac{1}{1 \cdot 2} + \frac{1}{2 \cdot 3} + \frac{1}{3 \cdot 4} + \cdots + \frac{1}{n(n+1)}$$

Point! 部分分数にわける.

$$\frac{1}{k(k+1)} = \frac{1}{k} - \frac{1}{k+1}.$$

解答
$$\sum_{k=1}^{n} \frac{1}{k(k+1)} = \sum_{k=1}^{n} \left(\frac{1}{k} - \frac{1}{k+1} \right)$$
$$= \left(\frac{1}{1} - \frac{1}{2} \right) + \left(\frac{1}{2} - \frac{1}{3} \right) + \left(\frac{1}{3} - \frac{1}{4} \right) + \cdots + \left(\frac{1}{n} - \frac{1}{n+1} \right)$$
$$= 1 - \frac{1}{n+1} = \frac{n}{n+1}.$$

基本問題 6.2

問題 168　次の和を $\sum$ を用いて表せ.

(1) $1 + 2 + 3 + 4 + 5 + 6 + 7 + 8 + 9 + 10$

(2) $1 + 3 + 5 + \cdots + (2n - 1)$

(3) $1 \times 3 + 2 \times 4 + 3 \times 5 + \cdots + n(n+2)$

(4) $\log_{10} 2 + \log_{10} 3 + \log_{10} 4 + \cdots + \log_{10}(n+1)$

問題 169　次の和を $\sum$ を用いないで表せ.

(1) $\displaystyle\sum_{k=1}^{n}(3k + 2)$　　　　(2) $\displaystyle\sum_{k=1}^{n}\frac{1}{k^2}$

問題 170　次の等差数列の初項から第 n 項までの和を求めよ.

(1) $1, 4, 7, 10, \cdots$　　　　(2) $12, 7, 2, -3, \cdots$

問題 171　次の等比数列の初項から第 n 項までの和を求めよ.

(1) $1, \dfrac{2}{3}, \dfrac{4}{9}, \dfrac{8}{27}, \cdots$　　　　(2) $3, -6, 12, -24, \cdots$

問題 172　次の和を求めよ.

(1) $\displaystyle\sum_{k=1}^{n} 6k$　　　　(2) $\displaystyle\sum_{k=1}^{n}(4k + 1)$　　　　(3) $\displaystyle\sum_{k=1}^{n}(2k - 3)$

(4) $\displaystyle\sum_{k=1}^{n}(k^2 - 1)$　　　　(5) $\displaystyle\sum_{k=1}^{n}(2k - 1)k$　　　　(6) $\displaystyle\sum_{k=1}^{n}(2k + 1)^2$

(7) $\displaystyle\sum_{k=1}^{n} 5^{k-1}$　　　　(8) $\displaystyle\sum_{k=1}^{n} 2 \cdot 3^k$　　　　(9) $\displaystyle\sum_{k=1}^{n} \left(-\frac{1}{3} \right)^{k+1}$

問題 173　次の和を求めよ.

(1) $1 + 3 + 5 + \cdots + (2n-1)$

(2) $1 \cdot 3 + 2 \cdot 4 + 3 \cdot 5 + \cdots + n(n+2)$

(3) $n \cdot 1 + (n-1) \cdot 2 + (n-2) \cdot 3 + \cdots + 1 \cdot n$

問題 174　次の和を求めよ.

(1) $\displaystyle \sum_{k=1}^{n} \frac{1}{(2k-1)(2k+1)} = \frac{1}{1 \cdot 3} + \frac{1}{3 \cdot 5} + \frac{1}{5 \cdot 7} + \cdots + \frac{1}{(2n-1)(2n+1)}$

(2) $\displaystyle \sum_{k=1}^{n} \frac{1}{\sqrt{k} + \sqrt{k+1}} = \frac{1}{\sqrt{1} + \sqrt{2}} + \frac{1}{\sqrt{2} + \sqrt{3}} + \cdots + \frac{1}{\sqrt{n} + \sqrt{n+1}}$

6.3　数列の極限

微分積分学において扱う数列は無限数列である. 以後, 無限数列を単に数列という.

数列の収束　数列 $\{a_n\}$ において, n を限りなく大きくするとき, a_n が定数 α に限りなく近づくならば, 数列 $\{a_n\}$ は α に収束するといい, α を数列 $\{a_n\}$ の極限値という. 数列 $\{a_n\}$ の極限値が α のとき,

$$\lim_{n \to \infty} a_n = \alpha \qquad \text{または} \qquad n \longrightarrow \infty \text{ のとき} \quad a_n \longrightarrow \alpha$$

とかく. ところで, 具体的に極限値を求めるときは, 状況が, これまでの代数計算のように有限のプロセスの計算で答が出るのとは全く異なる. 有限のプロセスの計算をするところまでは必要であるが, それだけでは答がでない. 理由は人間には無限のプロセスの計算はできないからである. そこで, 計算と答の間に「規約 (微分積分学の本をみよ)」を設けることによって, この規約に従うことを条件に, 答すなわち極限値を定めるのである. 極限の演算は, 実はすべてこの原理のもとで可能となったのである!! 極限を議論するうえで, そのままでは極限値が定められない「状態」というものがある. すなわち, 「不定形」とよばれる「形」で, $\dfrac{0}{0}$, $\dfrac{\infty}{\infty}$, $\infty - \infty$, $0 \cdot \infty$ (または $\infty \cdot 0$) の 4 つと, 他にさらに, 1^{∞}, 0^0, ∞^0 の 3 つ, 合わせて 7 つある. このような不定形になったときは, 必ず計算法を変えなければならない. はじめの 4 つの形の不定形の場合の式の変形法は高等学校の数学でできる. 後の 3 つの形の不定形の場合の式の

変形法は微分積分学で学ぶ.

数列の極限値に関する基本定理

基本事項 (極限値の性質)

数列 $\{a_n\}$, $\{b_n\}$ が収束して, $\lim_{n \to \infty} a_n = \alpha$, $\lim_{n \to \infty} b_n = \beta$ のとき,

(1) $\lim_{n \to \infty} (ka_n + \ell b_n) = k\alpha + \ell\beta$ (ただし, k, ℓ は定数).

(2) $\lim_{n \to \infty} a_n b_n = \alpha\beta$.

(3) $\lim_{n \to \infty} \dfrac{a_n}{b_n} = \dfrac{\alpha}{\beta}$ (ただし, $\beta \neq 0$).

例 72 数列 $\left\{\dfrac{1}{n}\right\}$ について, n の値を限りなく大きくするときの $\dfrac{1}{n}$ の値の変化の様子を見ることにしよう.

n	1	10	100	1000	10000	100000	1000000	$\cdots \dashrightarrow$	∞
$\dfrac{1}{n}$	1	0.1	0.01	0.001	0.0001	0.00001	0.000001	$\cdots \dashrightarrow$	0

この表から, n の値を限りなく大きくすると $\dfrac{1}{n}$ の値は限りなく 0 に近づいている様子が感じとれる. だからといって, 感じだけで答を 0 とするのは根拠が薄い (数学的でない). 本当は感じではなく, はっきり答は 0 であるといいたいのである. この場合, 実際は「極限の規約」の条件を満たしていることがわかっている. したがって, 数列 $\left\{\dfrac{1}{n}\right\}$ は収束して, 極限値は 0 である. この規約については微分積分学で学ぶことにして (ここでは説明を省略し), この事実を公式として用いることにする.

公式 $\lim_{n \to \infty} \dfrac{1}{n} = 0$. 同様に, $\lim_{x \to \infty} \dfrac{1}{x} = 0$.

この公式と, 基本事項 (極限値と四則) を用いると, たとえば

(i) $\lim_{n \to \infty} \dfrac{k}{n} = 0$ (k は定数).

$$\because \quad \lim_{n \to \infty} \frac{k}{n} = k \lim_{n \to \infty} \frac{1}{n} = k \cdot 0 = 0.$$

(ii) $\lim_{n \to \infty} \dfrac{1}{n+k} = 0$ (k は定数).

$$\because \quad \lim_{n \to \infty} \frac{1}{n+k} = \lim_{n \to \infty} \frac{\frac{1}{n}}{1 + \frac{k}{n}} = \frac{0}{1+0} = 0.$$

(iii) $\displaystyle \lim_{n\to\infty} \frac{1}{\sqrt{n}} = 0.$

$$\because \quad \lim_{n\to\infty} \frac{1}{n} = \lim_{n\to\infty} \left(\frac{1}{\sqrt{n}} \cdot \frac{1}{\sqrt{n}} \right) = \left(\lim_{n\to\infty} \frac{1}{\sqrt{n}} \right)^2 = 0.$$

$$\therefore \quad \lim_{n\to\infty} \frac{1}{\sqrt{n}} = 0.$$

(iv) $\displaystyle \lim_{n\to\infty} \frac{1}{n^2} = 0.$

$$\because \quad \lim_{n\to\infty} \frac{1}{n^2} = \lim_{n\to\infty} \frac{1}{n} \cdot \frac{1}{n} = \left(\lim_{n\to\infty} \frac{1}{n} \right)^2 = 0.$$

例 73 (1) $\displaystyle \lim_{n\to\infty} \frac{2n+3}{n} = \lim_{n\to\infty} \left(2 + \frac{3}{n} \right) = 2 + 0 = 2.$

$\left(\dfrac{\infty}{\infty}$ 型の不定形, 変形法は分子,分母を n で割る.$\right)$

(2) $\displaystyle \lim_{n\to\infty} \frac{(2n+1)(3n-2)}{n^2} = \lim_{n\to\infty} \frac{2n+1}{n} \cdot \frac{3n-2}{n}$

$\displaystyle = \lim_{n\to\infty} \left(2 + \frac{1}{n} \right)\left(3 - \frac{2}{n} \right) = 2 \cdot 3 = 6.$

$\left(\dfrac{\infty}{\infty}$ 型の不定形,変形法は分子, 分母を n^2 で割る.$\right)$

(3) $\displaystyle \lim_{n\to\infty} \frac{n-1}{2n+1} = \lim_{n\to\infty} \frac{1-\frac{1}{n}}{2+\frac{1}{n}} = \frac{1}{2}.$

$\left(\dfrac{\infty}{\infty}$ 型の不定形,変形法は分子, 分母を n で割る.$\right)$

例題 90 次の極限値を求めよ.
(1) $\displaystyle \lim_{n\to\infty} \frac{4n^2 - 3n - 5}{3n^2 + 4n + 1}$ (2) $\displaystyle \lim_{n\to\infty} \frac{2n-1}{5n^2 - 4n}$

Point! 分母が 0 でない値に収束するように変形する. また, $\displaystyle \lim_{n\to\infty} \frac{1}{n} = 0,$
$\displaystyle \lim_{n\to\infty} \frac{1}{n^2} = 0$ にも注意する.

解答 (1) $\displaystyle \lim_{n\to\infty} \frac{4n^2 - 3n - 5}{3n^2 + 4n + 1}$

$\displaystyle = \lim_{n\to\infty} \frac{4 - \frac{3}{n} - \frac{5}{n^2}}{3 + \frac{4}{n} + \frac{1}{n^2}}$ $\Longleftarrow$ $\boxed{\begin{array}{c} \dfrac{\infty}{\infty} \text{ 型の不定形,} \\ \text{分母・分子を } n^2 \text{ で割る.} \end{array}}$

$$= \frac{4-0}{3+0} = \frac{4}{3}.$$

(2) $\displaystyle\lim_{n\to\infty} \frac{2n-1}{5n^2-4n} = \lim_{n\to\infty} \frac{\frac{2}{n} - \frac{1}{n^2}}{5 - \frac{4}{n}}$ $\Longleftarrow$ | $\frac{\infty}{\infty}$ 型の不定形,
分母・分子を n^2 で割る.

$$= \frac{0-0}{5-0} = \frac{0}{5} = 0.$$

基本事項 (はさみ打ちの原理)

数列 $\{a_n\}$, $\{b_n\}$, $\{c_n\}$ について,次が成り立つ.

$$a_n \leqq b_n \leqq c_n \ (n=1,2,3,\cdots) \quad かつ \quad \lim_{n\to\infty} a_n = \lim_{n\to\infty} c_n = \alpha$$

ならば,数列 $\{b_n\}$ も収束して,$\displaystyle\lim_{n\to\infty} b_n = \alpha$.

例 74 任意の実数 θ に対して,$\displaystyle\lim_{n\to\infty} \frac{\sin n\theta}{n} = 0$.

実際,$-1 \leqq \sin n\theta \leqq 1$ により,

$$-\frac{1}{n} \leqq \frac{\sin n\theta}{n} \leqq \frac{1}{n} \quad (n=1,2,3,\cdots).$$

ここで,

$$\lim_{n\to\infty} \left(-\frac{1}{n}\right) = \lim_{n\to\infty} \frac{1}{n} = 0$$

であるから,はさみ打ちの原理より

$$\lim_{n\to\infty} \frac{\sin n\theta}{n} = 0.$$

✎ **注意 49** c を定数とするとき,$a_n = c \ (n=1,2,3,\cdots)$ で与えられる数列 $\{a_n\}$ を定数数列といい,単に $\{c\}$ ともかく.定数数列 $\{c\}$ は c に収束する,すなわち,

$$\lim_{n\to\infty} c = c \ (たとえば, \lim_{n\to\infty} 3 = 3).$$

理由は自明であるが,強いて計算するならば,

$$c - \frac{1}{n} < c < c + \frac{1}{n} \quad (n=1,2,3,\cdots)$$

かつ

$$\lim_{n\to\infty} \left(c - \frac{1}{n}\right) = \lim_{n\to\infty} \left(c + \frac{1}{n}\right) = c$$

であるから,はさみ打ちの原理より

$$\lim_{n\to\infty} c = c.$$

数列の発散 収束しない数列は発散するという.

数列 $\{a_n\}$ において, n を限りなく大きくするとき, a_n が限りなく大きくなるならば, 数列 $\{a_n\}$ は $+\infty$(正の無限大) に発散するといって,

$$\lim_{n \to \infty} a_n = \infty \quad \text{または} \quad n \longrightarrow \infty \text{ のとき } a_n \longrightarrow \infty$$

とかく. また, 数列 $\{a_n\}$ において, n を限りなく大きくするとき, a_n が負で $|a_n|$ が限りなく大きくなるならば, 数列 $\{a_n\}$ は $-\infty$(負の無限大) に発散するといって,

$$\lim_{n \to \infty} a_n = -\infty \quad \text{または} \quad n \longrightarrow \infty \text{ のとき } a_n \longrightarrow -\infty$$

とかく. また, 数列 $\{a_n\}$ が収束しないで, 正の無限大にも負の無限大にも発散しないならば, 数列 $\{a_n\}$ は振動するという.

基本事項 (数列の収束・発散)

$$\begin{cases} \text{収束} & \cdots \lim_{n \to \infty} a_n = \alpha. \\ \text{発散} \begin{cases} +\infty \text{ に発散} \cdots \lim_{n \to \infty} a_n = \infty, \\ -\infty \text{ に発散} \cdots \lim_{n \to \infty} a_n = -\infty, \\ \text{振動}. \end{cases} \end{cases}$$

例 75 (1) $\displaystyle\lim_{n \to \infty} n^2 = \infty, \ \lim_{n \to \infty} \sqrt{n} = \infty.$

(2) $\displaystyle\lim_{n \to \infty} \log_2 n = \infty, \ \lim_{n \to \infty} \log_2 \frac{1}{n} = -\log_2 n = -\infty.$

例 76 次の数列は振動する.

(1) $1, -1, 1, -1, 1, -1, \cdots$

(2) $1, 1, 1, 2, 1, 3, 1, 4, \cdots$

基本事項 ($+\infty$ または $-\infty$ に発散する数列)

数列 $\{a_n\}$, $\{b_n\}$ において

$$\lim_{n \to \infty} a_n = \infty \quad \text{かつ} \quad \lim_{n \to \infty} b_n = \alpha \neq 0 \text{ ならば},$$

(1) $\displaystyle\lim_{n \to \infty} a_n b_n = \begin{cases} \infty & (\alpha > 0), \\ -\infty & (\alpha < 0). \end{cases}$ (2) $\displaystyle\lim_{n \to \infty} \frac{a_n}{b_n} = \begin{cases} \infty & (\alpha > 0), \\ -\infty & (\alpha < 0). \end{cases}$

例 77 (1) $\displaystyle\lim_{n \to \infty} (n^2 - 5n) = \lim_{n \to \infty} n^2 \left(1 - \frac{5}{n}\right) \impliedby \boxed{\begin{array}{c} \infty - \infty \text{ 型の不定形}, \\ n^2 \text{ でくくる}. \end{array}}$

ここで，$\displaystyle\lim_{n\to\infty} n^2 = \infty$，$\displaystyle\lim_{n\to\infty}\left(1 - \frac{5}{n}\right) = 1$ であるから，

$$\lim_{n\to\infty}(n^2 - 5n) = \infty.$$

(2) $\displaystyle\lim_{n\to\infty}\frac{n^2 - 5n}{1 - 2n} = \lim_{n\to\infty}\frac{n - 5}{\frac{1}{n} - 2}$ において，

$$\lim_{n\to\infty}(n - 5) = \infty，\quad \lim_{n\to\infty}\left(\frac{1}{n} - 2\right) = -2$$

であるから，

$$\lim_{n\to\infty}\frac{n^2 - 5n}{1 - 2n} = -\infty.$$

✎　**注意 50**　(1) $\displaystyle\lim_{n\to\infty} a_n = \infty \iff \lim_{n\to\infty}(-a_n) = -\infty$

(2) c が定数のとき，$\displaystyle\lim_{n\to\infty} a_n = \infty$ ならば，

$$\lim_{n\to\infty} ca_n = \begin{cases} \infty & (c > 0) \\ -\infty & (c < 0) \end{cases}$$

(3) 数列 $\{a_n\}$，$\{b_n\}$ において，$\displaystyle\lim_{n\to\infty} a_n = \alpha$ かつ $\displaystyle\lim_{n\to\infty} b_n = \pm\infty$ ならば，

$$\lim_{n\to\infty}\frac{a_n}{b_n} = 0.$$

基本事項 (数列 $\{a^n\}$ の収束・発散)

a を定数 (実数) とするとき，数列 $\{a^n\}$ の極限について，次が成り立つ．

(1) $a > 1 \quad\Longrightarrow\quad \displaystyle\lim_{n\to\infty} a^n = \infty$ ($+\infty$ に発散).

(2) $a = 1 \quad\Longrightarrow\quad \displaystyle\lim_{n\to\infty} a^n = 1$ (1 に収束).

(3) $|a| < 1 \quad\Longrightarrow\quad \displaystyle\lim_{n\to\infty} a^n = 0$ (0 に収束).

(4) $a \leqq -1 \quad\Longrightarrow\quad \{a^n\}$ は発散 (振動).

証明　(1) $a > 1 \Longrightarrow a = 1 + h\ (h > 0)$ とかける．両辺を $n\ (\geqq 2)$ 乗すると
$$a^n = (1 + h)^n > 1 + nh$$
であるから (これをベルヌーイの不等式という．例題 101 (p.207) 参照)，
$$\lim_{n\to\infty} a^n \geqq \lim_{n\to\infty}(1 + nh) = \infty \qquad \therefore \quad \lim_{n\to\infty} a^n = \infty.$$

(2) $a = 1 \Longrightarrow \displaystyle\lim_{n\to\infty} a^n = \lim_{n\to\infty} 1^n = \lim_{n\to\infty} 1 = 1.$

(3) $0 < |a| < 1 \Longrightarrow |a| = \dfrac{1}{1 + h}\quad (h > 0)$ とかける．ベルヌーイの不等式より，

$|a|^n = \dfrac{1}{(1 + h)^n} < \dfrac{1}{1 + nh}.$　よって，$\displaystyle\lim_{n\to\infty}|a|^n \leqq \lim_{n\to\infty}\frac{1}{1 + nh} = 0.$

$\therefore\ \displaystyle\lim_{n\to\infty}|a|^n = 0.$

$a = 0 \implies \lim_{n \to \infty} a^n = \lim_{n \to \infty} 0^n = \lim_{n \to \infty} 0 = 0.$

(4) $a \leqq -1 \implies a^{2n-1} \leqq -1,\ a^{2n} \geqq 1\ (n = 1, 2, 3, \cdots)$ であるから，$\{a^n\}$ は一定値に収束しない．　∴　発散 (振動)

例題 91　次の極限値を求めよ.
$$\lim_{n \to \infty} \frac{5^n - 3^{n+1}}{5^{n+1} + 4^n}$$

 分母が 0 でない値に収束するように変形する．また，$\lim_{n \to \infty} \left(\dfrac{3}{5}\right)^n = 0$,
$\lim_{n \to \infty} \left(\dfrac{4}{5}\right)^n = 0$ にも注意する．

解答　$\lim_{n \to \infty} \dfrac{5^n - 3^{n+1}}{5^{n+1} + 4^n} = \lim_{n \to \infty} \dfrac{1 - 3\left(\frac{3}{5}\right)^n}{5 + \left(\frac{4}{5}\right)^n}$ $\impliedby$ $\boxed{\begin{array}{c} \dfrac{\infty}{\infty} \text{ 型の不定形,} \\ \text{分母・分子を } 5^n \text{ で割る.} \end{array}}$

$= \dfrac{1 - 3 \cdot 0}{5 + 0} = \dfrac{1}{5}.$

例題 92　次の極限値を求めよ.
(1) $\displaystyle\lim_{n \to \infty} \frac{1}{\sqrt{n^2 + 2n} - n}$　　　　(2) $\displaystyle\lim_{n \to \infty} \left(\sqrt{n^2 - 2n} - n\right)$

 有理化することを考える．

解答　(1) $\displaystyle\lim_{n \to \infty} \frac{1}{\sqrt{n^2 + 2n} - n}$　$\impliedby$　$\boxed{\text{分母 } \infty - \infty \text{ 型の不定形.}}$

$= \displaystyle\lim_{n \to \infty} \frac{\sqrt{n^2 + 2n} + n}{(\sqrt{n^2 + 2n} - n)(\sqrt{n^2 + 2n} + n)}$　$\impliedby$　$\boxed{\begin{array}{c} \text{分母・分子に} \\ \sqrt{n^2 + 2n} + n \text{ を掛ける.} \end{array}}$

$= \displaystyle\lim_{n \to \infty} \frac{\sqrt{n^2 + 2n} + n}{(\sqrt{n^2 + 2n})^2 - n^2}$　$\impliedby$　$\boxed{\begin{array}{c} \text{分母で和と差の公式} \\ (a+b)(a-b) = a^2 - b^2 \end{array}}$

$= \displaystyle\lim_{n \to \infty} \frac{\sqrt{n^2 + 2n} + n}{(n^2 + 2n) - n^2} = \lim_{n \to \infty} \frac{\sqrt{n^2 + 2n} + n}{2n}$

$= \dfrac{1}{2} \displaystyle\lim_{n \to \infty} \frac{\sqrt{n^2 + 2n} + n}{n} = \frac{1}{2} \lim_{n \to \infty} \left(\frac{\sqrt{n^2 + 2n}}{n} + 1\right)$

$= \dfrac{1}{2} \displaystyle\lim_{n \to \infty} \left(\frac{\sqrt{n^2 + 2n}}{\sqrt{n^2}} + 1\right) = \frac{1}{2} \lim_{n \to \infty} \left(\sqrt{\frac{n^2 + 2n}{n^2}} + 1\right)$

$= \dfrac{1}{2} \displaystyle\lim_{n \to \infty} \left(\sqrt{1 + \frac{2}{n}} + 1\right) = \frac{1}{2} \cdot 2 = 1.$

(2) $\displaystyle\lim_{n\to\infty} (\sqrt{n^2 - 2n} - n) \quad\Longleftarrow\quad \boxed{\infty - \infty \text{ 型の不定形.}.}$

$$= \lim_{n\to\infty} \frac{(\sqrt{n^2 - 2n} - n)(\sqrt{n^2 - 2n} + n)}{\sqrt{n^2 - 2n} + n} \quad\Longleftarrow\quad \boxed{\begin{array}{c}\text{分母・分子に}\\ \sqrt{n^2 - 2n} + n \text{ を掛ける.}\end{array}}$$

$$= \lim_{n\to\infty} \frac{(\sqrt{n^2 - 2n})^2 - n^2}{\sqrt{n^2 - 2n} + n} = \lim_{n\to\infty} \frac{-2n}{\sqrt{n^2 - 2n} + n} \quad\Longleftarrow\quad \boxed{\dfrac{\infty}{\infty} \text{ 型の不定形.}}$$

$$= -2 \lim_{n\to\infty} \frac{n}{\sqrt{n^2 - 2n} + n}$$

$$= -2 \lim_{n\to\infty} \frac{1}{\left(\sqrt{1 - \frac{2}{n}} + 1\right)} \quad\Longleftarrow\quad \boxed{\text{分母・分子を } n \text{ で割る.}}$$

$$= -2 \cdot \frac{1}{2} = -1.$$

ネーピアの数　数列

$$a_n = \left(1 + \frac{1}{n}\right)^n \quad (n = 1, 2, 3, \cdots)$$

の値を計算すると次の表のようになる.

n	a_n
1	2
10	$2.59374246\cdots$
10^2	$2.70481382\cdots$
10^3	$2.71692393\cdots$
10^4	$2.71814592\cdots$
10^5	$2.71826823\cdots$
10^6	$2.71828046\cdots$
10^7	$2.71828169\cdots$
10^8	$2.71828181\cdots$
10^9	$2.71828182\cdots$

　これから予想されるように, n の値を限りなく大きくしていけば, a_n の値がある一定の値に限りなく近づいて行くことが「結論として」わかる. ここでいう「結論」の意味は, 実は本書のレベルでは説明できない. 実際には微分積分学において極限の根幹をなすたいへん重要な定理から得られる結論という意味

である．その一定の値を e で表し，ネーピアの数 (自然対数の底) という．すなわち，

$$e = \lim_{n \to \infty} a_n = \lim_{n \to \infty} \left(1 + \frac{1}{n}\right)^n$$

である (実はこの極限は 1^∞ 型の不定形である)．e は無理数で

$$e = 2.718281828459045235360287471352662\cdots$$

であることが知られている．微分積分学においてたいへん重要な定数であるネーピアの数 e は，ネーピアによって導入された．e を底とする対数 $\log_e a$ を自然対数という．また自然対数に限って，普通底 e を省略して，単に $\log a$ とかく (たまに，$\ln a$ とかくこともある)．

オイラーの公式　虚数単位 i を利用した，次の関係式

$$e^{ix} = \cos x + i \sin x \quad (x \in \mathbf{R})$$

は，オイラー (1707-1783) によって導かれた関係式で，「オイラーの公式」と呼ばれている有名な公式である (是非覚えてほしい)．

オイラーの公式で，x を $-x$ で置き換えると

$$e^{-ix} = \cos x - i \sin x$$

となる．したがって，上の 2 つの関係式から，次の関係式

$$\sin x = \frac{e^{ix} - e^{-ix}}{2i}, \qquad \cos x = \frac{e^{ix} + e^{-ix}}{2}$$

が導かれる．ここで，「オイラーの公式のすばらしさ」について一言述べておこう．「実数の世界でまったく関係ないように思われていた指数関数と三角関数が，より広い複素数の世界ではじめて一体化している」ことが，オイラーの公式によって初めて明らかになった．実数の世界から複素数の世界は覗き見ることさえできないが，複素数の世界からは実数の世界がまる見えである！さらに，オイラーの公式に $x = \pi$ を代入すると

$$e^{i\pi} + 1 = 0$$

を得る (一見虚数のように見える $e^{i\pi}$ が，移項すれば $e^{i\pi} = -1$，なんと実数ではないか！)．普通の数字のようだが，実は神秘的 (?) な数 $0, 1$(整数論の基本定数)，e(解析学の基本定数)，π(幾何学の基本定数)，i(複素数の基本定数) がこのたった 1 つの式で結び合っている．このような現象は他に類がないゆえ，

オイラーのこの発見は数学の長い歴史の中でも最も美しい結果の1つであるといわれている (感動もの!!).

次に, 数列・極限に直接関連するものではないが, 上のネーピアの数 e を用いて導入される双曲線関数について述べておく.

双曲線関数　指数関数 e^x, e^{-x} を用いて, 応用上大切な新しい関数を導入しておこう.

$$\sinh x = \frac{e^x - e^{-x}}{2}, \quad \cosh x = \frac{e^x + e^{-x}}{2}, \quad \tanh x = \frac{e^x - e^{-x}}{e^x + e^{-x}},$$

$$\operatorname{cosech} x = \frac{1}{\sinh x}, \quad \operatorname{sech} x = \frac{1}{\cosh x}, \quad \coth x = \frac{1}{\tanh x}.$$

これら6個の関数を総称して双曲線関数 (hyperbolic function) という. $\sinh x$ は hyperbolic sine (ハイパボリック・サイン) と読み, 双曲線正弦関数という. $\cosh x$ は hyperbolic cosine, $\tanh x$ は hyperbolic tangent, $\operatorname{cosech} x$ は hyperbolic cosecant, $\operatorname{sech} x$ は hyperbolic secant, $\coth x$ は hyperbolic cotangent と読む. ここで, 双曲線というのは, $x = \cosh \theta$, $y = \sinh \theta$ が双曲線 $x^2 - y^2 = 1$ のパラメータ表示になっていることに由来する.

✎　**注意 51**　三角関数の場合と同様に, $(\sinh x)^2, (\cosh x)^2, (\tanh)^2$ を, それぞれ $\sinh^2 x, \cosh^2 x, \tanh^2 x$ とかく. 一般に

$$(\sinh x)^n = \sinh^n x, \quad (\cosh x)^n = \cosh^n x, \quad (\tanh x)^n = \tanh^n x \quad (n = 2, 3, \cdots)$$

とかく (規約!). 普通は (規約として) 右辺のような表記法を用いる (もちろん, 左辺のような表記法を用いるのもよい).

双曲線関数では, 三角関数と類似の公式がたくさん成り立つ.

基本事項 (双曲線関数の相互関係)

(1) $\tanh x = \dfrac{\sinh x}{\cosh x}$. 　　　　　(2) $\cosh^2 x - \sinh^2 x = 1$.

(3) $1 - \tanh^2 x = \dfrac{1}{\cosh^2 x} = \operatorname{sech}^2 x$.

証明　(1) は明らかである.

$$(2)\ \cosh^2 x - \sinh^2 x = \left(\frac{e^x + e^{-x}}{2}\right)^2 - \left(\frac{e^x - e^{-x}}{2}\right)^2$$

$$= \frac{1}{4}\left(e^{2x} + 2 + e^{-2x}\right) - \frac{1}{4}\left(e^{2x} - 2 + e^{-2x}\right) = 1.$$

(3) $1 - \tanh^2 x = 1 - \left(\dfrac{e^x - e^{-x}}{e^x + e^{-x}} \right)^2 = \dfrac{(e^x + e^{-x})^2 - (e^x - e^{-x})^2}{(e^x + e^{-x})^2}$

$= \dfrac{4}{(e^x + e^{-x})^2} = \dfrac{1}{\left(\frac{e^x + e^{-x}}{2} \right)^2} = \dfrac{1}{\cosh^2 x} = \operatorname{sech}^2 x.$

基本事項 (双曲線関数の偶奇性)

任意の実数 x に対して，次が成り立つ．

$$\sinh(-x) = -\sinh x, \quad \cosh(-x) = \cosh x, \quad \tanh(-x) = -\tanh x.$$

したがって，$\cosh x$ は偶関数, $\sinh x, \tanh x$ は奇関数である．

双曲線関数のグラフは次のようになる．

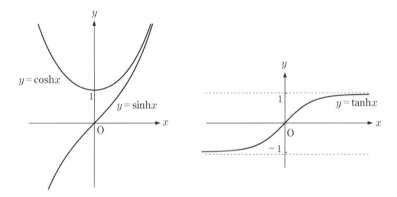

グラフから見てわかるように，

(1) $\sinh x$ は $(-\infty, \infty)$ で増加関数，値域は $(-\infty, \infty)$,

(2) $\cosh x$ は $[0, \infty)$ で増加関数，$(-\infty, 0]$ で減少関数，値域は $[1, \infty)$,

(3) $\tanh x$ は $(-\infty, \infty)$ で増加関数，値域は $(-1, 1)$.

(これらは直接計算で容易に示すこともできる．)

双曲線関数の加法定理　　双曲線関数に対しても，次の加法定理が成り立つ．

基本事項 (双曲線関数の加法定理)

任意の実数 x, y に対して，次が成り立つ．

(1) $\sinh(x + y) = \sinh x \cosh y + \cosh x \sinh y.$

$$\sinh (x - y) = \sinh x \cosh y - \cosh x \sinh y.$$

(2) $\cosh (x + y) = \cosh x \cosh y + \sinh x \sinh y.$

$\cosh (x - y) = \cosh x \cosh y - \sinh x \sinh y.$

(3) $\tanh (x + y) = \dfrac{\tanh x + \tanh y}{1 + \tanh x \tanh y}.$

$\tanh (x - y) = \dfrac{\tanh x - \tanh y}{1 - \tanh x \tanh y}.$

証明　(1) $\sinh x \cosh y + \cosh x \sinh y$

$$= \frac{e^x - e^{-x}}{2} \cdot \frac{e^y + e^{-y}}{2} + \frac{e^x + e^{-x}}{2} \cdot \frac{e^y - e^{-y}}{2}$$

$$= \frac{1}{4} \left\{ (e^x - e^{-x})(e^y + e^{-y}) + (e^x + e^{-x})(e^y - e^{-y}) \right\}$$

$$= \frac{1}{4} \left\{ 2(e^x e^y - e^{-x} e^{-y}) \right\} = \frac{e^{x+y} - e^{-(x+y)}}{2} = \sinh (x + y).$$

$$\therefore \quad \sinh (x + y) = \sinh x \cosh y + \cosh x \sinh y.$$

ここで，y を $-y$ で置き換え，偶奇性を使えば

$$\sinh (x - y) = \sinh x \cosh (-y) + \cosh x \sinh (-y)$$

$$= \sinh x \cosh y + \cosh x(- \sinh y)$$

$$= \sinh x \cosh y - \cosh x \sinh y.$$

(2) $\cosh x \cosh y + \sinh x \sinh y$

$$= \frac{e^x + e^{-x}}{2} \cdot \frac{e^y + e^{-y}}{2} + \frac{e^x - e^{-x}}{2} \cdot \frac{e^y - e^{-y}}{2}$$

$$= \frac{1}{4} \left\{ (e^x + e^{-x})(e^y + e^{-y}) + (e^x - e^{-x})(e^y - e^{-y}) \right\}$$

$$= \frac{1}{4} \left\{ 2(e^x e^y + e^{-x} e^{-y}) \right\} = \frac{e^{x+y} + e^{-(x+y)}}{2} = \cosh (x + y).$$

$$\therefore \quad \cosh (x + y) = \cosh x \cosh y + \sinh x \sinh y.$$

ここで，y を $-y$ で置き換え，偶奇性を使えば

$$\cosh (x - y) = \cosh x \cosh (-y) + \sinh x \sinh (-y)$$

$$= \cosh x \cosh y + \sinh x(- \sinh y)$$

$$= \cosh x \cosh y - \sinh x \sinh y.$$

(3) $\tanh (x + y) = \dfrac{\sinh (x + y)}{\cosh (x + y)} = \dfrac{\sinh x \cosh y + \cosh x \sinh y}{\cosh x \cosh y + \sinh x \sinh y}$

分母・分子を $\cosh x \cosh y (\neq 0)$ で割れば

$$= \frac{\frac{\sinh x}{\cosh x} + \frac{\sinh y}{\cosh y}}{1 + \frac{\sinh x}{\cosh x} \cdot \frac{\sinh y}{\cosh y}} = \frac{\tanh x + \tanh y}{1 + \tanh x \tanh y}.$$

$$\therefore \quad \tanh (x + y) = \frac{\tanh x + \tanh y}{1 + \tanh x \tanh y}.$$

ここで，y を $-y$ で置き換え，偶奇性を使えば

$$\tanh (x - y) = \frac{\tanh x + \tanh (-y)}{1 + \tanh x \tanh (-y)} = \frac{\tanh x - \tanh y}{1 - \tanh x \tanh y}.$$

加法定理で，$y = x$ とおけば，次の 2 倍公式を得る．

基本事項 (双曲線関数の 2 倍公式)

任意の実数 x に対して，次が成り立つ．

(1) $\sinh 2x = 2 \sinh x \cosh x.$　　(2) $\cosh 2x = \cosh^2 x + \sinh^2 x.$

(3) $\tanh 2x = \dfrac{2 \tanh x}{1 + \tanh^2 x}.$

例題 93　$y = \sinh x$ の逆関数を求めよ．

解答　まず，$y = \sinh x$ は $(-\infty, \infty)$ で増加関数であるから，逆関数をもつ．

$$y = \frac{e^x - e^{-x}}{2}$$

を x について解く．このとき，$e^x - e^{-x} = 2y$ であるから，

$$(e^x)^2 - 2ye^x - 1 = 0. \qquad \therefore \quad e^x = y \pm \sqrt{y^2 + 1}.$$

$e^x > 0$ より，$e^x = y + \sqrt{y^2 + 1}$.

$$\therefore \quad x = \log (y + \sqrt{y^2 + 1}).$$

ここで，x と y を入れ換えた $y = \log (x + \sqrt{x^2 + 1})$ $(-\infty < x < \infty)$ が求める $y = \sinh x$ の逆関数である．

基本問題 6.3

問題 175　次の数列の収束・発散を調べよ．

(1) $2, \dfrac{5}{2}, \dfrac{8}{3}, \dfrac{11}{4}, \cdots, 3 - \dfrac{1}{n}, \cdots$　　(2) $5, 8, 11, 14, \cdots, 3n + 2, \cdots$

(3) $4, 1, -4, -11, \cdots, 5 - n^2, \cdots$　　(4) $-4, 16, -64, 256, \cdots, (-4)^n, \cdots$

(5) $1, 2, 1, 3, 1, 4, \cdots, 1, n, \cdots$

問題 176　次の極限値を求めよ.

(1) $\displaystyle\lim_{n\to\infty}\frac{3n}{4n+5}$

(2) $\displaystyle\lim_{n\to\infty}\frac{n-3}{2n+1}$

(3) $\displaystyle\lim_{n\to\infty}\frac{n-1}{n^2+1}$

(4) $\displaystyle\lim_{n\to\infty}\frac{n^2+2}{2-n^2}$

(5) $\displaystyle\lim_{n\to\infty}\frac{4n^3-3n-7}{n^3+n^2-5n+1}$

(6) $\displaystyle\lim_{n\to\infty}\frac{2n^3-3n+1}{5n^3-n+3}$

問題 177　次の極限値を求めよ.

(1) $\displaystyle\lim_{n\to\infty}\frac{7^n-5^n}{8^n}$

(2) $\displaystyle\lim_{n\to\infty}\frac{2^{n+2}-5^{n+1}}{3^n-5^n}$

(3) $\displaystyle\lim_{n\to\infty}\frac{3^n-(-5)^{n+1}}{3^n+(-5)^n}$

問題 178　次の極限値を求めよ.

(1) $\displaystyle\lim_{n\to\infty}\frac{5}{\sqrt{n^2+n}-n}$

(2) $\displaystyle\lim_{n\to\infty}\frac{5}{\sqrt{n^2-n}-n}$

(3) $\displaystyle\lim_{n\to\infty}\frac{5}{\sqrt{n^2-n}+n}$

(4) $\displaystyle\lim_{n\to\infty}(\sqrt{n+1}-\sqrt{n})$

(5) $\displaystyle\lim_{n\to\infty}(\sqrt{4n^2+n}-2n)$

(6) $\displaystyle\lim_{n\to\infty}\frac{\sqrt{n+2}-\sqrt{n}}{\sqrt{n+1}-\sqrt{n}}$

問題 179　次の極限値を求めよ.

(1) $\displaystyle\lim_{n\to\infty}\frac{\cos n\theta}{n}$

(2) $\displaystyle\lim_{n\to\infty}\frac{1}{\sqrt{n}}\sin\frac{n\pi}{3}$

(3) $\displaystyle\lim_{n\to\infty}\left(\frac{2}{3}\right)^n\sin^2 n\theta$

問題 180　次の極限値を求めよ.

(1) $\displaystyle\lim_{n\to\infty}\{\log_2(4n+3)-\log_2(n+1)\}$

(2) $\displaystyle\lim_{n\to\infty}\frac{1+2+\cdots+n}{n^2}$

(3) $\displaystyle\lim_{n\to\infty}\frac{3n-\cos\left(\frac{3\pi}{n}\right)}{n}$

問題 181　次の極限を調べよ.

(1) $\displaystyle\lim_{n\to\infty}(n^3-5n^2+3)$

(2) $\displaystyle\lim_{n\to\infty}(n^2-3n^3)$

(3) $\displaystyle\lim_{n\to\infty}\frac{4n^2-3n+1}{3n-2}$

問題 182　$y=\cosh x\ (x\geqq 0)$ の逆関数を求めよ.

問題 183　$y=\tanh x$ の逆関数を求めよ.

6.4　発展　関数の極限と連続関数

　関数の極限と連続関数は, 本書で基礎を学んだ後に, さらにその上 (微分積分学) を目指して, 是非とも「チャレンジ」してほしい主題である. というのも, この主題は微分積分学の主題でもあるからである. まともに取り組むのは本書のレベルを超えるので, ここでは, 「極限値を求めるときの極限」と, 「関数が連続であることを示すときの極限」の考え方の違いと類似性について (あ

まり深入りせず) 簡単なところだけを説明する.

関数の極限　関数 $y = f(x)$ は $x = a$ を除き, a の近くのすべての x に対して定義されているとする.

　$x < a$ となる $x(\neq a)$ が (左側から限りなく) a に近づくとき, $x \to a - 0$

　$a < x$ となる $x(\neq a)$ が (右側から限りなく) a に近づくとき, $x \to a + 0$

のようにかく. 定数 A, B, C が存在して

　(i) $x \to a - 0$ のとき, $f(x) \to A$ ならば $\lim_{x \to a-0} f(x) = A$ (A を左極限値).

　(ii) $x \to a + 0$ のとき, $f(x) \to B$ ならば $\lim_{x \to a+0} f(x) = B$ (B を右極限値).

　(iii) $x \to a - 0$ かつ $x \to a + 0$ のとき, $f(x) \to C$ ならば $\lim_{x \to a} f(x) = C$

(C を単に極限値) ($x (\neq a)$ が (a の両側のどちらからでも) a に近づくとき, $f(x)$ は限りなく C に近づく)

とかく. 特に,

　　(*)　　(iii) $\Longleftrightarrow$ [(i) かつ (ii) かつ「$A = B (= C$ とおく)」],

　　　　　[(i) かつ (ii) かつ「$A \neq B$」] $\Longrightarrow$ $\lim_{x \to a} f(x)$ は存在しない.

　この他に

$$\lim_{x \to \infty} f(x) = A, \quad \lim_{x \to -\infty} f(x) = B, \quad \lim_{x \to a} f(x) = \infty, \quad \lim_{x \to a} f(x) = -\infty$$

などがある. ところで, 有限的行為では (無限的行為である) 極限に到達できない. そこで, 「極限の規約」(微分積分学で学ぶ) のもとで結論 (答) をくだす. 実際に極限値を求めるときは, x は a とは異なるが, そこを敢えて「形式的に $x = a$ であるかのように考えて」, x のところへ a を代入してみる. 結果が, もし避けなければならない「不定形」と呼ばれる「状態」(第 6 章をみよ) になれば, 必ず計算法を変えなければならない! もしも, 不定形の状態でなければ結果をそのまま答にしてよい (理由は省略, 本書のレベルを超える).

✎　**注意 52**　不定形の形は微分積分学において, 特に極限の議論においてたいへん重要なので, 必ず覚えておくこと!

✎　**注意 53**　定数値関数 $f(x) = c \ (-\infty < x < \infty)$ に対して

$$(\lim_{x \to a-0} f(x) =) \lim_{x \to a-0} c = c = \lim_{x \to a+0} c (= \lim_{x \to a+0} f(x)).$$

$$\therefore \quad \lim_{x \to a} f(x) = \lim_{x \to a} c = c.$$

$$c = \lim_{x \to \pm\infty} \left(c - \frac{1}{|x|} \right) \leqq \lim_{x \to \pm\infty} c \leqq \lim_{x \to \pm\infty} \left(c + \frac{1}{|x|} \right) = c.$$

$$\therefore \quad \lim_{x \to \pm\infty} f(x) = \lim_{x \to \pm\infty} c = c.$$

例 78　(1) $\displaystyle \lim_{x \to 2} (x^3 - 5x^2 + 7x - 1) = 1.$

(2) $\displaystyle \lim_{x \to \infty} (x^3 - 5x^2 + 7x - 1)$　　$(\infty - \infty$ 型；変形$)$

$= \displaystyle \lim_{x \to \infty} x^3 \left(1 - \frac{5}{x} + \frac{7}{x^2} - \frac{1}{x^3} \right) = \infty \cdot 1 = \infty.$

(3) $\displaystyle \lim_{x \to 3} \frac{x^2 - 9}{x - 3}$　$\left(\dfrac{0}{0} \text{型；変形} \right)$

$= \displaystyle \lim_{x \to 3} \frac{(x + 3)(x - 3)}{x - 3} = \lim_{x \to 3} (x + 3) = 6.$

(4) $\displaystyle \lim_{x \to \infty} \frac{x^2 - x + 1}{3x^2 + x - 5}$　$\left(\dfrac{\infty}{\infty} \text{型；変形} \right)$

$= \displaystyle \lim_{x \to \infty} \frac{1 - \frac{1}{x} + \frac{1}{x^2}}{3 + \frac{1}{x} - \frac{5}{x^2}} = \frac{1}{3}.$

(5) $\displaystyle \lim_{x \to 0} \frac{1}{x} \left(\frac{1}{\sqrt{x + 1}} - 1 \right)$　　$(\infty \cdot 0$ 型；変形$)$

$= \displaystyle \lim_{x \to 0} \frac{1 - \sqrt{x + 1}}{x\sqrt{x + 1}}$　$\left(\dfrac{0}{0} \text{型；変形} \right)$

$= \displaystyle \lim_{x \to 0} \frac{(1 - \sqrt{x + 1})(1 + \sqrt{x + 1})}{x\sqrt{x + 1}(1 + \sqrt{x + 1})} = \lim_{x \to 0} \frac{1 - (x + 1)}{x\sqrt{x + 1}(1 + \sqrt{x + 1})}$

$= \displaystyle \lim_{x \to 0} \frac{-x}{x\sqrt{x + 1}(1 + \sqrt{x + 1})} = -\lim_{x \to 0} \frac{1}{\sqrt{x + 1}(1 + \sqrt{x + 1})} = -\frac{1}{2}.$

例 79　(1) $\displaystyle \lim_{x \to \infty} e^x = \infty.$

$\because$　$x \to \infty$ であるから, $n \leqq x < n + 1$ となる自然数 n をとる. このとき,

$e \geqq 2$ より, $\displaystyle \lim_{x \to \infty} e^x \geqq \lim_{n \to \infty} 2^n = \infty.$

(2) $\displaystyle \lim_{x \to -\infty} e^x = \lim_{x \to \infty} e^{-x} = 0.$

$$\because \quad 0 \leqq \lim_{x \to -\infty} e^x = \lim_{x \to \infty} \frac{1}{e^x} \leqq \lim_{n \to \infty} \frac{1}{2^n} = 0.$$

(3) $\displaystyle \lim_{x \to \infty} \log x = \infty.$

$\because$　$t = \log x$ とおくと, $x = e^t.$　　$\therefore$　$x \to \infty \iff t \to \infty.$

(4) $\displaystyle\lim_{x\to0+0}\log x = -\infty$

$\quad\therefore\quad t = \log x$ とおくと, $x = e^t$. $\quad\therefore\quad x \to 0+0 \iff t \to -\infty.$

例80 $\displaystyle\lim_{x\to0-0}[x] = -1,$ $\quad\displaystyle\lim_{x\to0+0}[x] = 0$ $\quad\therefore\quad \displaystyle\lim_{x\to0}[x]$ は存在しない.

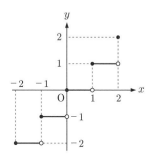

三角関数の基本極限 $\quad\displaystyle\lim_{x\to0}\frac{\sin x}{x} = 1.$

証明 $\quad x \to 0$ であるから, x を $0 < |x| < \dfrac{\pi}{2}$ の範囲で考えてよい.

まず, $0 < x < \dfrac{\pi}{2}$ のとき, [第4章, 例題59] により

$$\cos x < \frac{\sin x}{x} < 1.$$

$\quad\therefore\quad 1 = \displaystyle\lim_{x\to0+0}\cos x \leqq \lim_{x\to0+0}\frac{\sin x}{x} \leqq 1,\quad\therefore\quad \lim_{x\to0+0}\frac{\sin x}{x} = 1.$

次に, $-\dfrac{\pi}{2} < x < 0$ のとき, $\theta = -x$ とすると, $x \to 0-0 \iff \theta \to 0+0$

$$\therefore\quad \lim_{x\to0-0}\frac{\sin x}{x} = \lim_{\theta\to0+0}\frac{\sin(-\theta)}{-\theta} = \lim_{\theta\to0+0}\frac{\sin\theta}{\theta} = 1.$$

以上と $(*)$ により

$$\lim_{x\to0}\frac{\sin x}{x} = 1.$$

指数関数の基本極限 $\quad$(1) $\displaystyle\lim_{x\to\pm\infty}\left(1 + \frac{1}{x}\right)^x = e.$ $\quad$(2) $\displaystyle\lim_{x\to0}\frac{e^x - 1}{x} = 1.$

証明 $\quad$ まず, $x \to \infty$ であるから, $n \leqq x < n+1$ となる自然数 n をとる. このとき,

$$1 + \frac{1}{n+1} < 1 + \frac{1}{x} \leqq 1 + \frac{1}{n}$$

であるから,

$$\left(1 + \frac{1}{n+1}\right)^n < \left(1 + \frac{1}{x}\right)^n \leqq \left(1 + \frac{1}{x}\right)^x < \left(1 + \frac{1}{n}\right)^x < \left(1 + \frac{1}{n}\right)^{n+1}.$$

$$\therefore \quad \left(1 + \frac{1}{n+1}\right)^{-1} \left(1 + \frac{1}{n+1}\right)^{n+1} < \left(1 + \frac{1}{x}\right)^{x} < \left(1 + \frac{1}{n}\right) \left(1 + \frac{1}{n}\right)^{n}.$$

ここで, $x \to \infty$ とすれば, 第 5 章, ネーピアの数 e の定義式により

$$e \leqq \lim_{x \to \infty} \left(1 + \frac{1}{x}\right)^{x} \leqq e. \qquad \therefore \quad \lim_{x \to \infty} \left(1 + \frac{1}{x}\right)^{x} = e.$$

また, $x \to -\infty$ のときは, $y = -x - 1$ とおくと, $x \to -\infty \iff y \to \infty$ で,

$$\left(1 + \frac{1}{x}\right)^{x} = \left(\frac{x+1}{x}\right)^{x} = \left(\frac{x}{x+1}\right)^{-x} = \left(\frac{y+1}{y}\right)^{y+1} = \left(1 + \frac{1}{y}\right)^{y} \left(1 + \frac{1}{y}\right)$$

であるから,

$$\lim_{x \to -\infty} \left(1 + \frac{1}{x}\right)^{x} = \lim_{y \to \infty} \left(1 + \frac{1}{y}\right)^{y} \lim_{y \to \infty} \left(1 + \frac{1}{y}\right) = e \cdot 1 = e.$$

以上より (1) が従う. (2) を証明するのに, 以下で学ぶ対数関数の連続性を便宜上先に利用する (問題なし).

$t = e^x - 1$ とおくと, $x \to 0 \iff t \to 0$. また, $x = \log(1+t)$. さらに, e の定義式から $\lim_{t \to 0}(1+t)^{\frac{1}{t}} = e$ が簡単に従う. ゆえに, このことと対数関数の e での連続性 $(\lim_{x \to e} \log x = \log(\lim_{x \to e} x))$ により,

$$\lim_{x \to 0} \frac{e^x - 1}{x} = \lim_{t \to 0} \frac{t}{\log(1+t)} = \lim_{t \to 0} \frac{1}{\log(1+t)^{\frac{1}{t}}} = \frac{1}{\lim_{t \to 0} \log(1+t)^{\frac{1}{t}}}$$

$$= \frac{1}{\log\left(\lim_{t \to 0}(1+t)^{\frac{1}{t}}\right)} = \frac{1}{\log e} = 1.$$

対数関数の基本極限 $\quad \lim_{x \to 0} \frac{\log(1+x)}{x} = 1.$

証明 $\quad t = \log(1+x)$ とおくと, $x \to 0 \iff t \to 0$. また, $x = e^t - 1$.

$$\therefore \quad \lim_{x \to 0} \frac{\log(1+x)}{x} = \lim_{t \to 0} \frac{t}{e^t - 1} = \lim_{t \to 0} \left(\frac{e^t - 1}{t}\right)^{-1} = \left(\lim_{t \to 0} \frac{e^t - 1}{t}\right)^{-1} = 1.$$

連続関数 関数 $y = f(x)$ は $x = a$ および a の近くのすべての x に対して定義されているとする.

$$\lim_{x \to a} f(x) = f(\lim_{x \to a} x) (= f(a))$$

が成り立つとき, $f(x)$ は $x = a$ で連続であるという. この関係式が成り立たないときは, $f(x)$ は $x = a$ で不連続であるという.

要するに, 「連続性は, 関数 $y = f(x)$ のグラフが描けたとき, グラフの曲線が点 $(a, f(a))$ で (状態がどうであれ) 繋がっている」ことを意味している. 関

数 $f(x)$ は定義域の属するすべての点で連続ならば, $f(x)$ は定義域において連続であるという. 本書で扱う基本関数はすべて (それぞれの) 定義域において連続である.

例 81 定数値関数 $f(x) = c \ (-\infty < x < \infty)$ は連続関数である.

∵ 任意の $a \ (-\infty < a < \infty)$ に対して,

$$f(a) = c, \qquad \lim_{x \to a} f(x) = \lim_{x \to a} c = c = f(a) = f(\lim_{x \to a} x) \ (\text{注意 53 をみよ})$$

例 82 $f(x) = |x|$ は $x = 0$ で連続である.

∵ $f(0) = 0, \qquad \lim_{x \to 0} f(x) = \lim_{x \to 0} |x| = 0 = \left| \lim_{x \to 0} x \right| = f(\lim_{x \to 0} x).$

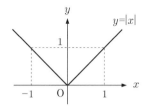

例 83 $f(x) = \dfrac{x^3 - 1}{x - 1} \ (x \neq 1), f(1) = 3$ で定義される関数 $f(x)$ は $x = 1$ で連続である.

∵ $f(1) = 3,$

$$\lim_{x \to 1} f(x) = \lim_{x \to 1} \frac{(x-1)(x^2 + x + 1)}{x - 1} = \lim_{x \to 1} (x^2 + x + 1) = 3.$$

$$\therefore \quad \lim_{x \to 1} f(x) = 3 = f(1) = f(\lim_{x \to 1} x).$$

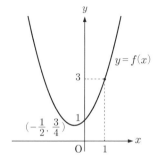

✎　**注意 54**　例 82 において，「$f(1) = 3$ を定義しない」ならば，$f(x)$ は $x = 1$ で不連続となる.

例 84　$f(x) = x \sin \dfrac{1}{x}$ は $x = 0$ で不連続である (やや難).

∵　0 を $f(\cdot)$ の中に入れられない (すなわち，$f(x)$ は $x = 0$ で定義されていない).

$$\left| \lim_{x \to 0} f(x) \right| = \lim_{x \to 0} |f(x)| = \lim_{x \to 0} \left| x \sin \frac{1}{x} \right| \leq \lim_{x \to 0} |x| = 0.$$

∴　$\displaystyle \lim_{x \to 0} f(x) = 0$,　しかし，　$f(\lim_{x \to 0} x) = f(0)$ の正体がない.

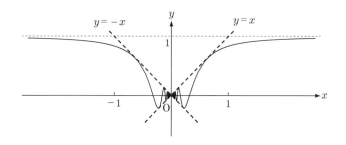

特に微積分に向けて　まず，微分積分学の大前提となる対象は関数である. とはいうものの，関数はあまりにも多種多様で，これらのすべての関数を対象にするのではなく，本書で取り上げた基本関数が対象である. 微分積分学では，目に見える日常的マクロな事象でさえ，まず根源的事象の細部構造 (微分構造) に目をむけ，その無限小の構造を解析し，また細部の積み重ね (積分) としてマクロな事象を理解しようとする立場がとられる. 一見回りくどい方法のように見えるが，実はこのような発想によって事象の理解が深まるのである. たとえば，(乗り手が運転する) 自動車 (バイクでもよい) の運動を考えてみよう. 走る道の条件にもよるが，まあ，車の走行を目に浮かべてみよう. これをマクロな事象と考える. さて，車の運動の数理モデルとして (数学で解析するために不可欠)，どこか固定された場所 (たとえば管制塔) からの車の位置を表す位置ベクトル (ベクトル値関数) を $\boldsymbol{r}(t)$ $(0 \leq t(時刻) \leq T)$ とする. これは時刻 $t = 0$ のとき $\boldsymbol{r}(0)$ の位置からスタートして，時刻 $t = T$ で止まる場合を考えている. このとき，時刻 t における車の (瞬間) 速度は $\boldsymbol{v}(t) = \boldsymbol{r}'(t)$(1 回微分) で与えら

れる. 同様に, 時刻 t における (瞬間) 加速度は $\boldsymbol{a}(t) = \boldsymbol{v}'(t) = \boldsymbol{r}''(t)$ (2 回微分), (瞬間) 力は $\boldsymbol{F}(t) = m\boldsymbol{a}(t)$ (m は車体 (+ 乗り手) の質量) で与えられる. これがミクロな事象ということになる. これはニュートンによる大発明であった. いまでは簡単のように見えるかも知れないが, このことは実は, ガリレオやケプラーも知らなかったくらいたいへんな意識革命であり, 大げさではなく真に, 科学に大革命をもたらしたものだ. このようにして, 直接見えない部分, すなわち微分を通して車の内的動き (実はドライバーの運転の態度) が細部までわかる. 逆を辿って行くと

$$\boldsymbol{v}(t) = \int_0^t \boldsymbol{a}(t)\,dt \ (\text{速度}), \quad \boldsymbol{r}(t) = \int_0^t \boldsymbol{v}(u)\,du \ (\text{位置}),$$

$$s(t) = \int_0^t |\boldsymbol{r}'(u)|\,du \ (\text{走行距離}),$$

$\boldsymbol{a}(t)$ が t の連続関数ならば, 滑らかな運動 (運転が上手といったところ),

$\boldsymbol{a}(t)$ が t の階段状に不連続な関数ならば, 衝撃が大きく心理的に不快な運動 (運転が下手といったところ),

というように現実に戻り, マクロな事象をより詳細に理解することができる. ここで見た微分や積分はすべて無限の数学的行為に依拠するため, 根底は必然的に極限によって支えられている. このような解析法 (分析法 + 総合法) が微分積分学の考え方である.

付　　録

付録 A　曲線の表示

　簡単のために平面上の曲線を考える．平面曲線の表し方には，$y = f(x)$ で表されるタイプ (陽関数表示) と $F(x, y) = 0$ で表されるタイプ (陰関数表示)，その他により一般的なパラメータによる表し方がある．たとえば，陽関数表示 $y = x^2$ は放物線を表し，陰関数表示 $x^2 + y^2 - 1 = 0$ は円を表す．しかしながら，これらの表示法で表すことができる曲線は曲線全体の中でもごくわずかなものである．ここでは，3 番目のより一般的な曲線の表し方としてのパラメータ表示について述べる．

A.1　曲線のパラメータ表示

　x, y がある変域内の変数 t の連続関数として

$$(*) \qquad\qquad x = \phi(t), \quad y = \psi(t)$$

で与えられているとき，各 t に対して O-xy 平面上の点 $\mathrm{P}(\phi(t), \psi(t))$ が定まる．t が変化すれば対応する平面上の点の集合は，一般に曲線 C を描く．このとき，変数 t をパラメータ (媒介変数) といい，$(*)$ を曲線 C のパラメータ表示 (媒介変数表示) という．

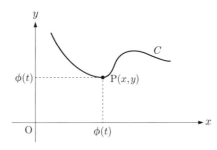

　✎　**注意 55**　関数を $y = f(x)$ の形に表したとき，y を x の陽関数という．陽関数

$y = f(x)(a \leqq x \leqq b)$(の表す曲線) も

$$x = t, \ y = f(t) \quad (a \leqq t \leqq b)$$

のようにパラメータ表示できる.

例 85　原点を中心とする半径 a の円は

$$x = \cos t, \ y = \sin t \quad (0 \leqq t \leqq 2\pi)$$

とパラメータ表示できる.

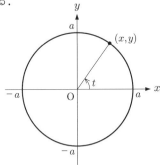

例題 94　次のパラメータ表示は, どのような曲線を表すか.

(1) $x = 3 - t, \ y = 1 + 2t \ (-\infty < t < \infty)$,

(2) $x = 1 + t, \ y = 3 + t \ (1 \leqq t \leqq 3)$.

解答　(1) $x = 3 - t$ より $t = 3 - x$. これを y の式に代入して, $y = 1 + 2(3 - x) = 7 - 2x$. すなわち,　$2x + y = 7 \ \cdots$ (i).

t が実数全体を動けば, x も実数全体を動く. ゆえに, 求める曲線は (i) で表される直線である.

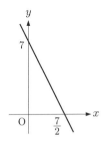

(2) $x = 1 + t$ より $t = x - 1$. これを y の式に代入して, $y = 3 + (x - 1) = x + 2$, すなわち, $y = x + 2 \ \cdots$ (ii).

$1 \leqq t \leqq 3$ であるから, $2 \leqq x \leqq 4 \ \cdots$ (iii).

ゆえに, 求める曲線は (ii),(iii) で表される線分である.

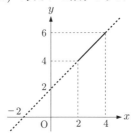

> **例題 95**　次のパラメータ表示は, どのような曲線を表すか.
> (1) $x = 2 + t$, $y = t^2 + 2t$ $(-\infty < t < \infty)$
> (2) $x = 2\sin t + 1$, $y = 2\cos t$ $(0 \leqq t \leqq \pi)$

解答　(1) $x = 2 + t$ より $t = x - 2$. これを y の式に代入して, $y = (x-2)^2 + 2(x-2) = x^2 - 2x$. すなわち, $y = x^2 - 2x$ $\cdots$ (i).
t が実数全体を動けば, x も実数全体を動く. ゆえに, 求める曲線は (i) で表される放物線である.

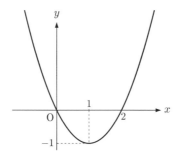

(2) $x - 1 = 2\sin t$, $y = 2\cos t$ であるから,
$$(x-1)^2 + y^2 = 4(\sin^2 t + \cos^2 t) = 4,$$
すなわち, $(x-1)^2 + y^2 = 4$ $\cdots$ (ii).

t	0	$\cdots$	$\dfrac{\pi}{2}$	$\cdots$	π
x	1	↗	3	↘	1
y	2	↘	0	↘	-2

表より, 求める曲線は点 $(1, 2)$ から円 (ii) の右側を通り, 点 $(3, 0)$ を経て点 $(1, -2)$ に到る次の半円である.

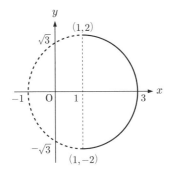

サイクロイド　円が 1 直線上を滑ることなく転がるとき，円周上の定点 P が描く曲線をサイクロイド (cycloid) という．

サイクロイドのパラメータ表示　円の半径を a，円周上の定点 P を最初原点 O にとり，この円が x 軸上を滑ることなく転がるとき，定点 P が描く曲線 (サイクロイド) は

$$x = a(t - \sin t), \quad y = a(1 - \cos t) \quad (0 \leqq t \leqq 2\pi)$$

とパラメータ表示できる．

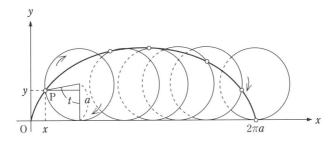

証明　円周上の定点 P が原点 O の位置から中心角が t だけ回転したときの位置を $P(x, y)$ とする．x 軸に接していた部分の弧の長さが at であるから，

$$x = at - a\sin t = a(t - \sin t), \quad y = a - a\cos t = a(1 - \cos t).$$

✎　**注意 56**　サイクロイドは陽関数表示でも陰関数表示でも表すことができない (この事実はたいへん重要である！)．

例 86　(アステロイド)　$a > 0$ のとき，次のパラメータ表示
$$x = a\cos^3 t, \quad y = a\sin^3 t \quad (0 \leqq t \leqq 2\pi)$$

で表される曲線をアステロイド (asteroid) という．

t	0	$\cdots$	$\dfrac{\pi}{2}$	$\cdots$	π	$\cdots$	$\dfrac{3}{2}\pi$	$\cdots$	2π
x	a	$\searrow$	0	$\searrow$	$-a$	$\nearrow$	0	$\nearrow$	a
y	0	$\nearrow$	a	$\searrow$	0	$\searrow$	$-a$	$\nearrow$	0

表より，アステロイドは次のような曲線になることがわかる．

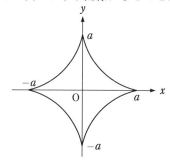

✎　**注意 57**　アステロイドは (パラメータ表示から t を消去して)
$$x^{\frac{2}{3}} + y^{\frac{2}{3}} = a^{\frac{2}{3}}$$
と (陰関数表示で) 表すことができる．

A.2　曲線の極座標表示

　平面上に，定点 O と半直線 OX を定める．平面上の任意の点 P(P $\neq$ O) に対して，$r =$ OP，半直線 OX から線分 OP に反時計回りに測った角 (一般角で測る) を θ とすれば，この r と θ で点 P の位置を定めることができる．このとき，点 O を極，半直線 OX を始線，θ を点 P の偏角といい，(r, θ) を点 P の極座標という．点 P の極座標が (r, θ) であることを P(r, θ) とかく．

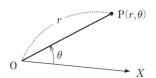

✎　**注意 58**　(1) 点 P の極座標は 1 通りには定まらない．実際，
　　　　　極座標 (r, θ) と極座標 $(r, \theta + 2n\pi)$　$(n = 0, \pm 1, \pm 2, \cdots)$
は同じ点を定める．$0 \leqq \theta < 2\pi$ に制限すれば，点 P の極座標は 1 通りに定まる．
　(2) 極 O の極座標は $(0, \theta)$ で，その偏角 θ は任意と約束する．

例 87 極座標が $P\left(2, \dfrac{5\pi}{4}\right)$, $Q\left(2, -\dfrac{\pi}{3}\right)$ である点を図示してみよう.

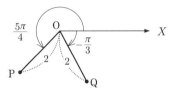

極方程式 平面上の曲線 C が, 極座標 (r, θ) を用いて

$(*)$ $\qquad\qquad r = f(\theta)$ または $F(r, \theta) = 0$

と表されているとき, $(*)$ を曲線 C の極方程式という.

例 88 (直線の極方程式) (1) 極 O を通り, 始線 OX となす角が α の半直線 ℓ の極方程式は

$$\theta = \alpha$$

である.

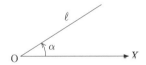

(2) 極座標が $(r_0, \alpha)(r_0 \neq 0)$ である点 A を通って, OA に垂直な直線 ℓ の極方程式は

$$r \cos(\theta - \alpha) = r_0$$

である.

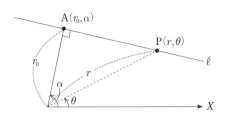

例 89　(円の極方程式)　(1) 極 O を中心とする
半径 a の円の極方程式は
$$r = a$$
である.

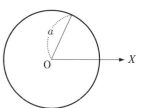

(2) 極座標が (r_0, α) $(r_0 \neq 0)$ である点 A を中
心として, 極 O を通る円の極方程式は
$$r = 2r_0 \cos(\theta - \alpha)$$
である.

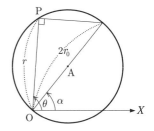

直交座標と極座標の関係　O-xy 平面に
おいて, 原点 O を極, x 軸の正の部分 Ox
を始線にとり極座標を考える. この平面
上の点 P の直交座標を P(x, y), 極座標
を P(r, θ) とすると,
$$x = r\cos\theta, \quad y = r\sin\theta$$
が成り立つ. また,
$$r = \sqrt{x^2 + y^2}, \quad \tan\theta = \frac{y}{x} \quad (x \neq 0).$$

例 90　極座標が $\left(2, \dfrac{5\pi}{4}\right)$ である点の直交座標は
$$\left(2\cos\frac{5\pi}{4}, 2\sin\frac{5\pi}{4}\right) = (-\sqrt{2}, -\sqrt{2}).$$
直交座標が $(\sqrt{3}, 1)$ である点の極座標は,
$$r = \sqrt{(\sqrt{3})^2 + 1^2} = 2, \quad \tan\theta = \frac{1}{\sqrt{3}} \text{ より } \theta = \frac{\pi}{6}$$
であるから, $\left(2, \dfrac{\pi}{6}\right)$ である.
　直交座標と極座標の関係の関係式を用いれば, 直交座標における曲線の関係
式と極座標における曲線の極方程式との関係がわかる.

> **例題 96**　次の極方程式で表される曲線はどのような曲線を表すか．直交座標になおして考えてみよう．
>
> 　(1) $r(2\cos\theta + 3\sin\theta) = 6$　　　　(2) $r = 2\cos\theta - 4\sin\theta$

解答　(1) $r(2\cos\theta + 3\sin\theta) = 6$ より，$2 \cdot r\cos\theta + 3 \cdot r\sin\theta = 6$.
これに，$x = r\cos\theta$, $y = r\sin\theta$ を代入して

$$2x + 3y = 6.$$

∴　2 点 $(3, 0), (0, 2)$ を通る直線を表す．

(2) $r = 2\cos\theta - 4\sin\theta$ より，$r^2 = 2 \cdot r\cos\theta - 4 \cdot r\sin\theta$.
これに，$x = r\cos\theta$, $y = r\sin\theta$, $r = \sqrt{x^2 + y^2}$ を代入して

$$x^2 + y^2 = 2x - 4y, \text{すなわち，} (x-1)^2 + (y+2)^2 = 5.$$

∴　中心 $(1, -2)$, 半径 $\sqrt{5}$ の円を表す．

例 91　(カーディオイド)　極方程式

$$r = a(1 + \cos\theta) \quad (a > 0)$$

で表される曲線をカーディオイド (心臓形) という．

$f(\theta) = a(1 + \cos\theta)$ とおくと，$f(-\theta) = f(\theta)$ であるから，曲線は始線 (x 軸) に関して対称．よって，$0 \leqq \theta \leqq \pi$ について考えれば十分である．

θ	0	$\cdots$	$\dfrac{\pi}{2}$	$\cdots$	π
$\cos\theta$	1	↘	0	↘	-1
r	$2a$	↘	a	↘	0

以上より，曲線は次のようになる．

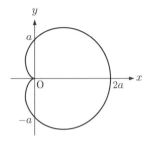

例 92　(レムニスケート)　極方程式
$$r^2 = a^2 \cos 2\theta \quad (a > 0)$$
で表される曲線をレムニスケート (連珠形) という.

$f(\theta) = a^2 \cos 2\theta$ とおくと, $f(-\theta) = f(\theta)$, $f(\pi + \theta) = f(\theta)$ であるから, 曲線は x 軸と y 軸に関して対称. よって, $0 \leqq \theta \leqq \dfrac{\pi}{2}$ について考えれば十分である. このとき, $r^2 = a^2 \cos 2\theta \geqq 0$ であるから, 曲線は $0 \leqq \theta \leqq \dfrac{\pi}{4}$ のときにのみ存在する.

θ	0	$\cdots$	$\dfrac{\pi}{8}$	$\cdots$	$\dfrac{\pi}{4}$
$\cos 2\theta$	1	$\searrow$	$\dfrac{1}{\sqrt{2}}$	$\searrow$	0
r	a	$\searrow$	$\dfrac{a}{\sqrt{2}}$	$\searrow$	0

以上より, 曲線は次のようになる.

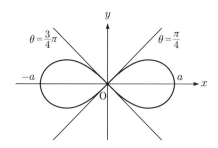

注意 59　極方程式 $r = f(\theta)$ は
$$x = f(\theta) \cos\theta, \quad y = f(\theta) \sin\theta$$
とパラメータ表示できる.

付録 B　実数から複素数へ

$i^2 = -1$ を満たす記号 i の由来については, すでに第 2 章の (参考 8) と高次方程式のところで説明済みである. この i は虚数単位と呼ばれ, ときには $\sqrt{-1}$ とかかれることもある. 実数 $x, y \in \mathbf{R}$ の「対」を用いて,
$$z = x + iy \quad \text{または} \quad z = x + yi$$

と表される z を複素数と定義する．x を z の実部，y を z の虚部といい，

$$x = \operatorname{Re} z, \quad y = \operatorname{Im} z$$

とかく．複素数は「実数を拡張する数概念」であると同時に，「ベクトル」の側面と，両方を兼ね備えている．

B.1　実数を拡張する数概念としての複素数

数概念における自然な要求は「相等性，四則演算」ということになる．

定義 1(複素数の演算) 2 つの複素数 $z_1 = x_1 + y_1 i$, $z_2 = x_2 + y_2 i$ に対して，その間の演算を次のように定義する．

相等性： $z_1 = z_2 \iff x_1 = x_2$　かつ　$y_1 = y_2$.

　　和： $z_1 + z_2 = (x_1 + x_2) + (y_1 + y_2)i$.

　　差： $z_1 - z_2 = (x_1 - x_2) + (y_1 - y_2)i$.

　　積： $z_1 z_2 = (x_1 x_2 - y_1 y_2) + (x_1 y_2 + x_2 y_1)i$.

　　商： $\dfrac{z_1}{z_2} = \dfrac{x_1 x_2 + y_1 y_2}{x_2{}^2 + y_2{}^2} + \dfrac{-x_1 y_2 + x_2 y_1}{x_2{}^2 + y_2{}^2} i$ ($z_2 \neq 0$ のときのみ定義).

例 93　(1) $(5 + 3i) + (-2 + 4i) = (5 - 2) + (3 + 4)i = 3 + 7i$.

(2) $(7 - 5i) - (3 + i) = (7 - 3) + (-5 - 1)i = 4 - 6i$.

(3) $(3 + 5i)(-2 + i) = 3 \cdot (-2) - 5 + (3 - 10)i = -11 - 7i$.

(4) $\dfrac{2 + i}{3 - 2i} = \dfrac{2 \cdot 3 + 1 \cdot (-2)}{3^2 + 2^2} + \dfrac{-2 \cdot (-2) + 1 \cdot 3}{3^2 + 2^2} i = \dfrac{4}{13} + \dfrac{7}{13} i$.

O-xy(直交) 座標系を考える．任意の複素数 $z = x + yi$ に対して，その定義から，実数の対 x, y を座標にもつ平面上の点 $\mathrm{P}(x, y)$ が一意的に定まる．したがって，複素数全体の集合 $\mathbf{C} = \{ z \,|\, z = x + yi,\ x, y \in \mathbf{R} \}$ と平面の点全体の集合 $\mathbf{R}^2$ の間に 1 対 1 の対応が自然につけられる (この場合は

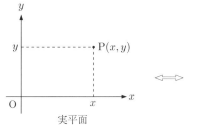

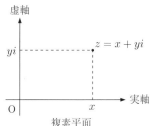

$\mathbf{R}^2 = \mathbf{R} \times \mathbf{R} = \{(x, y) \,|\, x, y \in \mathbf{R}\}$). この対応によって，複素数全体を表す平面を複素平面，またはガウス平面とよぶ.

複素数 $z = x + yi$ に対して，z の共役複素数を $\overline{z}$ で表し，$\overline{z} = x - yi$ で定義する. z の大きさは

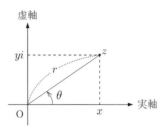

$$絶対値 \quad |z| = \sqrt{x^2 + y^2}$$

で定義される. したがって，z と $\overline{z}$ は実軸に関して対称であり，$|z| = |\overline{z}|$ である. 線分 OP と実軸の正の方向となす角を実軸から反時計回りに測ったものを z の偏角といい，$\arg z$ とかく. $\arg z$ には $2n\pi \, (n = 0, \pm1, \pm2, \cdots)$ を加えても z の位置はかわらない. 特に，$\arg z$ のとる値で $(-\pi, \pi]$ に制限したものを $\arg z$ の主値といい，$\mathrm{Arg}\, z$ とかく. すなわち，$z \neq 0$ のとき

$$-\pi < \mathrm{Arg}\, z \leqq \pi, \quad \arg z = \mathrm{Arg}\, z + 2n\pi \quad (n = 0, \pm1, \pm2, \cdots).$$

複素数 $z = x + yi$ に対して，次の表現法はたいへん重要である.

$$z \text{ の極形式} : z = r(\cos\theta + i\sin\theta),$$
$$r = |z| = \sqrt{x^2 + y^2},$$
$$\theta = z \text{ の偏角}$$

オイラーの公式 $: e^{i\theta} = \cos\theta + i\sin\theta$

ド・モアブルの公式 $: (\cos\theta + i\sin\theta)^n = \cos n\theta + i\sin n\theta \quad (n = 0, 1, 2, \cdots)$

よって，$z = re^{i\theta}$, $z^n = r^n e^{in\theta} \quad (n = 0, 1, 2, \cdots)$.

例 94 $w = \sqrt{3} + i$ のとき，$|w| = \sqrt{(\sqrt{3})^2 + 1^2} = \sqrt{4} = 2$.

$$w = 2\left(\frac{\sqrt{3}}{2} + \frac{1}{2}i\right) = 2\left(\cos\frac{\pi}{6} + i\sin\frac{\pi}{6}\right). \quad \text{ド・モアブルの公式より}$$

$$w^{32} = \left\{2\left(\cos\frac{\pi}{6} + i\sin\frac{\pi}{6}\right)\right\}^{32} = 2^{32}\left(\cos\frac{32}{6}\pi + i\sin\frac{32}{6}\pi\right)$$

$$= 2^{32}\left(\cos\frac{\pi}{3} + i\sin\frac{\pi}{3}\right) = 2^{32}\left(\frac{1}{2} + \frac{\sqrt{3}}{2}i\right) = 2^{31}(1 + \sqrt{3}i).$$

B.2 ベクトルとしての複素数

複素数 $z = x + yi$ には，実部 x と虚部 y を
座標にもつ O-xy 座標平面上の点 P(x, y) が一
意的に対応する．このとき，矢線ベクトル $\overrightarrow{\mathrm{OP}}$
を $\boldsymbol{z}$ で書くと，$\boldsymbol{z} = \overrightarrow{\mathrm{OP}} = x\boldsymbol{i} + y\boldsymbol{j}$ ($\boldsymbol{i}$ は x 軸
正方向の単位ベクトル，$\boldsymbol{j}$ は y 軸正方向の単位

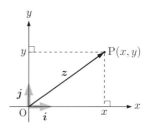

ベクトル) となり，さらに，2 次元数ベクトルを用いると $\boldsymbol{z} = \begin{pmatrix} x \\ y \end{pmatrix}$ と書かれ
る．このようにして，複素数 z はベクトル $\boldsymbol{z}$ として捉えることができる．複素
数は「数」と「ベクトル」という 2 面性をもっているが，ここでは，「この 2 面
性はまったく異なる性質のものである」ことだけ言及しておく．

$0 = 0 + i0$ であるから，$\boldsymbol{0} = 0\boldsymbol{i} + 0\boldsymbol{j} = \begin{pmatrix} 0 \\ 0 \end{pmatrix}$．ただし，$\mathbf{R}^2$ の点 P(x, y) は

ベクトル $\begin{pmatrix} x \\ y \end{pmatrix}$ と 1 対 1 に対応しており，$\mathbf{R}^2$ を次のように定義しても (同一
視しても) よい．

$$\mathbf{R}^2 = \left\{ \boldsymbol{z} = \begin{pmatrix} x \\ y \end{pmatrix} \middle| x, y \in \mathbf{R} \right\},$$

$$\boldsymbol{i} = \begin{pmatrix} 1 \\ 0 \end{pmatrix}, \ \boldsymbol{j} = \begin{pmatrix} 0 \\ 1 \end{pmatrix} \ \text{は } \mathbf{R}^2 \text{の基本ベクトル}.$$

このように定義された $\mathbf{R}^2$ を 2 次元 (数) ベクトル空間という．ベクトルにつ
いての「相等性，二則演算」は次のようになる．

定義 2(ベクトルの演算) ベクトル $\boldsymbol{z} = \begin{pmatrix} x \\ y \end{pmatrix} (= \overrightarrow{\mathrm{OP}})$, $\boldsymbol{z}_1 = \begin{pmatrix} x_1 \\ y_1 \end{pmatrix} (= \overrightarrow{\mathrm{OP}_1})$,

$\boldsymbol{z}_2 = \begin{pmatrix} x_2 \\ y_2 \end{pmatrix} (= \overrightarrow{\mathrm{OP}_2})$, $\boldsymbol{z}_3 = \begin{pmatrix} x_3 \\ y_3 \end{pmatrix} (= \overrightarrow{\mathrm{OP}_3}) \in \mathbf{R}^2$ に対して，

相等性：$\boldsymbol{z}_1 = \boldsymbol{z}_2 \iff x_1 = x_2$ かつ $y_1 = y_2$(すなわち，$\mathrm{P}_1 = \mathrm{P}_2$).

和：$\boldsymbol{z}_1 + \boldsymbol{z}_2 = \begin{pmatrix} x_1 + x_2 \\ y_1 + y_2 \end{pmatrix} (= \overrightarrow{\mathrm{OP}_1} + \overrightarrow{\mathrm{OP}_2})$.

差：$\boldsymbol{z}_1 - \boldsymbol{z}_2 = \begin{pmatrix} x_1 - x_2 \\ y_1 - y_2 \end{pmatrix} (= \overrightarrow{\mathrm{OP}_1} - \overrightarrow{\mathrm{OP}_2} = \overrightarrow{\mathrm{P}_2\mathrm{P}_1})$.

(数と同じ積と商の定義はない.)

スカラー倍 : $\lambda z = \begin{pmatrix} \lambda x \\ \lambda y \end{pmatrix}$ （λ は実数とする）.

以上の定義により次のような性質が成り立つ.

(1) $z_1 + z_2 = z_2 + z_1$,　　　　　(2) $(z_1 + z_2) + z_3 = z_1 + (z_2 + z_3)$,

(3) $z + \mathbf{0} = z$,　　　　　　　　(4) $z + (-z) = \mathbf{0}$,

(5) $\alpha(z_1 + z_2) = \alpha z_1 + \alpha z_2$,　　(6) $(\alpha + \beta)z = \alpha z + \beta z$,

(7) $(\alpha\beta)z = \alpha(\beta z)$,　　　　　(8) $1z = z$.

　ベクトルの和と差だけの演算ではベクトルの大きさやベクトル同士のなす角などが測れず，$\mathbf{R}^2$ 空間でのベクトルの機能が発揮できない．つまり $\mathbf{R}^2$ 空間に計量を導入する必要がある．残念なことに，数概念における商に直接対応する演算はないが，積に対応する概念の 1 つとして内積という概念がある.

　対応：ベクトル $z \longleftrightarrow$ 複素数 z に対して

　　　z の大きさ（z のノルム）の定義：$\|z\| = z$ の大きさ $|z|$.

このように定義された $\|\cdot\|$ は次のノルムの公理を満たす.

　ノルムの性質：ベクトル $z, z_1, z_2 \in \mathbf{R}^2$ と実数 α に対して

(1) $\|z\| \geqq 0$　（$\|z\| = 0 \iff z = \mathbf{0}$）,

(2) $\|z_1 + z_2\| \leqq \|z_1\| + \|z_2\|$　（三角不等式）,

(3) $\|\alpha z\| = |\alpha|\,\|z\|$.

　内積の定義：ベクトル $z_1, z_2 \in \mathbf{R}^2$，$z_1, z_2$ のなす角を θ $(0 \leqq \theta \leqq \pi)$ とするとき，

$$(z_1, z_2) = \|z_1\|\,\|z_2\|\cos\theta.$$

このとき，ベクトル $z \in \mathbf{R}^2$ に対して $\|z\| = \sqrt{(z, z)}$.

　このように定義された内積 (,) は次の性質を満たす.

　内積の性質：ベクトル $z, z_1, z_2, z_3 \in \mathbf{R}^2$ と実数 λ に対して

(1) $(z, z) \geqq 0$　（$(z, z) = 0 \iff z = \mathbf{0}$）,

(2) $(z_1, z_2) = (z_2, z_1)$,

(3) $(z_1, z_2 + z_3) = (z_1, z_2) + (z_1, z_3)$,

(4) $(\lambda z_1, z_2) = \lambda(z_1, z_2) = (z_1, \lambda z_2)$.

$\|z_1\| \neq 0$, $\|z_2\| \neq 0$, z_1 と z_2 のなす角を θ とするとき, 対応 : ベクトル $z_i \longleftrightarrow$ 複素数 z_i $(i = 1, 2)$ に対して

$$\cos\theta = \frac{(z_1, z_2)}{\|z_1\|\,\|z_2\|} = \frac{(z_1, z_2)}{|z_1|\,|z_2|}.$$

三角形の余弦定理 : $\|z_1 - z_2\|^2 = \|z_1\|^2 + \|z_2\|^2 - 2(z_1, z_2).$

したがって, $z_1 = \begin{pmatrix} x_1 \\ y_1 \end{pmatrix}$, $z_2 = \begin{pmatrix} x_2 \\ y_2 \end{pmatrix}$ ならば, 三角形の余弦定理により

$$(z_1, z_2) = x_1 x_2 + y_1 y_2.$$

以上のように, 複素数の大きさは絶対値 $|\cdot|$ で, ベクトルの大きさ (または長さ) はノルム $\|\cdot\|$ で表す.

例 95　$z_1 = \begin{pmatrix} 2 \\ 1 \end{pmatrix}$, $z_2 = \begin{pmatrix} 1 \\ 3 \end{pmatrix}$ のとき,

$(z_1, z_1) = 2 \cdot 2 + 1 \cdot 1 = 5$ より, $\|z_1\| = \sqrt{5}.$

$(z_2, z_2) = 1 \cdot 1 + 3 \cdot 3 = 10$ より, $\|z_2\| = \sqrt{10}.$

$(z_1, z_2) = 2 \cdot 1 + 1 \cdot 3 = 5.$

z_1 と z_2 のなす角を θ とすれば, $\cos\theta = \dfrac{5}{\sqrt{5}\sqrt{10}} = \dfrac{1}{\sqrt{2}}.$

$0 \leqq \theta \leqq \pi$ であるから, $\theta = \dfrac{\pi}{4}.$

連立 1 次方程式 : $\begin{cases} ax + by = p \\ cx + dy = q \end{cases}$ について, $A = \begin{pmatrix} a & b \\ c & d \end{pmatrix}$, $z = \begin{pmatrix} x \\ y \end{pmatrix}$,

$c = \begin{pmatrix} p \\ q \end{pmatrix}$ とおくと, 連立 1 次方程式は $Az = c$ と表せる. このような連立 1 次方程式の解の存在性, 解そのもの, 解の一意性などは行列 A に関する情報から組織的に理論的に説明できる. これらのベクトルや行列についての詳細は線形代数で学ぶことになる.

(**参考** *12*)　虚数は方程式論との関連で, ルネッサンス期後半にカルダノ (1501 − 1576) によって発見されたといわれている. 後に, ド・モアブル (1667 − 1754) によって三角関数に応用され, ド・モアブルの公式が得られ, また, オイラー (1707 − 1783) によって指数関数に応用され, オイラーの公式が得られた. なお, 虚数単位 $i\,(=\sqrt{-1}\,)$ はオイラーによって初めて使われたといわれており, 実部と虚部からなる複素数はガウス (1777 − 1855) によって命名されたといわ

れている. 実は, この複素数の導入こそが, 現代数学および数理解析を必要とする全ての科学の発展の根底をなしている.

付録 C   命題と条件

必要条件と十分条件   正しいか, 正しくないかが判定できる式や文で表された事柄 (主張) のことを命題という. たとえば, 「$5 > 3$」は (「5 は 3 より大きい」という事柄 (主張) を表すので) 正しい命題であり, 「10 は素数である」は (10 は素数ではないので) 正しくない命題である. また, 「$x > 1$ ならば $x^2 > 1$」も正しい命題である. ところで, 「$x > 1$ である」という条件を p, 「$x^2 > 1$ である」という条件を q で表せば, この命題は

$$p \quad ならば \quad q$$

という形の正しい命題となる. これを

$$p \implies q$$

のように表す. このとき, 条件 p を仮定, 条件 q を結論という.

一般に 2 つの条件 p, q に対して, 命題「$p \implies q$」が正しいとき, p は q であるための十分条件, q は p であるための必要条件であるという.

例 96 x, y が実数のとき, 命題「$x > 1$ かつ $y > 1$」$\implies$「$x + y > 2$」は正しい. したがって, 「$x > 1$ かつ $y > 1$」は「$x + y > 2$」であるための十分条件であり, 「$x + y > 2$」は「$x > 1$ かつ $y > 1$」であるための必要条件である.

同値 (必要十分条件)   条件 p, q に対して, 2 つの命題

$$「p \implies q」 \quad と \quad 「q \implies p」$$

がともに正しいとき, p と q は同値である, あるいは, p は q であるための必要十分条件であるといい

$$p \iff q$$

のように表す.

例 97 $a > 0, b > 0$ のとき, 「$a > b \iff a^2 > b^2$」(例題 34 をみよ). つまり, $a > 0, b > 0$ のとき, 「$a > b$」と「$a^2 > b^2$」は同値である.

いろいろな条件   条件 p, q に対して, p または q (p と q の少なくとも一方が

成り立つ条件を意味), p かつ q (p と q の両方が成り立つ条件を意味), p ではないという 3 種類の条件を考える. 条件 p ではないを p の否定といい, $\overline{p}$ で表す.

例 98　実数 x について,

$$「x \geqq 0 \text{ または } -2 \leqq x \leqq 2」 \iff 「x \geqq -2」.$$
$$「x \geqq 0 \text{ かつ } -2 \leqq x \leqq 2」 \iff 「0 \leqq x \leqq 2」.$$
$$\overline{x \geqq 0} \iff x < 0.$$

ド・モルガンの法則　条件 p, q に対して,

(1) $\overline{p \text{ または } q} \iff \overline{p} \text{ かつ } \overline{q}.$　(2) $\overline{p \text{ かつ } q} \iff \overline{p} \text{ または } \overline{q}.$

例 99　$\overline{x > 0 \text{ または } y > 0} \iff \overline{x > 0} \text{ かつ } \overline{y > 0} \iff x \leqq 0 \text{ かつ } y \leqq 0.$

$$\therefore \overline{x > 0 \text{ または } y > 0} \iff x \leqq 0 \text{ かつ } y \leqq 0.$$

いろいろな命題　命題「$p \implies q$」に対して,

「$q \implies p$」を逆,　「$\overline{p} \implies \overline{q}$」を裏,　「$\overline{q} \implies \overline{p}$」を対偶

という.

例 100　命題「$x > 0 \implies x^2 > 0$」に対して,

逆は「$x^2 > 0 \implies x > 0$」, 裏は「$x \leqq 0 \implies x^2 \leqq 0$」,　対偶は「$x^2 \leqq 0 \implies x \leqq 0$」

となる.

命題とその対偶　ある命題が正しいならば, その対偶も正しい. 逆に, ある命題の対偶が正しいならば, もとの命題も正しい.

✎　**注意 60**　ある命題を証明するとき, その命題の対偶を証明してもよいことがわかる.

数学的帰納法　ある固定された自然数 $p (\geqq 1)$ に対して, $n \geqq p$ となるすべての自然数 n に対して成立する命題 $P(n)$ があるとする. この命題を証明するとき, 自然数の個数は無限個あるので, すべての自然数で命題の成立を確かめることは不可能である. そこで, 上のすべての自然数に対して命題の成立を保証する「規約的」論法が数学的帰納法という論法 (公理) である. ここでは, 簡単に次の 2 つのタイプだけを紹介する.

Type(I)　(i) $n = p$ のとき $P(p)$ が成立する.

(ii) $p \leqq m$ となる任意の自然数 m に対して，$P(m)$ が成立すると仮定すると，常に $P(m+1)$ が成立する.

　この (i) および (ii) を示すことによって，$n \geqq p$ となるすべての自然数 n に対して，命題 $P(n)$ の成立を証明するタイプ.

Type(II)　(i) $n = p$ のとき $P(p)$ が成立する.

(ii) $p \leqq n \leqq m$ となるすべての自然数 n に対して $P(n)$ が成立すると仮定すると，常に $P(m+1)$ が成立する.

　この (i) および (ii) を示すことによって，$n \geqq p$ となるすべての自然数 n に対して，命題 $P(n)$ の成立を証明するタイプ.

例題 97　すべての自然数 n に対して，$\displaystyle\sum_{k=1}^{n} k = \dfrac{n(n+1)}{2}$ である.

証明　(Type(I) の応用)　(i) $n = 1$ のとき，左辺 $= 1$, 右辺 $= \dfrac{1 \cdot (1+1)}{2} = 1$ で成立.

(ii) $n = m$(自然数) のとき，$\displaystyle\sum_{k=1}^{m} k = \dfrac{m(m+1)}{2}$ が成り立つと仮定する. このとき

$$\sum_{k=1}^{m+1} k = \sum_{k=1}^{m} k + (m+1) = \frac{m(m+1)}{2} + (m+1) = \frac{(m+1)(m+2)}{2}$$

となり，$n = m+1$ のときも命題は成立する. ゆえに，数学的帰納法によりすべての自然数 n に対して命題が成立する.

例題 98　1 より大きい素数でない自然数を合成数という. 合成数は有限個の素数の積で表すことができる.

証明　(Type(II) の応用)　最小の合成数は 4 で，$4 = 2 \cdot 2$ であるから命題は成り立つ. $4 \leqq n \leqq m$ となるすべての自然数 n に対して命題が成立すると仮定する. $m+1$ が素数ならば命題は自明である. $m+1$ が合成数ならば，1 より大きい m 以下の自然数 a, b が存在して，$m+1 = ab$ と表せる. a, b が素数ならば，$m+1$ は素数 2 つの積となり命題が成り立つ. a, b のうち合成数であるものがあれば，仮定により $m+1$ に対しても命題が成立する. ゆえに，数学的帰納法によりすべての合成数に対して命題は成り立つ.

背理法 ある命題が成立することを証明したい. このとき, 直接的論法ではなく, 命題 (または, 命題の前提はそのままにして結論のみ) を否定して, 矛盾が生ずることを示すことによって, もとの命題の成立を証明する論法である.

例題 99 $\sqrt{2}$ は無理数である.

> **証明** 証明は (p.4, 例 1) をみよ.

例題 100 自然数 n に対して,「n^2 が偶数 $\implies$ n は偶数」が成り立つ.

> **証明** n^2 は偶数であるが, n は奇数となる自然数 n が存在すると仮定しよう. このとき, $n = 2k + 1$ (k は整数) とかける.
>
> $$\therefore \quad n^2 = (2k+1)^2 = 4k^2 + 4k + 1 = 2(2k^2 + 2k) + 1 = 奇数$$
>
> となり, これは「n^2 が偶数」であるという仮定に矛盾する. ゆえに, n は偶数である.

次の不等式はよく使われる不等式である (本書でも, 基礎事項の証明 (p.174) で使用).

例題 101 (ベルヌーイの不等式) $x > 0$ のとき, 2 以上の自然数 n に対して

$$(1+x)^n > 1 + nx.$$

> **証明** n に関する数学的帰納法で証明する.
>
> (i) $n = 2$ のとき, $(1+x)^2 = 1 + 2x + x^2 > 1 + 2x$ で成立.
>
> (ii) $n = m$ (2 以上の自然数) のとき, $(1+x)^m > 1 + mx$ と仮定する. このとき,
>
> $$\begin{aligned} (1+x)^{m+1} &= (1+x)^m (1+x) \\ &> (1+mx)(1+x) \\ &= 1 + mx + x + mx^2 \\ &> 1 + (m+1)x \end{aligned}$$
>
> となり, $n = m + 1$ のときも命題は成立する. よって, 数学的帰納法によりすべての自然数 $n \, (\geqq 2)$ に対して命題が成立する.

問題の解答

基本問題 1.1

問題 1 (1) $2x^2 - 3x - 4 + (x^2 + x + 9) = (2x^2 + x^2) + (-3x + x) + (-4 + 9)$
$= 3x^2 - 2x + 5$.

(2) $x^4 + 5x^3 + 2x^2 - 8x + 4 - (5x^3 + 3x^2 - 8x + 2) = x^4 + (5x^3 - 5x^3)$
$+ (2x^2 - 3x^2) + (-8x + 8x) + (4 - 2) = x^4 - x^2 + 2$.

問題 2 (1) $2x(x - 3) = 2x \cdot x - 2x \cdot 3 = 2x^2 - 6x$.

(2) $(x + 7)(x + 8) = x^2 + (7 + 8)x + 7 \cdot 8 = x^2 + 15x + 56$.

(3) $(x - 5)(x - 9) = x^2 - (5 + 9)x + (-5) \cdot (-9) = x^2 - 14x + 45$.

(4) $(x + 4)(x - 7) = x^2 + (4 - 7)x + 4 \cdot (-7) = x^2 - 3x - 28$.

(5) $(x + 3)^2 = x^2 + 2 \cdot 3 \cdot x + 3^2 = x^2 + 6x + 9$.

(6) $(x - 4)^2 = x^2 - 2 \cdot 4 \cdot x + 4^2 = x^2 - 8x + 16$.

(7) $(x + 1)(x - 1) = x^2 - 1^2 = x^2 - 1$.

(8) $(x + 7)(x - 7) = x^2 - 7^2 = x^2 - 49$.

(9) $(3x - 2y)(2x + 3y) = 3x(2x + 3y) - 2y(2x + 3y) = 6x^2 + 9xy$
$- (4xy + 6y^2) = 6x^2 + 5xy - 6y^2$

(10) $(a + b + c)^2 = \{(a + b) + c\}^2 = (a + b)^2 + 2(a + b)c + c^2$
$= (a^2 + 2ab + b^2) + 2ac + 2bc + c^2 = a^2 + b^2 + c^2 + 2ab + 2bc + 2ca$.

(11) $(x + 2)^3 = x^3 + 3 \cdot x^2 \cdot 2 + 3 \cdot x \cdot 2^2 + 2^3 = x^3 + 6x^2 + 12x + 8$.

(12) $(x - 4)^3 = x^3 + 3 \cdot x^2 \cdot (-4) + 3 \cdot x \cdot (-4)^2 + (-4)^3$
$= x^3 - 12x^2 + 48x - 64$.

(13) $(x - 2)(x - 3)(x + 2)(x + 3) = \{(x - 2)(x + 2)\} \{(x - 3)(x + 3)\}$
$= (x^2 - 4)(x^2 - 9) = x^4 - 13x^2 + 36$.

(14) $x(x + 1)(x + 2)(x + 3) = \{x(x + 3)\} \{(x + 1)(x + 2)\}$
$= (x^2 + 3x)(x^2 + 3x + 2) = (x^2 + 3x)^2 + (x^2 + 3x) \cdot 2$
$= x^4 + 6x^3 + 11x^2 + 6x$.

(15) $(x^2 + x + 1)(x^2 - x + 1)(x^4 - x^2 + 1)$
$= \{(x^2 + 1) + x\} \{(x^2 + 1) - x\} (x^4 - x^2 + 1)$
$= \{(x^2 + 1)^2 - x^2\} (x^4 - x^2 + 1) = (x^4 + 1 + x^2)(x^4 + 1 - x^2)$
$= (x^4 + 1)^2 - (x^2)^2 = x^8 + x^4 + 1$.

問題 3 (1) $x^2 - 3x = x(x - 3)$.

(2) $(a - b)x - (b - a)y = (a - b)x + (a - b)y = (a - b)(x + y)$.

(3) $x^2 + 6x + 8 = x^2 + (2+4)x + 2 \cdot 4 = (x+2)(x+4)$.

(4) $x^2 - 6x + 5 = x^2 - (1+5)x + 1 \cdot 5 = (x-1)(x-5)$.

(5) $ax^2 + 6ax - 7a = a(x^2 + 6x - 7) = a(x+7)(x-1)$.

(6) $4 - a^2 = 2^2 - a^2 = (2+a)(2-a)$.

(7) $4a^2 - 9 = (2a)^2 - 3^2 = (2a+3)(2a-3)$.

(8) $a^2 - b^2 + ax + bx = (a+b)(a-b) + (a+b)x = (a+b)(a-b+x)$.

(9) $x^3 - x = x(x^2 - 1) = x(x+1)(x-1)$.

(10) $3x^4 - 243 = 3(x^4 - 81) = 3\left\{(x^2)^2 - 9^2\right\} = 3(x^2 + 9)(x^2 - 9)$
$= 3(x^2 + 9)(x+3)(x-3)$.

(11) $x^3 y - 3x^2 y^2 + 2xy^3 = xy(x^2 - 3xy + 2y^2) = xy(x-y)(x-2y)$.

(12) $a^2(3x - 2y) + 4b^2(2y - 3x) = a^2(3x - 2y) - 4b^2(3x - 2y)$
$= (a^2 - 4b^2)(3x - 2y) = (a+2b)(a-2b)(3x - 2y)$.

問題 4　(1) x^2 の係数が 2 だから，

$$2x^2 + 5x - 3 = (2x + a)(x + b)(= 2x^2 + (a+2b)x + ab)$$

と因数分解されたとすると，

$$\begin{cases} a + 2b = 5 \\ ab = -3 \end{cases}$$

これを解いて，$a = -1, b = 3$ とわかる．$\therefore\ 2x^2 + 5x - 3 = (2x - 1)(x + 3)$.

(2) x^2 の係数が 5 だから，$5x^2 + 6x + 1 = (5x + a)(x + b)$ と因数分解されたとすると，$5x^2 + 6x + 1 = 5x^2 + (a + 5b)x + ab$ より，$\begin{cases} a + 5b = 6 \\ ab = 1 \end{cases}$　これを解いて，$a = 1, b = 1$ とわかる．$\therefore\ 5x^2 + 6x + 1 = (5x + 1)(x + 1)$.

(3) x^2 の係数が $6(= 2 \times 3 = 6 \times 1)$ だから，
(i) $6x^2 - 5x + 1 = (3x + a)(2x + b)$　または　(ii) $6x^2 - 5x + 1 = (6x + a)(x + b)$
と因数分解されたとすると，

$$(3x + a)(2x + b) = 6x^2 + (2a + 3b)x + ab,$$
$$(6x + a)(x + b) = 6x^2 + (a + 6b)x + ab.$$

(i) $\begin{cases} 2a + 3b = -5 \\ ab = 1 \end{cases}$　または　(ii) $\begin{cases} a + 6b = -5 \\ ab = 1 \end{cases}$

これを満たす整数 a, b を探してみると，(i) を満たす a, b の値は $a = b = -1$ で，(ii) を満たす整数 a, b は存在しない．$\therefore\ 6x^2 - 5x + 1 = (2x - 1)(3x - 1)$.

(4) $6x^2 - 7xy + 2y^2 = (3x - 2y)(2x - y)$.

(5) $3x^2 y - 10xy^2 + 3y^3 = y(3x^2 - 10xy + 3y^2) = y(3x - y)(x - 3y)$.

問題 5　(1) $(a+b)(a^2 - ab + b^2) = a(a^2 - ab + b^2) + b(a^2 - ab + b^2) = a \times a^2 - a \times ab + a \times b^2 + b \times a^2 - b \times ab + b \times b^2 = a^3 - a^2 b + ab^2 + a^2 b - ab^2 + b^3 = a^3 + b^3$.

(2) $(a-b)(a^2+ab+b^2) = a(a^2+ab+b^2) - b(a^2+ab+b^2) = a \times a^2 + a \times ab + a \times b^2 - b \times a^2 - b \times ab - b \times b^2 = a^3 + a^2b + ab^2 - a^2b - ab^2 - b^3 = a^3 - b^3$.

問題 6 (1) $a^3 + 1 = a^3 + 1^3 = (a+1)(a^2 - a \times 1 + 1^2) = (a+1)(a^2 - a + 1)$.

(2) $a^3 - 1 = a^3 - 1^3 = (a-1)(a^2 + a \times 1 + 1^2) = (a-1)(a^2 + a + 1)$.

(3) $x^3 + 8 = x^3 + 2^3 = (x+2)(x^2 - x \times 2 + 2^2) = (x+2)(x^2 - 2x + 4)$.

(4) $x^5 - 27x^2 = x^2(x^3 - 27) = x^2(x^3 - 3^3) = x^2(x-3)(x^2 + 3x + 9)$.

(5) $ab^3c^3 - a = a(b^3c^3 - 1) = a\left\{(bc)^3 - 1\right\} = a(bc-1)(b^2c^2 + bc + 1)$.

(6) $x^6 - y^6 = (x^3)^2 - (y^3)^2$
$= (x^3 + y^3)(x^3 - y^3) = (x+y)(x^2 - xy + y^2)(x-y)(x^2 + xy + y^2)$.

問題 7 (1) $x^2 - 2x + 7 = ax(x+1) + b(x-1)(x+1) + c = (a+b)x^2 + ax + c - b$.

同じ次数の項の係数を比較して，$\begin{cases} a+b=1 \\ a=-2 \\ c-b=7 \end{cases}$ これを解いて，

$a = -2,\ b = 3,\ c = 10$.

(2) $6x^3 + x^2 + 4x - 3 = a(x+1)(x^2+1) + b(x-1)(x^2+1) + c(x+2)(x^2-1)$
$= (a+b+c)x^3 + (a-b+2c)x^2 + (a+b-c)x + (a-b-2c)$.

同じ次数の項の係数を比較して，$\begin{cases} a+b+c=6 \\ a-b+2c=1 \\ a+b-c=4 \\ a-b-2c=-3 \end{cases}$ これを解いて，

$a = 2,\ b = 3,\ c = 1$.

問題 8

(1)

$$
\begin{array}{r}
3 \\
x+1 \overline{)\ 3x-2} \\
\underline{3x+3} \\
-5
\end{array}
$$

$\therefore$ 商 3, 余り -5.

(2)

$$
\begin{array}{r}
x+9 \\
x-3 \overline{)\ x^2 + 6x -\ 2} \\
\underline{x^2 - 3x} \\
9x -\ 2 \\
\underline{9x - 27} \\
25
\end{array}
$$

$\therefore$ 商 $x+9$, 余り 25.

(3)

$$
\begin{array}{r}
2x +3 \\
x^2 - x + 1 \overline{)\ 2x^3 +\ x^2 - 3x + 2} \\
\underline{2x^3 - 2x^2 + 2x} \\
3x^2 - 5x + 2 \\
\underline{3x^2 - 3x + 3} \\
-2x - 1
\end{array}
$$

∴ 商 $2x + 3$, 余り $-2x - 1$.

(4)

$$
\begin{array}{r}
x^3 - 2x^2 + 9x - 24 \\
x^2 + 2x - 3 \;\overline{)\; x^5 + 2x^3 + 2x + 1} \\
\underline{x^5 + 2x^4 - 3x^3} \\
-2x^4 + 5x^3 \\
\underline{-2x^4 - 4x^3 + 6x^2} \\
9x^3 - 6x^2 + 2x \\
\underline{9x^3 + 18x^2 - 27x} \\
-24x^2 + 29x + 1 \\
\underline{-24x^2 - 48x + 72} \\
77x - 71.
\end{array}
$$

∴ 商 $x^3 - 2x^2 + 9x - 24$, 余り $77x - 71$

問題 9　(1) $x^2 - 9 = (x+3)(x-3)$, $x^2 + 10x + 21 = (x+3)(x+7)$.

∴ 最大公約数は $x + 3$, 最小公倍数は $(x+3)(x-3)(x+7)$.

(2) $x^2 - x = x(x-1)$, $x^3 + x^2 - 2x = x(x^2 + x - 2) = x(x-1)(x+2)$.

∴ 最大公約数は $x(x-1)$, 最小公倍数は $x(x-1)(x+2)$.

問題 10　(1) $f(x) = x^3 - 4x^2 + 5x - 2$ とおくと, $f(1) = 1^3 - 4 \times 1^2 + 5 \times 1 - 2 = 0$. よって, 因数定理により $f(x)$ は $x - 1$ で割り切れる. あとは, $f(x) \div (x - 1)$ を実行する.

$$
\begin{array}{r}
x^2 - 3x + 2 \\
x - 1 \;\overline{)\; x^3 - 4x^2 + 5x - 2} \\
\underline{x^3 - x^2} \\
-3x^2 + 5x \\
\underline{-3x^2 + 3x} \\
2x - 2 \\
\underline{2x - 2} \\
0
\end{array}
$$

∴ $f(x) = (x-1)(x^2 - 3x + 2) = (x-1)(x-1)(x-2) = (x-1)^2(x-2)$.

(2) $f(x) = x^3 - 2x^2 - 13x - 10$ とおくと, $f(-1) = 0$. よって, 因数定理により $f(x)$ は $x + 1$ で割り切れる. あとは, $f(x) \div (x + 1)$ を実行する.

$$\begin{array}{r}
x^2 - 3x\ -10 \\
x+1\ \overline{\smash{\big)}\ x^3 - 2x^2 - 13x - 10} \\
\underline{x^3 +\ x^2} \\
-3x^2 - 13x \\
\underline{-3x^2 -\ 3x} \\
-10x - 10 \\
\underline{-10x - 10} \\
0
\end{array}$$

$\therefore\quad f(x) = x^3 - 2x^2 - 13x - 10 = (x+1)(x^2 - 3x - 10) = (x+1)(x-5)(x+2).$

(3) $f(x) = x^4 + 5x^3 + 5x^2 - 5x - 6$ とおくと, $f(1) = f(-1) = 0$. よって, 因数定理により $f(x)$ は $(x-1)(x+1) = x^2 - 1$ で割り切れる. あとは, $f(x) \div (x^2 - 1)$ を実行する.

$$\begin{array}{r}
x^2 + 5x\ +6 \\
x^2 - 1\ \overline{\smash{\big)}\ x^4 + 5x^3 + 5x^2 - 5x - 6} \\
\underline{x^4\ -\ x^2} \\
5x^3 + 6x^2 - 5x \\
\underline{5x^3\ -\ 5x} \\
6x^2\ -\ 6 \\
\underline{6x^2\ -\ 6} \\
0
\end{array}$$

$\therefore\quad f(x) = (x^2 - 1)(x^2 + 5x + 6) = (x-1)(x+1)(x+2)(x+3).$

問題 11　$P(x)$ を $(x-2)(x+3)$ で割ったときの余りは 1 次以下であるから, $px+q$ とかける. したがって, $P(x) = (x-1)(x-2)Q(x) + px + q$ とおく. 剰余の定理により

$$P(2) = 3, P(-3) = -2 \text{ だから } \begin{cases} 2p + q = 3 \\ -3p + q = -2 \end{cases}$$

これを解いて $p = 1, q = 1$. $\therefore$ 求める余りは $x + 1$.

問題 12　$x - 1 = t$ とおくと, $x = t + 1$.

$\therefore\quad x^3 - 3x^2 + 4x + 7 = (t+1)^3 - 3(t+1)^2 + 4(t+1) + 7 = t^3 + t + 9$

$= (x-1)^3 + (x-1) + 9.$

基本問題 1.2

問題 13　(1) $\left(\dfrac{11}{3} + \dfrac{7}{9} \right) \times 0.75 \div \dfrac{3}{2} = \left(\dfrac{33}{9} + \dfrac{7}{9} \right) \times \dfrac{3}{4} \div \dfrac{3}{2}$

$= \dfrac{40}{9} \times \dfrac{3}{4} \div \dfrac{3}{2} = \dfrac{10}{3} \times \dfrac{2}{3} = \dfrac{20}{9}.$

(2) $\left\{ \left(\dfrac{2}{5} - \dfrac{1}{25} \right) \div \dfrac{4}{15} - \dfrac{5}{6} \div 1.25 \right\} \times 0.75$

$$= \left(\frac{9}{25} \div \frac{4}{15} - \frac{5}{6} \div \frac{5}{4} \right) \times \frac{3}{4}$$

$$= \left(\frac{9}{25} \times \frac{15}{4} - \frac{5}{6} \times \frac{4}{5} \right) \times \frac{3}{4} = \left(\frac{27}{20} - \frac{2}{3} \right) \times \frac{3}{4}$$

$$= \left(\frac{81}{60} - \frac{40}{60} \right) \times \frac{3}{4} = \frac{41}{60} \times \frac{3}{4} = \frac{41}{80}.$$

問題 14　(1) $\dfrac{3}{x-2} + \dfrac{2}{x+1} = \dfrac{3(x+1)}{(x-2)(x+1)} + \dfrac{2(x-2)}{(x-2)(x+1)}$

$$= \frac{3(x+1)+2(x-2)}{(x-2)(x+1)} = \frac{3x+3+2x-4}{(x-2)(x+1)} = \frac{5x-1}{(x-2)(x+1)}.$$

(2) $\dfrac{2}{x^2-3x+2} - \dfrac{1}{x^2-1} = \dfrac{2}{(x-1)(x-2)} - \dfrac{1}{(x+1)(x-1)}$

$$= \frac{2(x+1)}{(x+1)(x-1)(x-2)} - \frac{x-2}{(x+1)(x-1)(x-2)}$$

$$= \frac{2(x+1)-(x-2)}{(x+1)(x-1)(x-2)} = \frac{2x+2-x+2}{(x+1)(x-1)(x-2)} = \frac{x+4}{(x+1)(x-1)(x-2)}.$$

(3) $\dfrac{3x}{x^2+x+1} - \dfrac{2}{x^3-1} = \dfrac{3x}{x^2+x+1} - \dfrac{2}{(x-1)(x^2+x+1)}$

$$= \frac{3x(x-1)}{(x-1)(x^2+x+1)} - \frac{2}{(x-1)(x^2+x+1)}$$

$$= \frac{3x(x-1)-2}{(x-1)(x^2+x+1)} = \frac{3x^2-3x-2}{(x-1)(x^2+x+1)}. \quad \left(\text{または} \quad \frac{3x^2-3x-2}{x^3-1} \right).$$

(4) $\dfrac{1}{x(x-1)} - \dfrac{1}{x(x+1)} = \dfrac{x+1}{x(x-1)(x+1)} - \dfrac{x-1}{x(x+1)(x-1)}$

$$= \frac{x+1-(x-1)}{x(x-1)(x+1)} = \frac{2}{x(x-1)(x+1)}.$$

(5) $x - \dfrac{x^2-2x}{x-1} = \dfrac{x(x-1)}{x-1} - \dfrac{x^2-2x}{x-1} = \dfrac{x(x-1)-(x^2-2x)}{x-1}$

$$= \frac{x^2-x-x^2+2x}{x-1} = \frac{x}{x-1}.$$

(6) $\dfrac{2}{x^2-x} + \dfrac{1}{x^2-2x} = \dfrac{2}{x(x-1)} + \dfrac{1}{x(x-2)} = \dfrac{2(x-2)+(x-1)}{x(x-1)(x-2)}$

$$= \frac{3x-5}{x(x-1)(x-2)}.$$

(7) $\dfrac{z}{xy} + \dfrac{x}{yz} = \dfrac{z^2}{xyz} + \dfrac{x^2}{xyz} = \dfrac{z^2+x^2}{xyz} = \dfrac{x^2+z^2}{xyz}.$

(8) $\dfrac{x+y}{x-y} - \dfrac{x-y}{x+y} = \dfrac{(x+y)^2}{(x-y)(x+y)} - \dfrac{(x-y)^2}{(x-y)(x+y)} = \dfrac{(x+y)^2-(x-y)^2}{(x-y)(x+y)}$

$$= \frac{4xy}{(x-y)(x+y)}.$$

(9) $\dfrac{x+2y}{x^2+4xy+3y^2} - \dfrac{x-2y}{x^2+2xy-3y^2} = \dfrac{x+2y}{(x+y)(x+3y)} - \dfrac{x-2y}{(x-y)(x+3y)}$

$$= \frac{(x+2y)(x-y)}{(x+y)(x-y)(x+3y)} - \frac{(x-2y)(x+y)}{(x+y)(x-y)(x+3y)}$$

$$= \frac{(x+2y)(x-y)-(x-2y)(x+y)}{(x+y)(x-y)(x+3y)} = \frac{2xy}{(x+y)(x-y)(x+3y)}.$$

問題 15　(1) $\dfrac{x^2-1}{x^2+x} = \dfrac{(x+1)(x-1)}{x(x+1)} = \dfrac{x-1}{x}.$

(2) $\dfrac{x}{x+y} \times \dfrac{x^2-y^2}{x^2-xy} = \dfrac{x}{x+y} \times \dfrac{(x+y)(x-y)}{x(x-y)} = 1.$

(3) $\dfrac{x^2-9}{x^2-4x+3} \times \dfrac{x^2-2x+1}{x^2+4x+3} = \dfrac{(x+3)(x-3)}{(x-1)(x-3)} \times \dfrac{(x-1)^2}{(x+1)(x+3)} = \dfrac{x-1}{x+1}.$

(4) $\dfrac{2x-y}{x+y} \times \dfrac{x^2-xy-2y^2}{4x-2y} = \dfrac{2x-y}{x+y} \times \dfrac{(x-2y)(x+y)}{2(2x-y)} = \dfrac{x-2y}{2}.$

(5) $\dfrac{x^2-y^2}{x^3+y^3} \div \dfrac{x-y}{x+y} = \dfrac{x^2-y^2}{x^3+y^3} \times \dfrac{x+y}{x-y} = \dfrac{(x+y)(x-y)}{(x+y)(x^2-xy+y^2)} \times \dfrac{x+y}{x-y}$

$$= \dfrac{x+y}{x^2-xy+y^2}.$$

問題 16　(1) $\dfrac{\frac{1}{x}}{1-\frac{1}{x}} = \dfrac{\frac{1}{x}}{\frac{x}{x}-\frac{1}{x}} = \dfrac{\frac{1}{x}}{\frac{x-1}{x}} = \dfrac{1}{x} \div \dfrac{x-1}{x} = \dfrac{1}{x} \times \dfrac{x}{x-1} = \dfrac{1}{x-1},$

または，$\dfrac{\frac{1}{x}}{1-\frac{1}{x}} = \dfrac{\frac{1}{x} \times x}{\left(1-\frac{1}{x}\right) \times x} = \dfrac{1}{x-1}$.

(2) $\dfrac{1-\frac{x^2-1}{x^2+1}}{1+\frac{x^2-1}{x^2+1}} = \dfrac{\frac{x^2+1}{x^2+1}-\frac{x^2-1}{x^2+1}}{\frac{x^2+1}{x^2+1}+\frac{x^2-1}{x^2+1}} = \dfrac{\frac{x^2+1-(x^2-1)}{x^2+1}}{\frac{x^2+1+(x^2-1)}{x^2+1}}$

$$= \dfrac{\frac{2}{x^2+1}}{\frac{2x^2}{x^2+1}} = \dfrac{2}{x^2+1} \div \dfrac{2x^2}{x^2+1} = \dfrac{2}{x^2+1} \times \dfrac{x^2+1}{2x^2} = \dfrac{2}{2x^2} = \dfrac{1}{x^2}, \text{ または，}$$

$$\dfrac{1-\frac{x^2-1}{x^2+1}}{1+\frac{x^2-1}{x^2+1}} = \dfrac{\left(1-\frac{x^2-1}{x^2+1}\right)(x^2+1)}{\left(1+\frac{x^2-1}{x^2+1}\right)(x^2+1)} = \dfrac{x^2+1-(x^2-1)}{x^2+1+(x^2-1)} = \dfrac{2}{2x^2} = \dfrac{1}{x^2}.$$

(3) $\dfrac{1}{1+\frac{1}{x^2}} \times \dfrac{1}{x^2} = \dfrac{1}{\left(1+\frac{1}{x^2}\right) \times x^2} = \dfrac{1}{x^2+1}.$

(4) $\dfrac{\frac{y}{x^2}}{1+\left(\frac{y}{x}\right)^2} = \dfrac{\frac{y}{x^2}}{1+\frac{y^2}{x^2}} = \dfrac{\frac{y}{x^2}}{\frac{x^2}{x^2}+\frac{y^2}{x^2}} = \dfrac{\frac{y}{x^2}}{\frac{x^2+y^2}{x^2}} = \dfrac{y}{x^2+y^2},$

または，$\dfrac{\frac{y}{x^2}}{1+\left(\frac{y}{x}\right)^2} = \dfrac{\frac{y}{x^2}}{1+\frac{y^2}{x^2}} = \dfrac{\frac{y}{x^2} \times x^2}{\left(1+\frac{y^2}{x^2}\right) \times x^2} = \dfrac{y}{x^2+y^2}.$

問題 17　(1) $\dfrac{2}{x^2-1} = \dfrac{2}{(x-1)(x+1)} = \dfrac{a}{x-1} + \dfrac{b}{x+1}$ とおくと，

$$\dfrac{a}{x-1} + \dfrac{b}{x+1} = \dfrac{a(x+1)+b(x-1)}{(x-1)(x+1)} = \dfrac{(a+b)x+(a-b)}{(x-1)(x+1)}.$$

分子を比べて，次の x についての恒等式を得る.

$$(a+b)x + (a-b) = 2.$$

よって，係数を比較して，$\begin{cases} a+b=0 \\ a-b=2 \end{cases}$

これを解いて，$a=1,\ b=-1.$　$\therefore\ \ \dfrac{2}{x^2-1} = \dfrac{1}{x-1} - \dfrac{1}{x+1}.$

(2) $\dfrac{x+7}{x^2-x-2} = \dfrac{x+7}{(x-2)(x+1)} = \dfrac{a}{x-2} + \dfrac{b}{x+1}$ とおくと，

$$\dfrac{a}{x-2} + \dfrac{b}{x+1} = \dfrac{a(x+1)+b(x-2)}{(x-2)(x+1)} = \dfrac{(a+b)x+(a-2b)}{(x-2)(x+1)}.$$

分子を比べて，次の x についての恒等式を得る.

$$(a+b)x + (a-2b) = x+7.$$

係数を比較して，$\begin{cases} a+b=1 \\ a-2b=7 \end{cases}$　　これを解いて，$a=3,\ b=-2.$

$\therefore\ \ \dfrac{x+7}{x^2-x-2} = \dfrac{3}{x-2} - \dfrac{2}{x+1}.$

(3) $\dfrac{2}{(x-1)(x-2)(x-3)} = \dfrac{a}{x-1} + \dfrac{b}{x-2} + \dfrac{c}{x-3}$ とおくと，

$$\dfrac{a}{x-1} + \dfrac{b}{x-2} + \dfrac{c}{x-3} = \dfrac{a(x-2)(x-3) + b(x-1)(x-3) + c(x-1)(x-2)}{(x-1)(x-2)(x-3)}$$

$$= \dfrac{(a+b+c)x^2 - (5a+4b+3c)x + 6a+3b+2c}{(x-1)(x-2)(x-3)}.$$

分子を比べて，次の x についての恒等式を得る.

$$(a+b+c)x^2 - (5a+4b+3c)x + 6a+3b+2c = 2.$$

係数を比較して，$\begin{cases} a+b+c=0 \\ 5a+4b+3c=0 \\ 6a+3b+2c=2 \end{cases}$　　これを解いて，$a=1, b=-2, c=1.$

$\therefore\ \ \dfrac{2}{(x-1)(x-2)(x-3)} = \dfrac{1}{x-1} - \dfrac{2}{x-2} + \dfrac{1}{x-3}.$

(4) $(x+1)^4 = (x^3+x^2+x)(x+3) + 2x^2+x+1.$

よって，$\dfrac{(x+1)^4}{x^3+x^2+x} = x+3+ \dfrac{2x^2+x+1}{x^3+x^2+x}.$

$\dfrac{2x^2+x+1}{x^3+x^2+x} = \dfrac{2x^2+x+1}{x(x^2+x+1)} = \dfrac{a}{x} + \dfrac{bx+c}{x^2+x+1}$ とおくと，

$$\dfrac{a}{x} + \dfrac{bx+c}{x^2+x+1} = \dfrac{a(x^2+x+1)+x(bx+c)}{x(x^2+x+1)} = \dfrac{(a+b)x^2+(a+c)x+a}{x(x^2+x+1)}.$$

分子を比べて，次の x についての恒等式を得る.

$$(a+b)x^2 + (a+c)x + a = 2x^2+x+1.$$

係数を比較して, $\begin{cases} a+b=2 \\ a+c=1 \\ a=1 \end{cases}$ これを解いて, $a=1,\ b=1,\ c=0.$

よって, $\dfrac{2x^2+x+1}{x^3+x^2+x}=\dfrac{1}{x}+\dfrac{x}{x^2+x+1}.$

$\therefore\ \dfrac{(x+1)^4}{x^3+x^2+x}=x+3+\dfrac{1}{x}+\dfrac{x}{x^2+x+1}.$

問題 18 (1) $x^2+\dfrac{1}{x^2}=(x+\dfrac{1}{x})^2-2\times x\times\dfrac{1}{x}=(x+\dfrac{1}{x})^2-2=3^2-2=7.$

(2) $x^3+\dfrac{1}{x^3}=x^3+\left(\dfrac{1}{x}\right)^3=\left(x+\dfrac{1}{x}\right)\left(x^2-x\times\dfrac{1}{x}+\dfrac{1}{x^2}\right)=$
$\left(x+\dfrac{1}{x}\right)\left(x^2+\dfrac{1}{x^2}-1\right)=3\times(7-1)=18.$

(3) $\left(x-\dfrac{1}{x}\right)^2=x^2-2\times x\times\dfrac{1}{x}+\dfrac{1}{x^2}=x^2+\dfrac{1}{x^2}-2=7-2=5.$

$\therefore\ x-\dfrac{1}{x}=\pm\sqrt{5}.$

基本問題 1.3

問題 19 (1) $\sqrt{36}=\sqrt{6^2}=6.$ (2) $\sqrt{\dfrac{16}{49}}=\dfrac{\sqrt{16}}{\sqrt{49}}=\dfrac{\sqrt{4^2}}{\sqrt{7^2}}=\dfrac{4}{7}.$ (3) $\sqrt{0.04}$

$=\sqrt{\dfrac{4}{100}}=\sqrt{\dfrac{1}{25}}=\dfrac{\sqrt{1}}{\sqrt{25}}=\dfrac{\sqrt{1^2}}{\sqrt{5^2}}=\dfrac{1}{5}.$ (4) $\sqrt[3]{-27}=\sqrt[3]{(-3)^3}=-3.$

(5) $\sqrt[3]{125}=\sqrt[3]{5^3}=5.$ (6) $\sqrt[4]{81}=\sqrt[4]{3^4}=3.$ (7) $(\sqrt{15})^2=15.$

(8) $\sqrt{(-5)^2}=\sqrt{25}=5.$

問題 20 (1) $2<\sqrt{5}<3$ であるから, $\left|\sqrt{5}-2\right|+\left|\sqrt{5}-3\right|=\sqrt{5}-2+3-\sqrt{5}=1.$

(2) $3<\pi<4$ であるから, $|\pi-4|+|6-2\pi|=4-\pi+2\pi-6=\pi-2.$

(3) $\left|3\sqrt{7}-8\right|\left|3\sqrt{7}+8\right|=\left|(3\sqrt{7}-8)(3\sqrt{7}+8)\right|=\left|(3\sqrt{7})^2-8^2\right|=|-1|=1.$

問題 21 (1) $5\sqrt{24}-2\sqrt{54}=5\sqrt{2^2\cdot6}-2\sqrt{3^2\cdot6}=10\sqrt{6}-6\sqrt{6}=4\sqrt{6}.$

(2) $\sqrt{3}\times\sqrt{15}+\sqrt{20}-2\sqrt{5}=\sqrt{45}+\sqrt{20}-2\sqrt{5}=\sqrt{3^2\cdot5}+\sqrt{2^2\cdot5}-2\sqrt{5}$
$=3\sqrt{5}+2\sqrt{5}-2\sqrt{5}=3\sqrt{5}.$

(3) $\sqrt{5}(2\sqrt{10}-\dfrac{4\sqrt{2}}{\sqrt{5}})=2\sqrt{50}-4\sqrt{2}=2\sqrt{5^2\cdot2}-4\sqrt{2}=2\cdot5\sqrt{2}-4\sqrt{2}$
$=10\sqrt{2}-4\sqrt{2}=6\sqrt{2}.$

(4) $(5\sqrt{3}+3\sqrt{2})(3\sqrt{2}-2\sqrt{3})=5\sqrt{3}\cdot3\sqrt{2}-5\sqrt{3}\cdot2\sqrt{3}+3\sqrt{2}\cdot3\sqrt{2}-3\sqrt{2}\cdot2\sqrt{3}$
$=15\sqrt{6}-10\cdot3+9\cdot2-6\sqrt{6}=9\sqrt{6}-12.$

(5) $(2\sqrt{3}-\sqrt{6})^2=(2\sqrt{3})^2-2\cdot2\sqrt{3}\cdot\sqrt{6}+(\sqrt{6})^2=12-4\sqrt{18}+6$
$=18-4\sqrt{3^2\cdot2}=18-4\cdot3\sqrt{2}=18-12\sqrt{2}.$

(6) $(\sqrt{7}+\sqrt{2})(\sqrt{7}-\sqrt{2})=(\sqrt{7})^2-(\sqrt{2})^2=7-2=5.$

(7) $5\sqrt[3]{54} - 4\sqrt[3]{16} + 2\sqrt[3]{2} = 5\sqrt[3]{3^3 \cdot 2} - 4\sqrt[3]{2^3 \cdot 2} + 2\sqrt[3]{2} = 5 \cdot 3 \cdot \sqrt[3]{2} - 4 \cdot 2 \cdot \sqrt[3]{2} + 2\sqrt[3]{2}$
$= 15\sqrt[3]{2} - 8\sqrt[3]{2} + 2\sqrt[3]{2} = 9\sqrt[3]{2}.$

(8) $(2\sqrt[3]{4} + \sqrt[3]{9}) \times \sqrt[3]{6} = 2\sqrt[3]{24} + \sqrt[3]{54} = 2\sqrt[3]{2^3 \cdot 3} + \sqrt[3]{3^3 \cdot 2} = 2 \cdot 2 \cdot \sqrt[3]{3} + 3\sqrt[3]{2}$
$= 4\sqrt[3]{3} + 3\sqrt[3]{2}.$

(9) $\dfrac{\sqrt{35}}{\sqrt{5}} = \sqrt{\dfrac{35}{5}} = \sqrt{7}.$

(10) $\dfrac{\sqrt[3]{90}}{\sqrt[3]{18}} = \sqrt[3]{\dfrac{90}{18}} = \sqrt[3]{5}.$

(11) $\left(\sqrt{14} - \sqrt{\dfrac{7}{3}}\right)\left(8\sqrt{\dfrac{3}{7}} + \sqrt{21}\right) = 8\sqrt{6} + 7\sqrt{6} - 8 - 7 = 15\sqrt{6} - 15.$

(12) $(\sqrt{2} + \sqrt{3} + \sqrt{5})(\sqrt{2} + \sqrt{3} - \sqrt{5}) = (\sqrt{2} + \sqrt{3})^2 - (\sqrt{5})^2 = 2 + 2\sqrt{6} + 3 - 5$
$= 2\sqrt{6}.$

問題 22　(1) $\dfrac{\sqrt{3} + 1}{\sqrt{3}} = \dfrac{(\sqrt{3} + 1)\sqrt{3}}{\sqrt{3} \cdot \sqrt{3}} = \dfrac{3 + \sqrt{3}}{3}.$

(2) $\dfrac{1}{\sqrt{2} - 1} = \dfrac{\sqrt{2} + 1}{(\sqrt{2} - 1)(\sqrt{2} + 1)} = \dfrac{\sqrt{2} + 1}{(\sqrt{2})^2 - 1^2} = \dfrac{\sqrt{2} + 1}{2 - 1} = \sqrt{2} + 1.$

(3) $\dfrac{2}{\sqrt{3} + 1} = \dfrac{2(\sqrt{3} - 1)}{(\sqrt{3} + 1)(\sqrt{3} - 1)} = \dfrac{2(\sqrt{3} - 1)}{(\sqrt{3})^2 - 1^2} = \dfrac{2(\sqrt{3} - 1)}{3 - 1} = \sqrt{3} - 1.$

(4) $\dfrac{\sqrt{5} - \sqrt{2}}{\sqrt{5} + \sqrt{2}} = \dfrac{(\sqrt{5} - \sqrt{2})^2}{(\sqrt{5} + \sqrt{2})(\sqrt{5} - \sqrt{2})} = \dfrac{(\sqrt{5})^2 - 2 \cdot \sqrt{5} \cdot \sqrt{2} + (\sqrt{2})^2}{(\sqrt{5})^2 - (\sqrt{2})^2}$
$= \dfrac{5 - 2\sqrt{10} + 2}{5 - 2} = \dfrac{7 - 2\sqrt{10}}{3}.$

(5) $\dfrac{\sqrt{6}}{\sqrt{3} - \sqrt{2}} = \dfrac{\sqrt{6}(\sqrt{3} + \sqrt{2})}{(\sqrt{3} - \sqrt{2})(\sqrt{3} + \sqrt{2})} = \dfrac{\sqrt{6} \cdot \sqrt{3} + \sqrt{6} \cdot \sqrt{2}}{(\sqrt{3})^2 - (\sqrt{2})^2}$
$= \dfrac{\sqrt{18} + \sqrt{12}}{3 - 2} = \sqrt{3^2 \cdot 2} + \sqrt{2^2 \cdot 3} = 3\sqrt{2} + 2\sqrt{3}.$

問題 23　まず，$xy = 1$ である．
$$x = \dfrac{\sqrt{2} - 1}{\sqrt{2} + 1} = \dfrac{(\sqrt{2} - 1)^2}{(\sqrt{2} + 1)(\sqrt{2} - 1)} = \dfrac{(\sqrt{2})^2 - 2\sqrt{2} + 1}{2 - 1} = 3 - 2\sqrt{2},$$
$$y = \dfrac{\sqrt{2} + 1}{\sqrt{2} - 1} = \dfrac{(\sqrt{2} + 1)^2}{(\sqrt{2} - 1)(\sqrt{2} + 1)} = \dfrac{(\sqrt{2})^2 + 2\sqrt{2} + 1}{2 - 1} = 3 + 2\sqrt{2}.$$

(1) $x + y = 3 - 2\sqrt{2} + 3 + 2\sqrt{2} = 6.$

(2) $x - y = 3 - 2\sqrt{2} - (3 + 2\sqrt{2}) = -4\sqrt{2}.$

(3) $x^2 + y^2 = (x + y)^2 - 2xy = 6^2 - 2 \cdot 1 = 34.$

(4) $x^2 - y^2 = (x + y)(x - y) = 6 \cdot (-4\sqrt{2}) = -24\sqrt{2}.$

(5) $x^3 + y^3 = (x + y)(x^2 - xy + y^2) = (x + y)(x^2 + y^2 - xy) = 6 \cdot (34 - 1) = 198.$

(6) $x^3 - y^3 = (x - y)(x^2 + xy + y^2) = (x - y)(x^2 + y^2 + xy) = -4\sqrt{2} \cdot (34 + 1)$

$= -140\sqrt{2}.$

問題 24 (1) $\dfrac{\sqrt{5}+2}{\sqrt{5}-2} = \dfrac{(\sqrt{5}+2)^2}{(\sqrt{5}-2)(\sqrt{5}+2)} = \dfrac{9+4\sqrt{5}}{5-4} = 9+4\sqrt{5}.$

ここで, $2 < \sqrt{5} = \sqrt{\dfrac{80}{16}} < \sqrt{\dfrac{81}{16}} = \dfrac{\sqrt{81}}{\sqrt{16}} = \dfrac{9}{4}$ に注意すれば, $8 < 4\sqrt{5} < 9$ で

あるから, $4\sqrt{5}$ の整数部分は 8 で小数部分は $4\sqrt{5}-8$.

$\left(\begin{array}{l} \text{または,} \sqrt{5} \fallingdotseq 2.236 \text{ により,} 4\sqrt{5} \fallingdotseq 4 \cdot 2.236 \fallingdotseq 8.944. \\ \text{これより} 4\sqrt{5} \text{の整数部分は 8 で小数部分は} 4\sqrt{5}-8. \end{array} \right)$

よって, $\dfrac{\sqrt{5}+2}{\sqrt{5}-2} = 9+4\sqrt{5} = 17+(4\sqrt{5}-8).$

$\therefore$ $\dfrac{\sqrt{5}+2}{\sqrt{5}-2}$ の整数部分は 17, 小数部分は $4\sqrt{5}-8$.

(2) $\dfrac{\sqrt{5}+1}{\sqrt{5}+2} = \dfrac{(\sqrt{5}+1)(\sqrt{5}-2)}{(\sqrt{5}+2)(\sqrt{5}-2)} = \dfrac{3-\sqrt{5}}{5-4} = 3-\sqrt{5} \fallingdotseq 3-2.236 = 0.764.$

問題 25 (1) $(x+\sqrt{x^2-1})(x-\sqrt{x^2-1}) = x^2 - (\sqrt{x^2-1})^2 = x^2 - (x^2-1) = 1.$

(2) $(\sqrt{x+2}+\sqrt{x-2})^2 + (\sqrt{x+2}-\sqrt{x-2})^2 = (\sqrt{x+2})^2 + 2\sqrt{x+2}\sqrt{x-2}$

$+(\sqrt{x-2})^2 + (\sqrt{x+2})^2 - 2\sqrt{x+2}\cdot\sqrt{x-2} + (\sqrt{x-2})^2 = x+2+2\sqrt{x+2}\sqrt{x-2}$

$+ x-2 + x+2 - 2\sqrt{x+2}\sqrt{x-2} + x-2 = 4x.$

(3) $\sqrt{x+1} - \dfrac{1}{\sqrt{x+1}} = \dfrac{(\sqrt{x+1})^2}{\sqrt{x+1}} - \dfrac{1}{\sqrt{x+1}} = \dfrac{x+1}{\sqrt{x+1}} - \dfrac{1}{\sqrt{x+1}}$

$= \dfrac{(x+1)-1}{\sqrt{x+1}} = \dfrac{x}{\sqrt{x+1}}.$

(4) $\dfrac{\sqrt{x+1}-\sqrt{x-1}}{\sqrt{x+1}+\sqrt{x-1}} = \dfrac{(\sqrt{x+1}-\sqrt{x-1})^2}{(\sqrt{x+1}+\sqrt{x-1})(\sqrt{x+1}-\sqrt{x-1})}$

$= \dfrac{(\sqrt{x+1})^2 - 2\sqrt{x+1}\sqrt{x-1} + (\sqrt{x-1})^2}{(\sqrt{x+1})^2 - (\sqrt{x-1})^2}$

$= \dfrac{(x+1) - 2\sqrt{(x+1)(x-1)} + (x-1)}{x+1-(x-1)} = \dfrac{2(x-\sqrt{x^2-1})}{2} = x-\sqrt{x^2-1}.$

(5) $\dfrac{1}{x+\sqrt{x^2+1}} \times \left(1+\dfrac{x}{\sqrt{x^2+1}}\right) = \dfrac{1}{x+\sqrt{x^2+1}} \times \left(\dfrac{\sqrt{x^2+1}+x}{\sqrt{x^2+1}}\right)$

$= \dfrac{x+\sqrt{x^2+1}}{(x+\sqrt{x^2+1})(\sqrt{x^2+1})} = \dfrac{1}{\sqrt{x^2+1}}.$

(6) $x-\dfrac{1}{x+\sqrt{x^2-1}} = x - \dfrac{x-\sqrt{x^2-1}}{(x+\sqrt{x^2-1})(x-\sqrt{x^2-1})} = x - \dfrac{x-\sqrt{x^2-1}}{x^2-(\sqrt{x^2-1})^2}$

$= x - \dfrac{x-\sqrt{x^2-1}}{x^2-(x^2-1)} = x - \dfrac{x-\sqrt{x^2-1}}{1} = x - (x-\sqrt{x^2-1}) = \sqrt{x^2-1}.$

問題 26 $t = \sqrt{\dfrac{x-1}{x+1}}$ の両辺を平方して, $t^2 = \dfrac{x-1}{x+1}$ であるから, $(x+1)t^2 = x-1.$

よって, $x = -\dfrac{t^2+1}{t^2-1}$. ∴ $(x+2)\sqrt{\dfrac{x-1}{x+1}} = \left(-\dfrac{t^2+1}{t^2-1}+2\right)t = \dfrac{(t^2-3)t}{t^2-1}$.

問題 27　$\sqrt{3x^2+2x+1} = t - \sqrt{3}x$ の両辺を平方して,

$$3x^2 + 2x + 1 = (t - \sqrt{3}x)^2 = t^2 - 2t\sqrt{3}x + 3x^2$$

であるから, $2(\sqrt{3}t+1)x = t^2-1$. よって, $x = \dfrac{t^2-1}{2(\sqrt{3}t+1)}$.

∴ $\sqrt{3x^2+2x+1} = t - \sqrt{3}x = t - \sqrt{3} \cdot \dfrac{t^2-1}{2(\sqrt{3}t+1)}$

$= \dfrac{2(\sqrt{3}t+1)t - \sqrt{3}(t^2-1)}{2(\sqrt{3}t+1)} = \dfrac{\sqrt{3}t^2 + 2t + \sqrt{3}}{2(\sqrt{3}t+1)}$.

問題 28　(1) $\sqrt{8+2\sqrt{15}} = \sqrt{5+3+2\sqrt{5\cdot3}} = \sqrt{5}+\sqrt{3}$.

(2) $\sqrt{4-2\sqrt{3}} = \sqrt{3+1-2\sqrt{3\cdot1}} = \sqrt{3} - \sqrt{1} = \sqrt{3} - 1$.

(3) $\sqrt{2-\sqrt{3}} = \dfrac{\sqrt{4-2\sqrt{3}}}{\sqrt{2}} = \dfrac{\sqrt{3}-1}{\sqrt{2}} = \dfrac{\sqrt{6}-\sqrt{2}}{2}$.

基本問題 2.1

問題 29　(1) $3x-5 = 7-5x$ より, $8x = 12$. ∴ $x = \dfrac{12}{8} = \dfrac{3}{2}$.

(2) $\dfrac{5}{6}x - \dfrac{2}{3} = \dfrac{1}{4}x + \dfrac{1}{2}$ より, $\dfrac{7}{12}x = \dfrac{7}{6}$. ∴ $x = 2$.

(3) $2.3x - \dfrac{2}{5} = 1.7$ より, $\dfrac{23}{10}x = \dfrac{21}{10}$. ∴ $x = \dfrac{21}{23}$.

問題 30　(1) $x^2+3x = x(x+3) = 0$ より, $x = -3, 0$.

(2) $2x^2 - 7x = 2x\left(x - \dfrac{7}{2}\right) = 0$ より, $x = 0, \dfrac{7}{2}$.

(3) $x^2 - 10x + 21 = (x-3)(x-7) = 0$ より, $x = 3, 7$.

(4) $x^2 + 8x + 16 = (x+4)^2 = 0$ より, $x = -4$ (重解).

(5) $x^2 + 6x - 27 = (x+9)(x-3) = 0$ より, $x = -9, 3$.

(6) $3x^2 + 16x + 5 = (3x+1)(x+5) = 0$ より, $x = -5, -\dfrac{1}{3}$.

(7) $2x^2 + 5x - 3 = (2x-1)(x+3) = 0$ より, $x = -3, \dfrac{1}{2}$.

問題 31　(1) $(x-2)^2 = 7$ より, $x-2 = \pm\sqrt{7}$. ∴ $x = 2 \pm \sqrt{7}$.

(2) $\left(x - \dfrac{7}{2}\right)^2 = \dfrac{13}{4}$ より, $x - \dfrac{7}{2} = \pm\dfrac{\sqrt{13}}{2}$. ∴ $x = \dfrac{7}{2} \pm \dfrac{\sqrt{13}}{2}$.

(3) $2\left(x - \dfrac{3}{2}\right)^2 = \dfrac{3}{2}$ より, $\left(x - \dfrac{3}{2}\right)^2 = \dfrac{3}{4}$. よって, $x - \dfrac{3}{2} = \pm\dfrac{\sqrt{3}}{2}$.

∴ $x = \dfrac{3}{2} \pm \dfrac{\sqrt{3}}{2}$.

(4) $2\left(x+\dfrac{5}{4}\right)^2 = \dfrac{33}{8}$ より, $\left(x+\dfrac{5}{4}\right)^2 = \dfrac{33}{16}$. よって, $x+\dfrac{5}{4} = \pm\dfrac{\sqrt{33}}{4}$.

$\therefore\ x = -\dfrac{5}{4} \pm \dfrac{\sqrt{33}}{4}$.

問題 32　(1) $x = \dfrac{7 \pm \sqrt{(-7)^2 - 4\cdot 1\cdot 6}}{2} = \dfrac{7 \pm \sqrt{25}}{2} = \dfrac{7 \pm 5}{2} = 6, 1.$

(2) $x = \dfrac{-8 \pm \sqrt{8^2 - 4\cdot 1\cdot 11}}{2} = \dfrac{-8 \pm \sqrt{20}}{2} = \dfrac{-8 \pm 2\sqrt{5}}{2} = -4 \pm \sqrt{5}.$

(3) $x = \dfrac{-3 \pm \sqrt{3^2 - 4\cdot 1\cdot 5}}{2} = \dfrac{-3 \pm \sqrt{-11}}{2} = \dfrac{-3 \pm \sqrt{11}i}{2}.$

(4) $x = \dfrac{-5 \pm \sqrt{5^2 - 4\cdot 3\cdot(-1)}}{2\cdot 3} = \dfrac{-5 \pm \sqrt{37}}{6}.$

(5) 両辺を 2 倍して, $x^2 - 4x - 2 = 0.$

$\therefore\ x = \dfrac{4 \pm \sqrt{(-4)^2 - 4\cdot 1\cdot(-2)}}{2} = \dfrac{4 \pm \sqrt{24}}{2} = \dfrac{4 \pm 2\sqrt{6}}{2} = 2 \pm \sqrt{6}.$

(6) $x = \dfrac{4 \pm \sqrt{(-4)^2 - 4\cdot 3\cdot 5}}{2\cdot 3} = \dfrac{4 \pm \sqrt{-44}}{6} = \dfrac{4 \pm 2\sqrt{11}i}{6} = \dfrac{2 \pm \sqrt{11}i}{3}.$

(7) 両辺を 20 倍して, $8x^2 - 12x - 1 = 0.$

$\therefore\ x = \dfrac{12 \pm \sqrt{(-12)^2 - 4\cdot 8\cdot(-1)}}{2\cdot 8} = \dfrac{12 \pm \sqrt{176}}{16} = \dfrac{12 \pm 4\sqrt{11}}{16} = \dfrac{3 \pm \sqrt{11}}{4}.$

(8) $x = \dfrac{\sqrt{3} \pm \sqrt{(-\sqrt{3})^2 + 4\cdot(\sqrt{3}+1)\cdot(\sqrt{3}-1)}}{2(\sqrt{3}+1)} = \dfrac{\sqrt{3} \pm \sqrt{11}}{2(\sqrt{3}+1)}$

$= \dfrac{(\sqrt{3} \pm \sqrt{11})(\sqrt{3}-1)}{2(\sqrt{3}+1)(\sqrt{3}-1)} = \dfrac{(3-\sqrt{3}) \pm (\sqrt{33}-\sqrt{11})}{4}.$

問題 33　$3(-2)^2 + a(-2) - 6 = 0$ より, $6 - 2a = 0.\ \therefore a = 3.$

このとき, 2 次方程式は $3x^2 + 3x - 6 = 3(x^2 + x - 2) = 3(x+2)(x-1) = 0.$

よって, 解は $x = -2, 1$ であるから, 求めるもう 1 つの解は 1.

問題 34　(1) $f(x) = x^3 - 6x^2 + 11x - 6$ とおくと, $f(1) = 0$.

よって, 因数定理により, $f(x)$ は $x-1$ を因数にもつ. $f(x)$ を $x-1$ で割って,

$$f(x) = (x-1)(x^2 - 5x + 6) = (x-1)(x-2)(x-3)$$

であるから, 求める $f(x) = 0$ の解は, $x = 1,\ 2,\ 3.$

(2) $f(x) = x^3 + 5x^2 + 5x - 2$ とおくと, $f(-2) = 0$. よって, 因数定理により,

$f(x)$ は $x-(-2) = x+2$ を因数にもつ. $f(x)$ を $x+2$ で割って,

$$f(x) = (x+2)(x^2 + 3x - 1)$$

であるから, 求める $f(x) = 0$ の解は, $x = -2, \dfrac{-3 \pm \sqrt{13}}{2}.$

(3) $f(x) = 3x^3 - 4x^2 + 7x - 2$ とおくと, $f\left(\dfrac{1}{3}\right) = 0$.

よって，因数定理により，$f(x)$ は $3x-1$ を因数にもつ．$f(x)$ を $3x-1$ で割って，
$$f(x) = (3x-1)(x^2 - x + 2)$$
であるから，求める $f(x) = 0$ の解は，$x = \dfrac{1}{3}, \dfrac{1 \pm \sqrt{7}i}{2}$．

(4) $f(x) = 2x^4 + 3x^3 - 5x^2 - 9x - 3$ とおくと，$f(-1) = f\left(-\dfrac{1}{2}\right) = 0$．よって，因数定理により，$f(x)$ は $x+1, 2x+1$ を因数にもつ．$f(x)$ を $(x+1)(2x+1) = 2x^2 + 3x + 1$ で割って，
$$f(x) = (x+1)(2x+1)(x^2 - 3)$$
であるから，求める $f(x) = 0$ の解は $x = -1,\ -\dfrac{1}{2},\ \pm\sqrt{3}$．

問題 35　(1) $x^2 = t$ とおけば，
$$x^4 - 5x^2 + 6 = t^2 - 5t + 6 = (t-2)(t-3) = 0$$
であるから，$t = 2, 3$．$\therefore\ x = \pm\sqrt{2},\ \pm\sqrt{3}$．

(2) $x = 0$ は解ではないので，方程式の両辺を $x^2(\neq 0)$ で割れば，
$$x^2 + 5x - 4 + \dfrac{5}{x} + \dfrac{1}{x^2} = 0.$$
よって，$\left(x^2 + \dfrac{1}{x^2}\right) + 5\left(x + \dfrac{1}{x}\right) - 4 = 0$．これから，
$\left(x + \dfrac{1}{x}\right)^2 + 5\left(x + \dfrac{1}{x}\right) - 6 = 0$．

ここで，$t = x + \dfrac{1}{x}$ とおけば，$t^2 + 5t - 6 = (t+6)(t-1) = 0$．$\therefore\ t = -6, 1$．

$t = -6$ のとき，$x + \dfrac{1}{x} = -6$．これから，$x^2 + 6x + 1 = 0$．
$\therefore\ x = \dfrac{-6 \pm \sqrt{32}}{2} = \dfrac{-6 \pm 4\sqrt{2}}{2} = -3 \pm 2\sqrt{2}$．

$t = 1$ のとき，$x + \dfrac{1}{x} = 1$．

これから，$x^2 - x + 1 = 0$．$\therefore\ x = \dfrac{1 \pm \sqrt{-3}}{2} = \dfrac{1 \pm \sqrt{3}i}{2}$．以上より，

求める解は $-3 \pm 2\sqrt{2},\ \dfrac{1 \pm \sqrt{3}i}{2}$．

(3) $2x^3 - 6x^2 + 3x = x(2x^2 - 6x + 3) = 0$．よって，
$x = 0,\ \dfrac{6 \pm \sqrt{12}}{4} = \dfrac{6 \pm 2\sqrt{3}}{4} = \dfrac{3 \pm \sqrt{3}}{2}$．$\therefore\ x = 0,\ \dfrac{3 \pm \sqrt{3}}{2}$．

(4) $f(x) = 4x^3 - 2x^2 - 4x - 3$ とおくと，$f\left(\dfrac{3}{2}\right) = 0$．よって，因数定理により，$f(x)$ は $2x-3$ を因数にもつ．$f(x)$ を $2x-3$ で割って，
$$f(x) = (2x-3)(2x^2 + 2x + 1)$$

であるから，求める $f(x) = 0$ の解は，
$$x = \frac{3}{2}, \frac{-2 \pm \sqrt{-4}}{4} = \frac{-2 \pm 2i}{4} = \frac{-1 \pm i}{2}. \quad \therefore \ x = \frac{3}{2}, \frac{-1 \pm i}{2}.$$

(5) $f(x) = x(x+1)(x+2) - 3 \cdot 4 \cdot 5$ とおくと，$f(3) = 0$. よって，因数定理により，$f(x)$ は $x - 3$ を因数にもつ.
$$f(x) = x^3 + 3x^2 + 2x - 60$$

であるから，$f(x)$ を $x - 3$ で割って，
$$f(x) = (x-3)(x^2 + 6x + 20).$$

よって，求める $f(x) = 0$ の解は，
$$x = 3, \frac{-6 \pm \sqrt{-44}}{2} = \frac{-6 \pm 2\sqrt{11}i}{2} = -3 \pm \sqrt{11}i. \quad \therefore \ x = 3, -3 \pm \sqrt{11}i.$$

基本問題 2.2

問題 36　(1) $\begin{cases} 2x + y = -5 & \cdots \ (\text{i}) \\ 3x - 2y = 17 & \cdots \ (\text{ii}) \end{cases}$

$2 \times (\text{i}) + (\text{ii})$ より，$7x = 7$. ゆえに，$x = 1$.

$3 \times (\text{i}) - 2 \times (\text{ii})$ より，$7y = -49$. ゆえに，$y = -7$. $\therefore$ 求める解は $x = 1$, $y = -7$.

(2) $\begin{cases} 3x - y = 2 & \cdots \ (\text{i}) \\ x^2 + y^2 = 6 & \cdots \ (\text{ii}) \end{cases}$

(i) より，$y = 3x - 2$. これを (ii) へ代入して，$5x^2 - 6x - 1 = 0$. これを解いて，
$$x = \frac{6 \pm 2\sqrt{14}}{10} = \frac{3 \pm \sqrt{14}}{5}.$$
$$\therefore \ (x, y) = \left(\frac{3 \pm \sqrt{14}}{5}, \frac{-1 \pm 3\sqrt{14}}{5} \right) (複号同順).$$

(3) $\begin{cases} x^2 - y = 0 & \cdots \ (\text{i}) \\ x - y^2 = 0 & \cdots \ (\text{ii}) \end{cases}$

(i) より，$y = x^2$. これを (ii) へ代入して，
$$x - x^4 = x(x^3 - 1) = x(x-1)(x^2 + x + 1) = 0.$$

よって，$x = 0, 1, \dfrac{-1 \pm \sqrt{3}i}{2}$.

$$\therefore \ (x, y) = (0, 0), (1, 1), \left(\frac{-1 \pm \sqrt{3}i}{2}, \frac{-1 \mp \sqrt{3}i}{2} \right) (複号同順).$$

(4) $\begin{cases} x^2 - 2y = 0 & \cdots \ (\text{i}) \\ x^3 + 2y^3 - 6xy = 0 & \cdots \ (\text{ii}) \end{cases}$

(i) より，$y = \dfrac{1}{2}x^2$. これを (ii) へ代入して，$\dfrac{1}{4}x^6 - 2x^3 = 0$ であるから，
$$x^6 - 8x^3 = x^3(x^3 - 8) = x^3(x-2)(x^2 + 2x + 4) = 0.$$

よって，$x = 0, 2, -1 \pm \sqrt{3}i$.

∴ $(x, y) = (0, 0), (2, 2), (-1 \pm \sqrt{3}i, -1 \mp \sqrt{3}i)$(複号同順).

(5) $\begin{cases} 7x - 2y + 2z = 37 \cdots \text{(i)} \\ 2x - 2y + 7z = 2 \cdots \text{(ii)} \\ x - 8y + 3z = 23 \cdots \text{(iii)} \end{cases}$

(i) $-$ (ii) より, $5x - 5z = 35$. よって, $x - z = 7 \cdots$ (iv)

$4 \times$(ii) $-$ (iii) より, $7x + 25z = -15 \cdots$ (v)

(iv),(v) を解いて, $x = 5, z = -2$. これを (i) へ代入して $y = -3$.

∴ $(x, y, z) = (5, -3, -2)$.

問題 37　(1) $\dfrac{1}{x} - \dfrac{2}{x(x+2)} = \dfrac{1}{3}$　(両辺に $3x(x+2)$ を掛ける)

$\iff 3(x+2) - 6 = x(x+2)$　かつ　$x(x+2) \neq 0$

$\iff x^2 - x = x(x-1) = 0$　かつ　$x(x+2) \neq 0$

$\iff x = 1$. ∴ $x = 1$.

(2) $\dfrac{1}{x+1} - \dfrac{1}{x+2} = \dfrac{1}{3}$　(両辺に $3(x+1)(x+2)$ を掛ける)

$\iff 3(x+2) - 3(x+1) = (x+1)(x+2)$　かつ　$(x+1)(x+2) \neq 0$

$\iff x^2 + 3x - 1 = 0$ かつ $(x+1)(x+2) \neq 0$

$\iff x = \dfrac{-3 \pm \sqrt{13}}{2}$. ∴ $x = \dfrac{-3 \pm \sqrt{13}}{2}$.

(3) $\dfrac{x+6}{x^2-4} + \dfrac{1}{x+1} - \dfrac{x+4}{x^2-x-2} = 0$

$\iff \dfrac{x+6}{(x+2)(x-2)} + \dfrac{1}{x+1} - \dfrac{x+4}{(x-2)(x+1)} = 0$ (両辺に $(x+2)(x-2)(x+1)$ を掛ける)

$\iff (x+6)(x+1) + (x+2)(x-2) - (x+4)(x+2) = 0$　かつ

$(x+2)(x-2)(x+1) \neq 0$

$\iff x^2 + x - 6 = (x+3)(x-2) = 0$　かつ　$(x+2)(x-2)(x+1) \neq 0$

$\iff x = -3$. ∴ $x = -3$.

問題 38　(1) $\sqrt{2x+1} = 2x - 5$

$\iff (\sqrt{2x+1})^2 = (2x-5)^2$　かつ　$2x - 5 \geqq 0$

$\iff 2x + 1 = (2x-5)^2$　かつ　$x \geqq \dfrac{5}{2}$

$\iff 2x^2 - 11x + 12 = (2x-3)(x-4) = 0$　かつ　$x \geqq \dfrac{5}{2}$

$\iff x = 4$. ∴ $x = 4$.

(2) $\sqrt{11-2x} - x + 4 = 0$　$\iff \sqrt{11-2x} = x - 4$

$\iff 11 - 2x = (x-4)^2$　かつ　$x - 4 \geqq 0$

$\iff x^2 - 6x + 5 = (x-5)(x-1) = 0$　かつ　$x \geqq 4$

$\iff x = 5$. ∴ $x = 5$.

(3) $3x - 2 - \sqrt{x^2+4} = 0$　$\iff \sqrt{x^2+4} = 3x - 2$

$$\Longleftrightarrow x^2 + 4 = (3x-2)^2 \quad \text{かつ} \quad 3x-2 \geqq 0$$

$$\Longleftrightarrow 8x^2 - 12x = 4x(2x-3) = 0 \quad \text{かつ} \quad x \geqq \frac{2}{3}$$

$$\Longleftrightarrow x = \frac{3}{2}. \quad \therefore \ x = \frac{3}{2}.$$

(4) $\dfrac{1}{\sqrt{x+1}+1} + \dfrac{1}{\sqrt{x+1}-1} = 1$

$$\Longleftrightarrow \frac{\sqrt{x+1}-1}{(\sqrt{x+1}+1)(\sqrt{x+1}-1)} + \frac{\sqrt{x+1}+1}{(\sqrt{x+1}+1)(\sqrt{x+1}-1)} = 1$$

$$\Longleftrightarrow \frac{\sqrt{x+1}-1+\sqrt{x+1}+1}{(\sqrt{x+1})^2-1} = 1$$

$$\Longleftrightarrow \frac{2\sqrt{x+1}}{x} = 1 \Longleftrightarrow 2\sqrt{x+1} = x \quad \text{かつ} \quad x \neq 0$$

$$\Longleftrightarrow (2\sqrt{x+1})^2 = x^2 \quad \text{かつ} \quad x > 0 \Longleftrightarrow 4(x+1) = x^2 \quad \text{かつ} \quad x > 0$$

$$\Longleftrightarrow x^2 - 4x - 4 = 0 \quad \text{かつ} \quad x > 0 \Longleftrightarrow x = 2 + 2\sqrt{2}. \quad \therefore \ x = 2 + 2\sqrt{2}.$$

問題 39 (1) $|x-4| = 5 \Longleftrightarrow x-4 = \pm 5 \Longleftrightarrow x = -1, 9.$

(2) $|3x-2| = 4 \Longleftrightarrow 3x-2 = \pm 4 \Longleftrightarrow x = -\dfrac{2}{3}, 2.$

(3) $P = |x-2| + 3x$ とおく. $x \geqq 2$ のとき, $P = x-2+3x = 4x-2 = 4.$
ゆえに, $x = \dfrac{3}{2}.$ これは, $x \geqq 2$ を満たしていない.

$x < 2$ のとき, $P = -(x-2)+3x = 2x+2 = 4.$ ゆえに, $x = 1.$ これは $x < 2$ を満たしている. $\therefore$ 求める解は $x = 1.$

(4) $P = |x| + |x-1| + |x-2|$ とおく.

$x \geqq 2$ のとき, $P = x + (x-1) + (x-2) = 3x-3 = 6$ より, $x = 3.$

$1 \leqq x < 2$ のとき, $P = x + (x-1) - (x-2) = x+1 = 6$ より, $x = 5.$ これは, $1 \leqq x < 2$ を満たしていない.

$0 \leqq x < 1$ のとき, $P = x - (x-1) - (x-2) = -x+3 = 6$ より, $x = -3.$ これは, $0 \leqq x < 1$ を満たしていない.

$x < 0$ のとき, $P = -x - (x-1) - (x-2) = -3x+3 = 6$ より, $x = -1.$

$\therefore$ 求める解は $x = -1, 3.$

(5) $P = x^2 - 7|x-1| - 1$ とおく. $x \geqq 1$ のとき, $P = x^2 - 7(x-1) - 1 = 0$, すなわち $x^2 - 7x + 6 = (x-1)(x-6) = 0.$ ゆえに, $x = 1, 6.$ $x < 1$ のとき, $P = x^2 + 7(x-1) - 1 = 0$, すなわち $x^2 + 7x - 8 = (x+8)(x-1) = 0.$ ゆえに, $x = 1, -8.$ $x = 1$ は $x < 1$ を満たしていない. $\therefore$ 求める解は $x = -8, 1, 6.$

(6) $P = |x^2 - 1| + x$ とおく.

$$|x^2 - 1| = \begin{cases} x^2 - 1 & (x < -1 \text{ または } x > 1) \\ -(x^2 - 1) & (-1 \leqq x \leqq 1) \end{cases}$$

であるから, $x < -1$ または $x > 1$ のとき, $P = x^2 - 1 + x = 1$, すなわち,

$x^2 + x - 2 = (x+2)(x-1) = 0$. ゆえに，$x = -2, 1$.

$x = 1$ は，$x < -1$ または $x > 1$ を満たしていない．

$-1 \leqq x \leqq 1$ のとき，$\mathrm{P} = -(x^2 - 1) + x = 1$，すなわち，

$x^2 - x = x(x-1) = 0$. ゆえに，$x = 0, 1$.　∴　求める解は $x = -2, 0, 1$.

基本問題 2.3

問題 40　(1) $(\sqrt{a} + \sqrt{b})^2 - (\sqrt{a+b})^2 = a + b + 2\sqrt{a}\sqrt{b} - (a+b) = 2\sqrt{a}\sqrt{b} > 0$.
よって，$(\sqrt{a} + \sqrt{b})^2 > (\sqrt{a+b})^2$. ここで，$\sqrt{a} + \sqrt{b} > 0$, $\sqrt{a+b} > 0$ であるから，

$$\sqrt{a} + \sqrt{b} > \sqrt{a+b}.$$

(2) $(\sqrt{a-b})^2 - (\sqrt{a} - \sqrt{b})^2 = a - b - (a + b - 2\sqrt{a}\sqrt{b}) = 2(\sqrt{a}\sqrt{b} - b)$
$= 2\sqrt{b}(\sqrt{a} - \sqrt{b}) > 0$. よって，$(\sqrt{a-b})^2 > (\sqrt{a} - \sqrt{b})^2$. ここで，$\sqrt{a-b} > 0$,
$\sqrt{a} - \sqrt{b} > 0$ であるから，

$$\sqrt{a-b} > \sqrt{a} - \sqrt{b}.$$

問題 41　(1) $3x - 1 > x + 7 \iff 2x > 8 \iff x > 4$. ∴　$x > 4$.

(2) $\dfrac{3}{2}x + 2 \geqq \dfrac{2}{3}(x+1) \iff \dfrac{5}{6}x \geqq -\dfrac{4}{3} \iff x \geqq -\dfrac{8}{5}$. ∴　$x \geqq -\dfrac{8}{5}$.

(3) $0.3x + 0.2 < 0.8 - 0.1x \iff 0.4x < 0.6 \iff x < \dfrac{3}{2}$. ∴　$x < \dfrac{3}{2}$.

(4) $\dfrac{3}{4}x + \dfrac{1}{3} \leqq \dfrac{2}{3}x + 1 \iff \dfrac{1}{12}x \leqq \dfrac{2}{3} \iff x \leqq 8$. ∴　$x \leqq 8$.

問題 42　(1) $x^2 - 6x + 8 = (x-2)(x-4) > 0$. ∴　$x > 4, x < 2$.

(2) $x^2 + 5x - 6 = (x+6)(x-1) \leqq 0$. ∴　$-6 \leqq x \leqq 1$.

(3) $2x^2 + 5x - 3 = (2x-1)(x+3) \geqq 0$. ∴　$x \leqq -3, x \geqq \dfrac{1}{2}$.

(4) $3x^2 - 7x + 2 = (3x-1)(x-2) < 0$. ∴　$\dfrac{1}{3} < x < 2$.

(5) $x^2 - 4x + 2 = 0$ より，$x = 2 \pm \sqrt{2}$. よって，$x^2 - 4x + 2 > 0$ ならば，
$x > 2 + \sqrt{2}, x < 2 - \sqrt{2}$.

(6) $3x^2 - 5x + 1 = 0$ より，$x = \dfrac{5 \pm \sqrt{13}}{6}$. よって，$3x^2 - 5x + 1 \leqq 0$ ならば，

$\dfrac{5 - \sqrt{13}}{6} \leqq x \leqq \dfrac{5 + \sqrt{13}}{6}$.

問題 43　$D = a^2 - 4(a+8) = a^2 - 4a - 32 = (a-8)(a+4)$.

(1) 求める条件は，$D > 0$. ∴　$a > 8, a < -4$.

(2) 求める条件は，$D = 0$. ∴　$a = -4, 8$.

(3) 求める条件は，$D < 0$. ∴　$-4 < a < 8$.

問題 44　求める条件は

$$(-a)^2 - 4(a+3) = a^2 - 4a - 12 = (a+2)(a-6) < 0.$$

$\therefore$ $-2 < a < 6.$

基本問題 2.4

問題 45 (1) $|x-2| \leqq 3 \iff -3 \leqq x-2 \leqq 3 \iff -1 \leqq x \leqq 5.$

$\therefore$ $-1 \leqq x \leqq 5.$

(2) $|3x+1| < 5 \iff -5 < 3x+1 < 5 \iff -6 < 3x < 4 \iff -2 < x < \dfrac{4}{3}.$

$\therefore$ $-2 < x < \dfrac{4}{3}.$

(3) $x \geqq 1$ のとき, $x-1 > 2$ より, $x > 3$ (これは $x \geqq 1$ を満たす).

$x < 1$ のとき, $-(x-1) > 2$ より, $x < -1$ (これは $x < 1$ を満たす).

$\therefore$ $x > 3, x < -1.$

(別解) $|x-1| > 2 \iff x-1 > 2$ または $x-1 < -2 \iff x > 3, x < -1.$

(4) $|2x+3| \geqq 1 \iff 2x+3 \geqq 1$ または $2x+3 \leqq -1 \iff x \geqq -1, x \leqq -2.$

$\therefore$ $x \geqq -1, x \leqq -2.$

(5) $x \geqq -\dfrac{1}{2}$ のとき, $4-x > 2x+1$ より, $x < 1$. これと $x \geqq -\dfrac{1}{2}$ の共通部分をとって,

$$1 > x \geqq -\dfrac{1}{2} \cdots \text{(i)}$$

$x < -\dfrac{1}{2}$ のとき, $4-x > -(2x+1)$ より, $x > -5$. これと $x < -\dfrac{1}{2}$ の共通部分をとって,

$$-\dfrac{1}{2} > x > -5 \cdots \text{(ii)}$$

求める x の範囲は, (i), (ii) を合併して, $1 > x > -5.$

(6) $P = |x-1| + |x|$ とおく.

$x \geqq 1$ のとき, $P = (x-1) + x = 2x-1 \leqq 3$ より, $x \leqq 2$. これと $x \geqq 1$ の共通部分をとって,

$$2 \geqq x \geqq 1 \cdots \text{(i)}$$

$1 > x \geqq 0$ のとき, $P = -(x-1) + x = 1 \leqq 3$ となり, 不等式はつねに成り立つので,

$$1 > x \geqq 0 \cdots \text{(ii)}$$

$x < 0$ のとき, $P = -(x-1) - x = -2x+1 \leqq 3$ より, $x \geqq -1$. これと $x < 0$ の共通部分をとって,

$$0 > x \geqq -1 \cdots \text{(iii)}$$

$\therefore$ 求める x の範囲は, (i), (ii), (iii) を合併して, $2 \geqq x \geqq -1.$

問題 46 (1) $|x^2 - 5x| < 4 \iff -4 < x^2 - 5x < 4$

$\iff -4 < x^2 - 5x$ かつ $x^2 - 5x < 4$

$\iff x^2 - 5x + 4 > 0$ 　 かつ 　 $x^2 - 5x - 4 < 0$

$\iff$ 「$x > 4,\ x < 1$」 　 かつ 　 「$\dfrac{5 - \sqrt{41}}{2} < x < \dfrac{5 + \sqrt{41}}{2}$」

$\iff \dfrac{5 - \sqrt{41}}{2} < x < 1,\ 4 < x < \dfrac{5 + \sqrt{41}}{2}$.

(2) $|x^2 - 3x| \geqq 2$

$\iff x^2 - 3x \geqq 2$ 　 または 　 $x^2 - 3x \leqq -2$

$\iff x^2 - 3x - 2 \geqq 0$ 　 または 　 $x^2 - 3x + 2 \leqq 0$

$\iff$ 「$x \geqq \dfrac{3 + \sqrt{17}}{2},\ x \leqq \dfrac{3 - \sqrt{17}}{2}$」 　 または 　 「$1 \leqq x \leqq 2$」

$\iff x \leqq \dfrac{3 - \sqrt{17}}{2},\ 1 \leqq x \leqq 2,\ x \geqq \dfrac{3 + \sqrt{17}}{2}$.

(3) $P = |x^2 - 3x| + |x| = |x(x-3)| + |x|$ とおく.

$x > 3$ のとき, $P = x^2 - 3x + x \geqq 3 \iff x^2 - 2x - 3 \geqq 0$

$\iff (x-3)(x+1) \geqq 0 \iff x \geqq 3,\ x \leqq -1$.

これと $x > 3$ の共通部分をとって, $x > 3 \cdots$ (i)

$0 \leqq x \leqq 3$ のとき, $P = -(x^2 - 3x) + x \geqq 3 \iff x^2 - 4x + 3 \leqq 0$

$\iff (x-1)(x-3) \leqq 0 \iff 1 \leqq x \leqq 3$.

これと $0 \leqq x \leqq 3$ の共通部分をとって, $1 \leqq x \leqq 3 \cdots$ (ii)

$x < 0$ のとき, $P = x^2 - 3x - x \geqq 3 \iff x^2 - 4x - 3 \geqq 0$

$\iff x \leqq 2 - \sqrt{7},\ x \geqq 2 + \sqrt{7}$.

これと $x < 0$ の共通部分をとって, $x \leqq 2 - \sqrt{7} \cdots$ (iii).

$\therefore$ 求める x の範囲は, (i), (ii), (iii) を合併して, $x \geqq 1,\ x \leqq 2 - \sqrt{7}$.

問題 47 (1) $f(x) = (x-1)(x-2)(x-3)$ とおく.

x	$\cdots$	1	$\cdots$	2	$\cdots$	3	$\cdots$
$x-1$	$-$	0	$+$	$+$	$+$	$+$	$+$
$x-2$	$-$	$-$	$-$	0	$+$	$+$	$+$
$x-3$	$-$	$-$	$-$	$-$	$-$	0	$+$
$f(x)$	$-$	0	$+$	0	$-$	0	$+$

表より, 求める解は $x < 1,\ 2 < x < 3$.

(2) $x^4 - 4 = (x^2 + 2)(x^2 - 2) \leqq 0$ ($x^2 + 2 \geqq 2 > 0$ であるから)

$\iff x^2 - 2 = (x + \sqrt{2})(x - \sqrt{2}) \leqq 0$

$\iff -\sqrt{2} \leqq x \leqq \sqrt{2}.$ $\therefore -\sqrt{2} \leqq x \leqq \sqrt{2}$.

(3) $f(x) = 3x^3 - 8x^2 + 3x + 2$ とおくと, $f(x) = (3x+1)(x-1)(x-2)$.

x	$\cdots$	$-\dfrac{1}{3}$	$\cdots$	1	$\cdots$	2	$\cdots$
$3x+1$	$-$	0	$+$	$+$	$+$	$+$	$+$
$x-1$	$-$	$-$	$-$	0	$+$	$+$	$+$
$x-2$	$-$	$-$	$-$	$-$	$-$	0	$+$
$f(x)$	$-$	0	$+$	0	$-$	0	$+$

表より，求める解は $x \geqq 2$, $-\dfrac{1}{3} \leqq x \leqq 1$.

問題 48　(1) $\begin{cases} 2x+1 > 3 \cdots \text{(i)} \\ 3x-5 < 2 \cdots \text{(ii)} \end{cases}$

(i) より，$x > 1$.　(ii) より，$x < \dfrac{7}{3}$.　これらの共通部分をとって　$1 < x < \dfrac{7}{3}$.

(2) $\begin{cases} 4x-3 \leqq 7-x \cdots \text{(i)} \\ 3x+1 < x-3 \cdots \text{(ii)} \end{cases}$

(i) より，$x \leqq 2$.　(ii) より，$x < -2$. これらの共通部分をとって　$x < -2$.

(3) $\begin{cases} x^2+x-6 < 0 \cdots \text{(i)} \\ 2x-5 > 1-5x \cdots \text{(ii)} \end{cases}$

(i) より，$(x+3)(x-2) < 0$. $\therefore -3 < x < 2$. (ii) より，$x > \dfrac{6}{7}$.

これらの共通部分をとって $\dfrac{6}{7} < x < 2$.

(4) $\begin{cases} 2x^2-3x+1 > 0 \cdots \text{(i)} \\ x^2-3x+2 \leqq 0 \cdots \text{(ii)} \end{cases}$

(i) より，$(2x-1)(x-1) > 0$.　ゆえに，$x > 1$, $x < \dfrac{1}{2}$.

(ii) より，$(x-1)(x-2) \leqq 0$.　ゆえに，$1 \leqq x \leqq 2$.

$\therefore$ これらの共通部分をとって　$1 < x \leqq 2$.

問題 49　(1) $\dfrac{1}{x-1} \geqq \dfrac{2}{x+1}$

$\iff \dfrac{1}{x-1} - \dfrac{2}{x+1} = \dfrac{3-x}{(x-1)(x+1)} = -\dfrac{x-3}{(x-1)(x+1)} \geqq 0$

$\iff \dfrac{x-3}{(x-1)(x+1)} \leqq 0$. $f(x) = \dfrac{x-3}{(x-1)(x+1)}$ とおく.

x	$\cdots$	-1	$\cdots$	1	$\cdots$	3	$\cdots$
$x+1$	$-$	0	$+$	$+$	$+$	$+$	$+$
$x-1$	$-$	$-$	$-$	0	$+$	$+$	$+$
$x-3$	$-$	$-$	$-$	$-$	$-$	0	$+$
$f(x)$	$-$	$\times$	$+$	$\times$	$-$	0	$+$

表より，$f(x) \leqq 0$ を満たす x の値の範囲は $x < -1,\ 1 < x \leqq 3$.

(2) $\dfrac{2x-2}{x+2} < \dfrac{2x+1}{x}$

$\iff \dfrac{2x-2}{x+2} - \dfrac{2x+1}{x} = \dfrac{-(7x+2)}{x(x+2)} < 0$

$\iff \dfrac{7x+2}{x(x+2)} > 0.$ $f(x) = \dfrac{7x+2}{x(x+2)}$ とおく.

x	$\cdots$	-2	$\cdots$	$-\dfrac{2}{7}$	$\cdots$	0	$\cdots$
$7x+2$	$-$	$-$	$-$	0	$+$	$+$	$+$
$x+2$	$-$	0	$+$	$+$	$+$	$+$	$+$
x	$-$	$-$	$-$	$-$	$-$	0	$+$
$f(x)$	$-$	$\times$	$+$	0	$-$	$\times$	$+$

表より，$f(x) > 0$ を満たす x の値の範囲は $-2 < x < -\dfrac{2}{7},\ x > 0$.

(3) $\dfrac{x+10}{x-2} > x+1 \iff \dfrac{x+10}{x-2} - (x+1) > 0$

$\iff \dfrac{-(x^2-2x-12)}{x-2} > 0 \iff \dfrac{x^2-2x-12}{x-2} < 0.$

$x^2 - 2x - 12 = 0$ を解いて，$x = 1 \pm \sqrt{13}$ であるから，

$\alpha = 1 - \sqrt{13},\ \beta = 1 + \sqrt{13}$ とおけば，$x^2 - 2x - 12 = (x-\alpha)(x-\beta)$.

$f(x) = \dfrac{x^2-2x-12}{x-2} = \dfrac{(x-\alpha)(x-\beta)}{x-2}$ とおく.

x	$\cdots$	α	$\cdots$	2	$\cdots$	β	$\cdots$
$x-\alpha$	$-$	0	$+$	$+$	$+$	$+$	$+$
$x-\beta$	$-$	$-$	$-$	$-$	$-$	0	$+$
$x-2$	$-$	$-$	$-$	0	$+$	$+$	$+$
$f(x)$	$-$	0	$+$	$\times$	$-$	0	$+$

表より，$f(x) < 0$ を満たす x の値の範囲は $x < \alpha,\ 2 < x < \beta$.

$\therefore\ x < 1 - \sqrt{13},\ 2 < x < 1 + \sqrt{13}$.

問題 50　(1) $2 - x > \sqrt{5-4x}$

$\iff \begin{cases} 2 - x \geqq 0 \ \cdots \ \text{(i)} \\ 5 - 4x \geqq 0 \ \cdots \ \text{(ii)} \\ (2-x)^2 > 5 - 4x \ \cdots \ \text{(iii)} \end{cases}$

(i) より，$x \leqq 2 \cdots$ (iv). (ii) より，$x \leqq \dfrac{5}{4} \cdots$ (v).

(iii) より，$(2-x)^2 - (5-4x) = x^2 - 1 = (x+1)(x-1) > 0$ であるから，

$x > 1$ または $x < -1 \cdots$ (vi)

求める x の値の範囲は (iv), (v), (vi) の共通部分であるから,

$1 < x \leqq \dfrac{5}{4}$, $x < -1$.

(2) $\sqrt{1-x} \geqq 2x-1 \cdots (*)$

$2x-1 \leqq 0$, すなわち, $x \leqq \dfrac{1}{2}$ のとき,

$(*)$ の左辺 $\geqq 0$, 右辺 $\leqq 0$ であるから, 不等式 $(*)$ は成り立つ.

$2x-1 > 0$, すなわち, $x > \dfrac{1}{2}$ のとき,

$(*) \Longleftrightarrow \begin{cases} 1-x \geqq 0 \\ (\sqrt{1-x})^2 \geqq (2x-1)^2 \end{cases}$

$\Longleftrightarrow \begin{cases} x \leqq 1 \\ 4x^2 - 3x \leqq 0 \end{cases} \Longleftrightarrow \begin{cases} x \leqq 1 \\ 0 \leqq x \leqq \dfrac{3}{4} \end{cases} \Longleftrightarrow 0 \leqq x \leqq \dfrac{3}{4}.$

これと $x > \dfrac{1}{2}$ の共通部分をとって, $\dfrac{1}{2} < x \leqq \dfrac{3}{4}$. したがって,

$x \leqq \dfrac{1}{2}$, $\dfrac{1}{2} < x \leqq \dfrac{3}{4}$. 以上より, 求める解は, $x \leqq \dfrac{3}{4}$.

(3) $\dfrac{1}{\sqrt{x-4}+1} + \dfrac{1}{\sqrt{x-4}-1} \leqq 2$

$\Longleftrightarrow \dfrac{\sqrt{x-4}-1}{(\sqrt{x-4}+1)(\sqrt{x-4}-1)} + \dfrac{\sqrt{x-4}+1}{(\sqrt{x-4}+1)(\sqrt{x-4}-1)} \leqq 2$

$\Longleftrightarrow \dfrac{\sqrt{x-4}-1 + \sqrt{x-4}+1}{(\sqrt{x-4})^2 - 1} \leqq 2$

$\Longleftrightarrow \dfrac{2\sqrt{x-4}}{x-5} \leqq 2 \Longleftrightarrow \dfrac{\sqrt{x-4}}{x-5} \leqq 1 \cdots (*)$

根号の中 $\geqq 0$ より, $x \geqq 4$.

$5 > x \geqq 4$ のとき, $(*)$ の左辺 $\leqq 0$ であるから, 不等式 $(*)$ は成り立つ.

$x > 5$ のとき, $(*) \Longleftrightarrow \sqrt{x-4} \leqq x-5 \Longleftrightarrow (\sqrt{x-4})^2 \leqq (x-5)^2$

$\Longleftrightarrow x^2 - 11x + 29 \geqq 0 \Longleftrightarrow x \geqq \dfrac{11+\sqrt{5}}{2}, x \leqq \dfrac{11-\sqrt{5}}{2}.$

これと $x > 5$ の共通部分をとって, $x \geqq \dfrac{11+\sqrt{5}}{2}$.

以上より, 求める x の値の範囲は, $5 > x \geqq 4$, $x \geqq \dfrac{11+\sqrt{5}}{2}$.

問題 51 (1) 相加平均・相乗平均の不等式により,

$\dfrac{b}{a} + \dfrac{a}{b} \geqq 2\sqrt{\dfrac{b}{a} \cdot \dfrac{a}{b}} = 2\sqrt{1} = 2.$ $\therefore$ $\dfrac{b}{a} + \dfrac{a}{b} \geqq 2.$

(2) 相加平均・相乗平均の不等式により

$(a+b)(c+d) \geqq 2\sqrt{ab} \cdot 2\sqrt{cd} = 4\sqrt{abcd}.$ $\therefore$ $(a+b)(c+d) \geqq 4\sqrt{abcd}.$

問題 52　コーシー・シュワルツの不等式により $(a^2 + b^2)(x^2 + y^2) \geqq (ax + by)^2$.

$a^2 + b^2 = 1$, $x^2 + y^2 = 1$ であるから, $1 \geqq (ax + by)^2$. ∴ $-1 \leqq ax + by \leqq 1$.

問題 53　コーシー・シュワルツの不等式により

$(a^2 + b^2 + c^2)(x^2 + y^2 + z^2) \geqq (ax + by + cz)^2$.

ここで, $x = y = z = 1$ にとれば, $(a^2 + b^2 + c^2) \cdot 3 \geqq (a + b + c)^2$.

$a + b + c = 4$ であるから, $(a^2 + b^2 + c^2) \cdot 3 \geqq 4^2$. ∴ $a^2 + b^2 + c^2 \geqq \dfrac{16}{3}$.

基本問題 3.1

問題 54　(1) $f(0) = 3 \cdot 0^2 - 0 + 1 = 1$.　(2) $f(-1) = 3 \cdot (-1)^2 - (-1) + 1 = 5$.

(3) $f(\sqrt{3}) = 3(\sqrt{3})^2 - \sqrt{3} + 1 = 3 \cdot 3 - \sqrt{3} + 1 = 10 - \sqrt{3}$.

問題 55　(1) $f(1 - 2x) = \dfrac{1 - 2x}{(1 - 2x) - 1} = \dfrac{1 - 2x}{-2x} = \dfrac{2x - 1}{2x}$.

(2) $f(f(x)) = \dfrac{f(x)}{f(x) - 1} = \dfrac{\frac{x}{x-1}}{\frac{x}{x-1} - 1} = \dfrac{x}{x - (x - 1)} = x$.

問題 56　定義域は, $0 < x \leqq 3$ で, これを区間で表すと $(0, 3]$.

次に, $0 < x \leqq 3$ において, $2 \cdot 0 - 1 < 2x - 1 \leqq 2 \cdot 3 - 1$ であるから,

$-1 < 2x - 1 \leqq 5$. よって, 値域は $(-1, 5]$

問題 57　定義域は (平方根の中 $\geqq 0$ より)$1 - x^2 \geqq 0$ を満たす実数全体. これを解いて $-1 \leqq x \leqq 1$. 区間で表して, $[-1, 1]$. 値域は $-1 \leqq x \leqq 1$ のとき, $0 \leqq y = \sqrt{1 - x^2} \leqq 1$ である. 区間で表して, $[0, 1]$ となる.

問題 58　$x^2 + 1 \geqq 1 > 0$ であるから, すべての実数 x に対して, $x^2 + 1 \neq 0$. よって, 関数 $y = \dfrac{x^2}{x^2 + 1}$ の定義域は $(-\infty, \infty)$ で,

$$0 \leqq y = \frac{x^2}{x^2 + 1} = 1 - \frac{1}{x^2 + 1} < 1$$

であるから, 値域 $[0, 1)$.

問題 59　関数 $y = \dfrac{x^2 - 1}{x - 1}$ の定義域は, $x = 1$ を除く実数の全体, すなわち, $(-\infty, 1)$, $(1, \infty)$ という 2 つの開区間からなる. これを $(-\infty, 1) \cup (1, \infty)$ とかくこともできる. このとき,

$$y = \frac{x^2 - 1}{x - 1} = \frac{(x - 1)(x + 1)}{x - 1} = x + 1 \ (x \neq 1)$$

であるから, 値域は $y = 2$ を除く実数の全体, すなわち, $(-\infty, 2) \cup (2, \infty)$.

問題 60　$x = [x] + \alpha$, $y = [y] + \beta$ とおけば, $0 \leqq \alpha, \ \beta < 1$.

$x + y = [x] + [y] + \alpha + \beta$ で, $0 \leqq \alpha + \beta < 2$ であるから,

$[x] + [y] \ \leqq [x + y] \leqq \ [x] + [y] + 1$.

問題 61　$f \circ g(x) = f(g(x)) = \sqrt{g(x) + 4} = \sqrt{x^4 + 4x^2 + 4} = \sqrt{(x^2 + 2)^2}$
$= x^2 + 2$.

$$g \circ f(x) = g(f(x)) = (f(x))^4 + 4(f(x))^2 = (\sqrt{x+4})^4 + 4(\sqrt{x+4})^2$$
$$= (x+4)^2 + 4(x+4) = x^2 + 12x + 32.$$

基本問題 3.2
問題 62

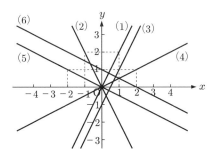

問題 63

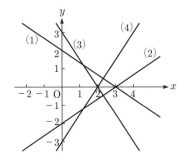

問題 64　(1) $y = 3(x-2) + 1 = 3x - 5$. ∴ $y = 3x - 5$.

(2) 求める直線の傾きは $\dfrac{-7 - (-1)}{3 - 1} = -3$. であるから, その方程式は $y = -3(x-1) - 1$, すなわち, $y = -3x + 2$.

(3) $x = 5$.　　(4) $y = -1$.

問題 65　(1) 交点は, 次の連立 1 次方程式の解である.

$$\begin{cases} y = 2x + 3 \\ y = -3x - 7 \end{cases}$$　これを解いて $(x, y) = (-2, -1)$ が求める交点である.

(2) 交点は, 次の連立 1 次方程式の解である.

$$\begin{cases} 3x - 2y - 5 = 0 \\ x + 3y - 2 = 0 \end{cases}$$

これを解いて $(x, y) = \left(\dfrac{19}{11}, \dfrac{1}{11} \right)$ が求める交点である.

問題 66 (1) $y = |2x| = \begin{cases} 2x \ (x \geqq 0) \\ -2x \ (x < 0) \end{cases}$　グラフは次のようになる.

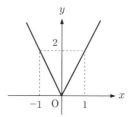

(2) $y = |x - 2| = \begin{cases} x - 2 \ (x \geqq 2) \\ -x + 2 \ (x < 2) \end{cases}$　グラフは次のようになる.

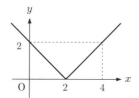

(3) $y = |x - 1| + |x| = \begin{cases} 2x - 1 \ (x > 1) \\ 1 \qquad (0 \leqq x \leqq 1) \\ -2x + 1 \ (x < 0) \end{cases}$　グラフは次のようになる.

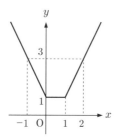

問題 67　整数 n に対して, $n \leqq x < n + \dfrac{1}{2}$ のとき, $y = [2x] = 2n$.

$n + \dfrac{1}{2} \leqq x < n + 1$ のとき, $y = [2x] = 2n + 1$ であるから, グラフは次のようになる.

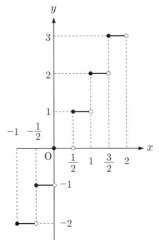

(2) $f(x) = x - [x]$ とおく. $0 \leqq x < 1$ のとき, $f(x) = x - 0 = x$ この範囲でグラフは直線 $y = x$ である. 次に, 任意の実数 x に対して,

$$f(x+1) = x + 1 - [x+1] = x + 1 - ([x] + 1) = x - [x] = f(x)$$

であるから, $f(x)$ は 1 ごとに同じ変化をくり返す. よって, グラフは $0 \leqq x < 1$ のグラフの繰り返しで, グラフは次のようになる.

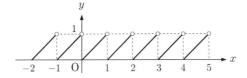

問題 68

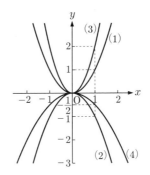

問題 **69**

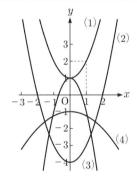

問題 **70**

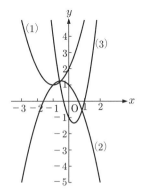

問題 **71**　(1) $y = x^2 - 3x + 2 = \left(x - \dfrac{3}{2}\right)^2 - \dfrac{1}{4} \geqq -\dfrac{1}{4}$. よって，$x = \dfrac{3}{2}$ のとき，最小値 $-\dfrac{1}{4}$ をとる.

(2) $y = -x^2 + 4x - 3 = -(x-2)^2 + 1 \leqq 1$. よって，$x = 2$ のとき，最大値 1 をとる.

(3) $y = 3x^2 - 2x + 5 = 3\left(x - \dfrac{1}{3}\right)^2 + \dfrac{14}{3} \geqq \dfrac{14}{3}$. よって，$x = \dfrac{1}{3}$ のとき，最小値 $\dfrac{14}{3}$ をとる.

(4) $y = -5x^2 + 4x + 1 = -5\left(x - \dfrac{2}{5}\right)^2 + \dfrac{9}{5} \leqq \dfrac{9}{5}$. よって，$x = \dfrac{2}{5}$ のとき，最大値 $\dfrac{9}{5}$ をとる.

問題 **72**　(1) $y = 2x^2 - 4x + 1 = 2(x-1)^2 - 1$. グラフより，$0 \leqq x \leqq 2$ において，y は $x = 0$(または $x = 2$) のとき，最大値 1，$x = 1$ のとき，最小値 -1 をとる.

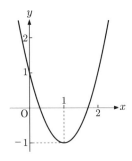

(2) $y = -x^2 - 4x + 2 = -(x+2)^2 + 6$. グラフは直線 $x = -2$ に対称で，上に凸で，$-1 \leqq x \leqq 3$ において減少関数であるから，y は $x = -1$ のとき，最大値 5，$x = 3$ のとき，最小値 -19 をとる．

問題 73　(1) 交点は，次の連立方程式の解である．

$$\begin{cases} y = x^2 - 6x + 7 & \cdots \text{ (i)} \\ y = -x + 3 & \cdots \text{ (ii)} \end{cases}$$

(ii) を (i) へ代入して，$x^2 - 6x + 7 = -x + 3$.
これから，$x^2 - 5x + 4 = (x-1)(x-4) = 0$.　∴ $x = 1, 4$.
よって，$(x, y) = (1, 2), (4, -1)$ が求める交点である．

(2) 交点は，次の連立方程式の解である．

$$\begin{cases} y = 3x^2 - 4x + 2 & \cdots \text{ (i)} \\ y = 5x + 3 & \cdots \text{ (ii)} \end{cases}$$

(ii) を (i) へ代入して，$3x^2 - 4x + 2 = 5x + 3$.
これから，$3x^2 - 9x - 1 = 0$.　∴ $x = \dfrac{9 \pm \sqrt{93}}{6}$.
よって，$(x, y) = \left(\dfrac{9 + \sqrt{93}}{6}, \dfrac{63 + 5\sqrt{93}}{6} \right), \left(\dfrac{9 - \sqrt{93}}{6}, \dfrac{63 - 5\sqrt{93}}{6} \right)$
が求める交点である．

(3) 交点は，次の連立方程式の解である．

$$\begin{cases} y = 3x^2 + 2x - 1 & \cdots \text{ (i)} \\ y = x^2 - 3x + 2 & \cdots \text{ (ii)} \end{cases}$$

(ii) を (i) へ代入して，$3x^2 + 2x - 1 = x^2 - 3x + 2$.
これから，$2x^2 + 5x - 3 = (2x-1)(x+3) = 0$.　∴ $x = -3, \dfrac{1}{2}$.
よって，$(x, y) = (-3, 20), \left(\dfrac{1}{2}, \dfrac{3}{4} \right)$ が求める交点である．

問題 74　(1) $y = \left| x^2 - 1 \right| = \begin{cases} x^2 - 1 & (x > 1, x < -1) \\ -(x^2 - 1) & (-1 \leqq x \leqq 1) \end{cases}$

であるから，グラフは次のようになる．

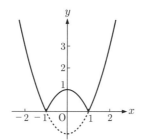

(2) $y = \left| x^2 - 3x + 2 \right| = \left| (x-1)(x-2) \right|$

$$= \begin{cases} (x-1)(x-2) & (x > 2, x < 1) \\ -(x-1)(x-2) & (1 \leqq x \leqq 2) \end{cases}$$

であるから，グラフは次のようになる．

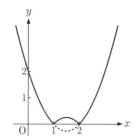

(3) $y = \left| x^2 - 4 \right| + 2x - 1 = \begin{cases} x^2 + 2x - 5 & (x > 2,\ x < -2) \\ -x^2 + 2x + 3 & (-2 \leqq x \leqq 2) \end{cases}$

であるから，グラフは次のようになる．

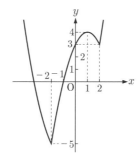

問題 **75**

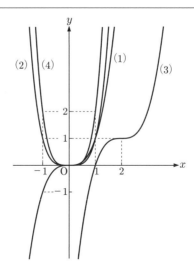

基本問題 3.3

問題 76　(1) ($y = 2x - 5$ が $(-\infty, \infty)$ で増加関数であることに注意しよう.) $y = 2x - 5$ の x と y を入れ換えた $x = 2y - 5$ を y について解いた $y = \dfrac{1}{2}(x + 5)$ が求める逆関数である.

(2) ($y = x^2 + 3$ $(x \leqq 0)$ が減少関数であることに注意しよう.) $y = x^2 + 3$ $(x \leqq 0)$ の x と y を入れ換えた $x = y^2 + 3 (y \leqq 0)$ を y について解くと, $y^2 = x - 3$ だから $y = \pm\sqrt{x - 3}$. ここで, $y \leqq 0$ に注意すれば, $y = -\sqrt{x - 3}$ が求める逆関数である.

(3) ($y = x^2 - 4x$ $(x \geqq 2)$ が増加関数であることに注意しよう.) $y = x^2 - 4x$ $(x \geqq 2)$ の x と y を入れ換えた $x = y^2 - 4y (y \geqq 2)$ を y について解くと, $y^2 - 4y - x = 0$ だから $y = 2 \pm \sqrt{4 + x}$. ここで, $y \geqq 2$ に注意すれば, $y = 2 + \sqrt{4 + x}$ が求める逆関数である.

(4) ($y = \dfrac{x + 3}{x - 2}$ $(x > 2)$ が減少関数であることに注意しよう.) $y = \dfrac{x + 3}{x - 2} (x > 2)$ の x と y を入れ換えた $x = \dfrac{y + 3}{y - 2} (y > 2)$ を y について解くと, $x(y - 2) = y + 3$ だから, $y = \dfrac{2x + 3}{x - 1} (x > 1)$ が求める逆関数である.

問題 77　($y = \sqrt{x - 1} + 2 (x \geqq 1)$ が増加関数であることに注意しよう.) $y = \sqrt{x - 1} + 2$ $(x \geqq 1)$ の x と y を入れ換えた $x = \sqrt{y - 1} + 2$ $(y \geqq 1)$ を y について解くと, $x - 2 = \sqrt{y - 1}$ より, $y = (x - 2)^2 + 1 = x^2 - 4x + 5$. よって, $y = x^2 - 4x + 5 (x \geqq 2)$ が求める逆関数である. 定義域は $[2, \infty)$, 値域は $[1, \infty)$.

基本問題 3.4

問題 78　(1)$(x-2)^2 + (y-3)^2 = (\sqrt{5})^2 = 5$　(2) $x^2 + y^2 = 2^2 = 4$

(3) 題意より，中心は原点 $(0,0)$ と点 $(0,6)$ の中点 $(0,3)$ で半径が 3 であることがわかる．したがって，求める円の方程式は $x^2 + (y-3)^2 = 3^2 = 9$ である．

(4) 半径を r とすると，求める円の方程式は $x^2 + y^2 = r^2$．これが点 $(3,-4)$ を通るから，$3^2 + (-4)^2 = r^2$．これから，$r^2 = 25$ で $r = 5$ とわかる．したがって，求める円の方程式は $x^2 + y^2 = 5^2 = 25$.

問題 79　(1) $x^2 + y^2 - 5 = 0$ より，$x^2 + y^2 = (\sqrt{5})^2$．これは，原点中心，半径 $\sqrt{5}$ の円を表す．

(2) $x^2 + y^2 + 4x = 0$ より，$x^2 + 4x + y^2 = 0$．これから，$(x+2)^2 - 2^2 + y^2 = 0$．したがって，$(x+2)^2 + y^2 = 2^2$．これは，中心 $(-2,0)$，半径 2 の円を表す．

(3) $x^2 + y^2 - 6x + 2y + 4 = 0$ より，$x^2 - 6x + y^2 + 2y + 4 = 0$．これから，$(x-3)^2 - 3^2 + (y+1)^2 - 1^2 + 4 = 0$．したがって，$(x-3)^2 + (y+1)^2 = 6 = (\sqrt{6})^2$．これは，中心 $(3,-1)$，半径 $\sqrt{6}$ の円 を表す．

問題 80　(1) 交点は，次の連立方程式の解である．

$$\begin{cases} x^2 + y^2 = 5 & \cdots \text{(i)} \\ y = 2x \cdots \text{(ii)} \end{cases}$$

(ii) を (i) へ代入して，$5x^2 - 5 = 5(x^2 - 1) = 0$. $\therefore\ x = \pm 1$.
よって，$(x,y) = (1,2), (-1,-2)$ が求める交点である．

(2) 交点は，次の連立方程式の解である．

$$\begin{cases} x^2 + y^2 = 2 & \cdots \text{(i)} \\ x + y = 1 \cdots \text{(ii)} \end{cases}$$

(ii) より，$y = 1 - x$．これを (i) へ代入して，$2x^2 - 2x - 1 = 0$.
$\therefore\ x = \dfrac{1 \pm \sqrt{3}}{2}$．よって，$(x,y) = \left(\dfrac{1+\sqrt{3}}{2}, \dfrac{1-\sqrt{3}}{2}\right), \left(\dfrac{1-\sqrt{3}}{2}, \dfrac{1+\sqrt{3}}{2}\right)$ が求める交点である．

(3) 交点は，次の連立方程式の解である．

$$\begin{cases} x^2 + y^2 - 2x = 2 & \cdots \text{(i)} \\ 2x - y = 1 \cdots \text{(ii)} \end{cases}$$

(ii) より，$y = 2x - 1$．これを (i) へ代入して，$5x^2 - 6x - 1 = 0$.
$\therefore\ x = \dfrac{3 \pm \sqrt{14}}{5}$．よって，$(x,y) = \left(\dfrac{3 \pm \sqrt{14}}{5}, \dfrac{1 \pm 2\sqrt{14}}{5}\right)$ (複号同順) が求める交点である．

(4) 交点は，次の連立方程式の解である．

$$\begin{cases} x^2 + y^2 - 4x + 2y = 5 & \cdots \text{(i)} \\ x^2 + y^2 - 2x = 9 \cdots \text{(ii)} \end{cases}$$

(i) $-$ (ii) より，$-2x + 2y = -4$，すなわち，$y = x - 2$．これを (ii) へ代入して，$2x^2 - 6x - 5 = 0$.

よって, $x = \dfrac{3 \pm \sqrt{19}}{2}$. 求める交点は $(x, y) = \left(\dfrac{3 + \sqrt{19}}{2}, \dfrac{-1 + \sqrt{19}}{2} \right)$, $\left(\dfrac{3 - \sqrt{19}}{2}, \dfrac{-1 - \sqrt{19}}{2} \right)$.

基本問題 3.5

問題 81 (1)   (2)

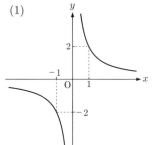 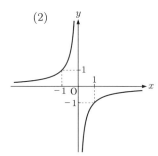

問題 82 (1) $y = \dfrac{3x - 4}{x - 2} = \dfrac{3(x - 2) + 2}{x - 2} = 3 + \dfrac{2}{x - 2}$ だから, $y = \dfrac{2}{x}$ のグラフを, x 軸方向に 2, y 軸方向に 3 だけ平行移動したグラフが求めるものであり, それは以下のようになる. 漸近線の方程式は $x = 2$, $y = 3$ である.

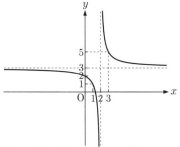

(2) $y = \dfrac{1 - 2x}{x + 2} = \dfrac{-2(x + 2) + 5}{x + 2} = -2 + \dfrac{5}{x + 2}$ だから, $y = \dfrac{5}{x}$ のグラフを, x 軸方向に -2, y 軸方向に -2 だけ平行移動したグラフが求めるものであり, それは以下のようになる. 漸近線の方程式は $x = -2$, $y = -2$ である.

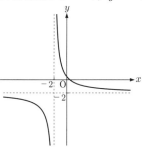

問題 83　(1) $y = \dfrac{x-1}{x} = 1 - \dfrac{1}{x}$ であるから，漸近線の方程式は $x=0$, $y=1$ である.

(2) $y = \dfrac{x-2}{x-3} = 1 + \dfrac{1}{x-3}$ であるから，漸近線の方程式は $x=3$, $y=1$ である.

(3) $y = \dfrac{3x-2}{x+1} = 3 - \dfrac{5}{x+1}$ であるから，漸近線の方程式は $x=-1$, $y=3$ である.

問題 84　$\begin{cases} y = \dfrac{2x}{x-2} & \cdots \text{(i)} \\ y = x-3 & \cdots \text{(ii)} \end{cases}$

(i), (ii) より，$\dfrac{2x}{x-2} = x-3 \iff 2x = (x-3)(x-2)$ かつ $x-2 \neq 0$

$\iff x^2 - 7x + 6 = (x-1)(x-6) = 0$ かつ $x \neq 2 \iff x = 1, 6$. ∴ 交点の座標は $(1. -2), (6, 3)$.

問題 85　(1) $y = \sqrt{-x}$ のグラフは，$y = \sqrt{x}$ のグラフと y 軸に関して対称でグラフは次のようになる.

(2) $y = \sqrt{2x-3} = \sqrt{2\left(x - \dfrac{3}{2}\right)}$ であるから，$y = \sqrt{2x}$ のグラフを，x 軸方向に $\dfrac{3}{2}$ だけ平行移動したグラフが求めるものであり，それは以下のようになる.

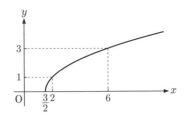

(3) $y = \sqrt{4 - x^2}$ は, 円 $x^2 + y^2 = 4$ の ($y \geqq 0$ の部分にある) 半円を表すから, そのグラフは次のようになる.

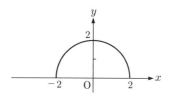

(4) $y = \sqrt[3]{x - 2} + 1$ のグラフは, $y = \sqrt[3]{x}$ のグラフ (例題 56 をみよ) を x 軸方向に 2, y 軸方向に 1 だけ平行移動したものである. それは以下のようになる.

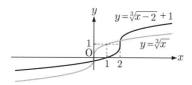

(5) $y = \sqrt[4]{x}$ は, $y = x^4$ ($x \geqq 0$) の逆関数であるから, グラフは次のようになる.

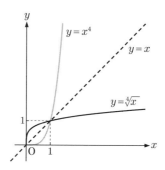

問題 86 $\begin{cases} y = \sqrt{x + 2} \cdots \text{(i)} \\ y = x - 3 \cdots \text{(ii)} \end{cases}$

(i), (ii) より, $\sqrt{x + 2} = x - 3 \iff x + 2 = (x - 3)^2,\ x \geqq 3$

$\iff x^2 - 7x + 7 = 0,\ x \geqq 3 \iff x = \dfrac{7 \pm \sqrt{21}}{2},\ x \geqq 3$

$\iff x = \dfrac{7 + \sqrt{21}}{2}$. よって, $(x, y) = \left(\dfrac{7 + \sqrt{21}}{2}, \dfrac{1 + \sqrt{21}}{2} \right)$ が求める交点である.

基本問題 4.1

問題 87　ピタゴラスの定理により，$AB^2 = 12^2 + 5^2 = 169 = 13^2$. ∴　$AB = 13$.

(1) $\sin\theta = \dfrac{5}{13}$.　(2) $\cos\theta = \dfrac{12}{13}$.　(3) $\tan\theta = \dfrac{5}{12}$.

問題 88　(1) $x : 6 = 1 : \sqrt{3}$ より，$\sqrt{3}x = 6 \cdot 1 = 6$. ∴　$x = 2\sqrt{3}$.

$y : 6 = 2 : \sqrt{3}$ より，$\sqrt{3}y = 6 \cdot 2 = 12$. ∴　$y = 4\sqrt{3}$.

(2) $x = y$. $4 : x = \sqrt{2} : 1$ より，$\sqrt{2}x = 4$. ∴ $x = y = 2\sqrt{2}$.

(3) $x : 6 = 1 : 2$ より，$2x = 6 \cdot 1 = 6$. ∴　$x = 3$.

$y : 6 = \sqrt{3} : 2$ より，$2y = 6 \cdot \sqrt{3} = 6\sqrt{3}$. ∴　$y = 3\sqrt{3}$.

問題 89　(1) $\dfrac{AH}{AB} = \sin 60°$ より，$AH = AB \sin 60° = 2 \cdot \dfrac{\sqrt{3}}{2} = \sqrt{3}$.

(2) $\dfrac{BH}{AB} = \cos 60°$ より，$BH = AB \cos 60° = 2 \cdot \dfrac{1}{2} = 1$.

（もちろん，正三角形の頂点から対辺に下ろした垂線は対辺を 2 等分するので $BH = 1$ はすぐわかる.）

(3) 正三角形 ABC の面積 $= \dfrac{1}{2} \cdot BC \cdot AH = \dfrac{1}{2} \cdot 2 \cdot \sqrt{3} = \sqrt{3}$.

問題 90　鉛直方向には，$100 \cdot \sin 30° = 100 \cdot \dfrac{1}{2} = 50 (m)$ 登り，

水平方向には $100 \cdot \cos 30° = 100 \cdot \dfrac{\sqrt{3}}{2} = 50\sqrt{3} (m)$ 進んだ.

問題 91

木の高さは，$10 \tan 30° + 1.7 = 10 \cdot \dfrac{1}{\sqrt{3}} + 1.7 = \dfrac{10\sqrt{3}}{3} + 1.7$.

∴　木の高さは　$\left(\dfrac{10\sqrt{3}}{3} + 1.7 \right)$ m．

問題 92　$AD = x$ とおく.

$\dfrac{AD}{BD} = \dfrac{x}{BD} = \tan 45° = 1$ より，$BD = x$.

また，$\dfrac{AD}{CD} = \dfrac{x}{CD} = \tan 60° = \sqrt{3}$ より，$CD = \dfrac{x}{\sqrt{3}}$.

$BC = BD - CD = 10$ より，$x - \dfrac{x}{\sqrt{3}} = \left(1 - \dfrac{1}{\sqrt{3}} \right) x = 10$.

∴　$x = \dfrac{10}{1 - \frac{1}{\sqrt{3}}} = \dfrac{10\sqrt{3}}{\sqrt{3} - 1} = \dfrac{10\sqrt{3}(\sqrt{3} + 1)}{(\sqrt{3} - 1)(\sqrt{3} + 1)} = \dfrac{10(3 + \sqrt{3})}{2}$

$= 5(3 + \sqrt{3})$. ∴　木の高さは $\{5(3 + \sqrt{3}) + 1.7\}\, m = (16.7 + 5\sqrt{3})\, m$.

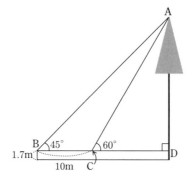

問題 93　$\sin^2\theta + \cos^2\theta = 1$ より，$\cos^2\theta = 1 - \left(\dfrac{1}{3}\right)^2 = \dfrac{8}{9}$.

これより，$\cos\theta = \pm\sqrt{\dfrac{8}{9}} = \pm\dfrac{\sqrt{8}}{\sqrt{9}} = \pm\dfrac{2\sqrt{2}}{3}$. $0\,°<\theta<90°$ より，$\cos\theta > 0$ で

あるから，$\cos\theta = \dfrac{2\sqrt{2}}{3}$. よって，$\tan\theta = \dfrac{\frac{1}{3}}{\frac{2\sqrt{2}}{3}} = \dfrac{1}{2\sqrt{2}} = \dfrac{\sqrt{2}}{4}$.

(別解) $\sin\theta = \dfrac{1}{3}\,(0\,°<\theta<90°)$ より，下図のような直角三角形 ABC を考えれば

十分．ピタゴラスの定理により，$1^2 + \mathrm{AC}^2 = 3^2$ であるから，$\mathrm{AC}^2 = 8$. よって，

$\mathrm{AC} = \sqrt{8} = 2\sqrt{2}$. $\cos\theta = \dfrac{2\sqrt{2}}{3}$，$\tan\theta = \dfrac{1}{2\sqrt{2}} = \dfrac{\sqrt{2}}{4}$　としてもよい．

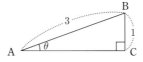

問題 94　$1 + \tan^2\theta = \dfrac{1}{\cos^2\theta}$ より，$\dfrac{1}{\cos^2\theta} = 1 + (2\sqrt{2})^2 = 9$. よって，$\cos^2\theta = \dfrac{1}{9}$.

$0°<\theta<90°$ より，$\cos\theta > 0$ であるから，$\cos\theta = \sqrt{\dfrac{1}{9}} = \dfrac{\sqrt{1}}{\sqrt{9}} = \dfrac{1}{3}$.

また，$\tan\theta = \dfrac{\sin\theta}{\cos\theta}$ より，$\sin\theta = \tan\theta\cos\theta = 2\sqrt{2}\cdot\dfrac{1}{3} = \dfrac{2\sqrt{2}}{3}$.

(別解) $\tan\theta = 2\sqrt{2}$ より，下図のような直角三角形 ABC を考えれば十分．

ピタゴラスの定理より，$\mathrm{AB}^2 = (2\sqrt{2})^2 + 1^2 = 9$. よって，$\mathrm{AB} = \sqrt{9} = 3$.

$\therefore$　$\sin\theta = \dfrac{2\sqrt{2}}{3}$，$\cos\theta = \dfrac{1}{3}$.

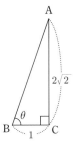

基本問題 4.2
問題 95

(1)

(2) $690° = 360°(1\,回転) + 330°.$

(3)

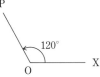

(4) $-420° = -360°(負の方向に一回り) + (-60°)$

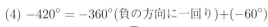

(5) $\dfrac{\pi}{6} = 30°.$

(6) $\dfrac{5}{3}\pi = 300°.$

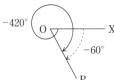

(7) $\quad -\pi = -180°.$

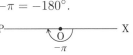

(8) $-\dfrac{7}{4}\pi = -315°.$

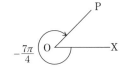

問題 96

(1) $-60° = -60 \cdot \dfrac{\pi}{180} = -\dfrac{\pi}{3}$.　　(2) $210° = 210 \cdot \dfrac{\pi}{180} = \dfrac{7\pi}{6}$.

(3) $480° = 480 \cdot \dfrac{\pi}{180} = \dfrac{8\pi}{3}$.　　(4) $-225° = -225 \cdot \dfrac{\pi}{180} = -\dfrac{5\pi}{4}$.

(5) $-\dfrac{\pi}{4} = -\dfrac{180°}{4} = -45°$.　　(6) $\dfrac{2}{3}\pi = \dfrac{2}{3} \cdot 180° = 120°$.

(7) $\dfrac{17}{6}\pi = \dfrac{17}{6} \cdot 180° = 510°$.　　(8) $-\dfrac{7}{2}\pi = -\dfrac{7}{2} \cdot 180° = -630°$.

問題 97　$l = 2 \cdot \dfrac{2}{3}\pi = \dfrac{4}{3}\pi$,　$S = \dfrac{1}{2} \cdot 2^2 \cdot \dfrac{2}{3}\pi = \dfrac{4}{3}\pi$.

問題 98

θ	0	$\dfrac{\pi}{6}$	$\dfrac{\pi}{4}$	$\dfrac{\pi}{3}$	$\dfrac{\pi}{2}$	π	2π
$\sin\theta$	0	$\dfrac{1}{2}$	$\dfrac{1}{\sqrt{2}}$	$\dfrac{\sqrt{3}}{2}$	1	0	0
$\cos\theta$	1	$\dfrac{\sqrt{3}}{2}$	$\dfrac{1}{\sqrt{2}}$	$\dfrac{1}{2}$	0	-1	1
$\tan\theta$	0	$\dfrac{1}{\sqrt{3}}$	1	$\sqrt{3}$	$\times$	0	0

問題 99　(1) 図で，$\angle\mathrm{POH} = \dfrac{\pi}{6}\,(=30°)$ で $\mathrm{OP} = 1$ だから，直角三角形 OPH において，

$$\mathrm{OH} = \frac{\sqrt{3}}{2}, \quad \mathrm{PH} = \frac{1}{2}.$$ このとき，点 P

の座標は $\mathrm{P}\left(-\dfrac{\sqrt{3}}{2}, \dfrac{1}{2}\right)$ である．

$\therefore$　$\sin\dfrac{5\pi}{6} = (\text{点 P の } y \text{ 座標}) = \dfrac{1}{2}$,

$\cos\dfrac{5\pi}{6} = (\text{点 P の } x \text{ 座標}) = -\dfrac{\sqrt{3}}{2}$,

$\tan\dfrac{5\pi}{6} = \dfrac{\sin\frac{5\pi}{6}}{\cos\frac{5\pi}{6}} = \dfrac{\frac{1}{2}}{-\frac{\sqrt{3}}{2}} = -\dfrac{1}{\sqrt{3}}$

$\left(\text{または，有理化して} -\dfrac{\sqrt{3}}{3}\right)$.

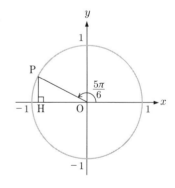

(2) 図で，$\angle POH = \dfrac{\pi}{6} (= 30°)$ で OP= 1 だから，直角三角形 OPH において，

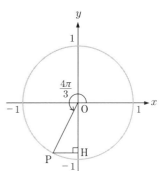

$OH = \dfrac{\sqrt{3}}{2}$, $PH = \dfrac{1}{2}$. このとき，点 P の座標は $P\left(-\dfrac{1}{2}, -\dfrac{\sqrt{3}}{2}\right)$ である.

$\therefore$ $\sin \dfrac{4\pi}{3} = -\dfrac{\sqrt{3}}{2}$, $\cos \dfrac{4\pi}{3} = -\dfrac{1}{2}$, $\tan \dfrac{4\pi}{3}$

$= \dfrac{-\frac{\sqrt{3}}{2}}{-\frac{1}{2}} = \sqrt{3}$.

(3) 図で，$\angle POH = \dfrac{\pi}{4} (= 45°)$ で OP $= 1$ だから，直角三角形 OPH において，

$OH = PH = \dfrac{1}{\sqrt{2}}$, このとき，点 P の座標は $P\left(\dfrac{1}{\sqrt{2}}, -\dfrac{1}{\sqrt{2}}\right)$ である.

$\therefore$ $\sin \dfrac{7\pi}{4} = -\dfrac{1}{\sqrt{2}}$, $\cos \dfrac{7\pi}{4} = \dfrac{1}{\sqrt{2}}$, $\tan \dfrac{7\pi}{4} = \dfrac{-\frac{1}{\sqrt{2}}}{\frac{1}{\sqrt{2}}} = -1$.

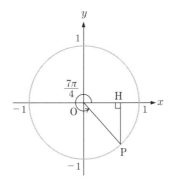

(4) 図で，$\angle POH = \dfrac{\pi}{4} (= 45°)$ で OP $= 1$ だから，直角三角形 OPH において，

$OH = PH = \dfrac{1}{\sqrt{2}}$, このとき，点 P の座標は $P\left(\dfrac{1}{\sqrt{2}}, -\dfrac{1}{\sqrt{2}}\right)$ である.

$\therefore$ $\sin \left(-\dfrac{\pi}{4}\right) = -\dfrac{1}{\sqrt{2}}$, $\cos \left(-\dfrac{\pi}{4}\right) = \dfrac{1}{\sqrt{2}}$, $\tan \left(-\dfrac{\pi}{4}\right) = \dfrac{-\frac{1}{\sqrt{2}}}{\frac{1}{\sqrt{2}}} = -1$.

(5) 図で，$\angle POH = \dfrac{\pi}{3} (= 60°)$ で OP= 1 だから，直角三角形 OPH において，

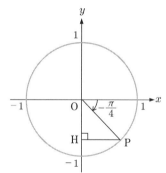

$\text{OH} = \dfrac{1}{2}$, $\text{PH} = \dfrac{\sqrt{3}}{2}$. このとき, 点 P の座標は $\text{P}\left(-\dfrac{1}{2}, -\dfrac{\sqrt{3}}{2}\right)$ である.

$\therefore\ \sin\left(-\dfrac{2\pi}{3}\right) = -\dfrac{\sqrt{3}}{2}$, $\cos\left(-\dfrac{2\pi}{3}\right) = -\dfrac{1}{2}$, $\tan\left(-\dfrac{2\pi}{3}\right) = \dfrac{-\frac{\sqrt{3}}{2}}{-\frac{1}{2}} = \sqrt{3}$.

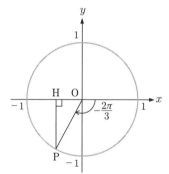

問題 100　(1) $\sin\dfrac{13\pi}{6} = \sin\left(\dfrac{\pi}{6} + 2\pi\right) = \sin\dfrac{\pi}{6} = \dfrac{1}{2}$.

(2) $\cos\dfrac{19\pi}{4} = \cos\left(\dfrac{3\pi}{4} + 4\pi\right) = \cos\dfrac{3\pi}{4} = -\dfrac{1}{\sqrt{2}}$ $\left(\text{有理化して} -\dfrac{\sqrt{2}}{2}\right)$.

(3) $\tan\dfrac{31\pi}{6} = \tan\left(\dfrac{\pi}{6} + 5\pi\right) = \tan\dfrac{\pi}{6} = \dfrac{1}{\sqrt{3}}$ $\left(\text{有理化して} \dfrac{\sqrt{3}}{3}\right)$.

(4) $\sin\left(-\dfrac{13\pi}{4}\right) = \sin\left(\dfrac{3\pi}{4} - 4\pi\right) = \sin\dfrac{3\pi}{4} = \dfrac{1}{\sqrt{2}}$.

(5) $\cos\left(-\dfrac{47\pi}{3}\right) = \cos\left(\dfrac{\pi}{3} - 16\pi\right) = \cos\dfrac{\pi}{3} = \dfrac{1}{2}$.

(6) $\tan\left(-\dfrac{40\pi}{3}\right) = \tan\left(-\dfrac{\pi}{3} - 13\pi\right) = \tan\left(-\dfrac{\pi}{3}\right) = -\tan\dfrac{\pi}{3} = -\sqrt{3}$.

問題 101　(1) まず, $\sin x$ が周期 2π の周期関数であることに注意しよう.

$0 \leqq x < 2\pi$ の範囲では, $\sin x = \dfrac{\sqrt{3}}{2}$ を満たす x の値は $x = \dfrac{\pi}{3}$, $\dfrac{2\pi}{3}$.

一般解は $x = \dfrac{\pi}{3} + 2n\pi, \ \dfrac{2\pi}{3} + 2n\pi(n$ は整数$)$.

(2) まず，$\cos x$ が周期 2π の周期関数であることに注意しよう．$0 \leqq x < 2\pi$ の範囲では，$\cos x = -\dfrac{1}{\sqrt{2}}$ を満たす x の値は $x = \dfrac{3\pi}{4}, \ \dfrac{5\pi}{4}$.

一般解は $x = \dfrac{3\pi}{4} + 2n\pi, \ \dfrac{5\pi}{4} + 2n\pi(n$ は整数$)$.

(3) まず，$\tan x$ が周期 π の周期関数であることに注意しよう．

　$0 \leqq x < \pi$ の範囲では，$\tan x = 1$ を満たす x の値は $x = \dfrac{\pi}{4}$,

一般解は $x = \dfrac{\pi}{4} + n\pi(n$ は整数$)$.

問題 102　$\sin^2\theta = 1 - \cos^2\theta = 1 - \left(-\dfrac{2}{3}\right)^2 = \dfrac{5}{9}$.

$\therefore \quad \sin\theta = \pm\sqrt{\dfrac{5}{9}} = \pm\dfrac{\sqrt{5}}{3}$.

$\pi < \theta < 2\pi$ のとき，$\sin\theta < 0$ であるから，$\sin\theta = -\dfrac{\sqrt{5}}{3}$.

$\therefore \quad \tan\theta = \dfrac{-\frac{\sqrt{5}}{3}}{-\frac{2}{3}} = \dfrac{\sqrt{5}}{2}$.

問題 103　(1) $0 \leqq x < 2\pi$ の範囲では，$\sin x = \dfrac{1}{2}$ を満たす x の値は $x = \dfrac{\pi}{6}, \ \dfrac{5\pi}{6}$.

一般解は $x = \dfrac{\pi}{6} + 2n\pi, \ \dfrac{5\pi}{6} + 2n\pi(n$ は整数$)$.

(2) 角 x の動径と単位円との交点を P(a,b) とすれば，$|\sin x| < \dfrac{1}{2}$ $\left(0 \leqq x \leqq 2\pi\right)$ は点 P が図の太線部分上にあるときであるから，角 x の範囲は

$$0 \leqq x < \dfrac{\pi}{6}, \dfrac{5\pi}{6} < x < \dfrac{7\pi}{6}, \dfrac{11\pi}{6} < x \leqq 2\pi.$$

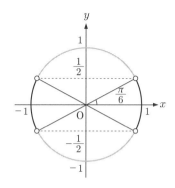

基本問題 4.3

問題 104　(1) $y = \sin x$ のグラフを y 軸方向に 1 だけ平行移動する．周期は 2π である．

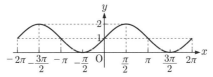

(2) $y = \sin x$ のグラフを y 軸の方向に $\dfrac{1}{2}$ 倍する．周期は 2π である

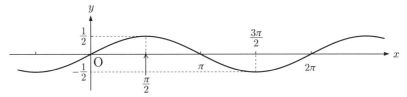

(3) $y = -\cos x$ のグラフ（$y = \cos x$ のグラフと x 軸に関して対称）を y 軸方向に 1 だけ平行移動する．周期は 2π である．

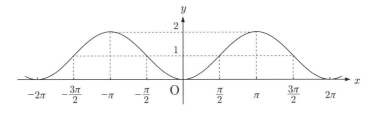

(4) $y = \cos x$ のグラフを x 軸の方向に 2 倍すればよい．周期は 4π である．

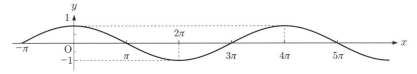

(5) $y = \sin x$ のグラフを x 軸方向に $\dfrac{1}{3}$ 倍に縮小すればよい．周期は $\dfrac{2\pi}{3}$ である．

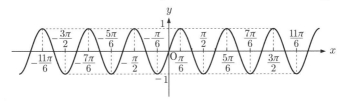

(6) $y = \cos x$ のグラフを x 軸方向に $\dfrac{1}{2}$ 倍に縮小すればよい．周期は π である．

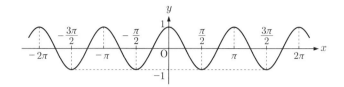

(7) $y - \tan x$ のグラフを y 軸方向に -1 だけ平行移動すればよい．周期は π である．

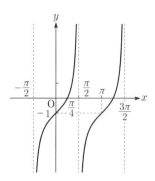

(8) $y = \tan x$ のグラフを x 軸に関して折り返せばよい．

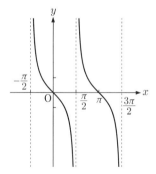

(9) $y = \tan x$ のグラフを x 軸方向に $\dfrac{1}{2}$ 倍に縮小すればよい．周期は $\dfrac{\pi}{2}$ である．

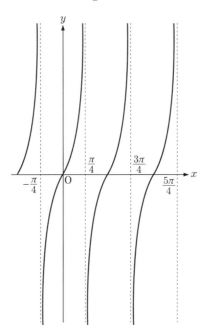

問題 105　(1) $y = \sin\left(x - \dfrac{\pi}{2}\right)$,

または，$\sin\left(x - \dfrac{\pi}{2}\right) = -\cos x$ であるから，$y = -\cos x$.

(2) $y = \cos\left(x - \dfrac{\pi}{2}\right) + 1$,

または，$\cos\left(x - \dfrac{\pi}{2}\right) = \sin x$ であるから，$y = \sin x + 1$.

(3) $y = \tan(x - \pi) = \tan x$,

(4) $y = \sin 2\left(x - \dfrac{\pi}{2}\right)$

または，$\sin 2\left(x - \dfrac{\pi}{2}\right) = \sin(2x - \pi) = -\sin 2x$ であるから，$y = -\sin 2x$.

問題 106　角 x の動径と単位円との交点を $\mathrm{P}(a, b)$ とすれば，

$$\sin x = \cos x \iff a = b \quad \text{ゆえに，} \quad x = \frac{\pi}{4}, \frac{5}{4}\pi.$$

$\therefore$ 求める交点の座標は $\left(\dfrac{\pi}{4}, \dfrac{1}{\sqrt{2}}\right), \left(\dfrac{5\pi}{4}, -\dfrac{1}{\sqrt{2}}\right)$.

問題 107　$\sin 2x = \cos x \ (0 \leqq x \leqq 2\pi)$ を解く．このとき，

$2\sin x \cos x - \cos x = \cos x(2\sin x - 1) = 0$.

よって，$\cos x = 0, \sin x = \dfrac{1}{2}$.　ゆえに，$x = \dfrac{\pi}{2}, \dfrac{3\pi}{2}, \dfrac{\pi}{6}, \dfrac{5\pi}{6}$.

$\therefore$　求める交点の座標は，$\left(\dfrac{\pi}{6}, \dfrac{\sqrt{3}}{2}\right)$, $\left(\dfrac{5\pi}{6}, -\dfrac{\sqrt{3}}{2}\right)$, $\left(\dfrac{\pi}{2}, 0\right)$, $\left(\dfrac{3\pi}{2}, 0\right)$.

基本問題 4.4

問題 108　$\sin \dfrac{\pi}{12} = \sin \left(\dfrac{\pi}{4} - \dfrac{\pi}{6}\right) = \sin \dfrac{\pi}{4} \cos \dfrac{\pi}{6} - \cos \dfrac{\pi}{4} \sin \dfrac{\pi}{6} = \dfrac{1}{\sqrt{2}} \cdot \dfrac{\sqrt{3}}{2} -$

$\dfrac{1}{\sqrt{2}} \cdot \dfrac{1}{2} = \dfrac{\sqrt{3} - 1}{2\sqrt{2}} = \dfrac{\sqrt{6} - \sqrt{2}}{4}$.

$\cos \dfrac{\pi}{12} = \cos \left(\dfrac{\pi}{4} - \dfrac{\pi}{6}\right) = \cos \dfrac{\pi}{4} \cos \dfrac{\pi}{6} + \sin \dfrac{\pi}{4} \sin \dfrac{\pi}{6}$

$= \dfrac{1}{\sqrt{2}} \cdot \dfrac{\sqrt{3}}{2} + \dfrac{1}{\sqrt{2}} \cdot \dfrac{1}{2} = \dfrac{\sqrt{3} + 1}{2\sqrt{2}} = \dfrac{\sqrt{6} + \sqrt{2}}{4}$.

$\tan \dfrac{\pi}{12} = \tan \left(\dfrac{\pi}{4} - \dfrac{\pi}{6}\right) = \dfrac{\tan \frac{\pi}{4} - \tan \frac{\pi}{6}}{1 + \tan \frac{\pi}{4} \tan \frac{\pi}{6}} = \dfrac{1 - \frac{1}{\sqrt{3}}}{1 + 1 \cdot \frac{1}{\sqrt{3}}} = \dfrac{\sqrt{3} - 1}{\sqrt{3} + 1}$

$= \dfrac{(\sqrt{3} - 1)^2}{(\sqrt{3} + 1)(\sqrt{3} - 1)} = \dfrac{4 - 2\sqrt{3}}{2} = 2 - \sqrt{3}$.

問題 109　(1) $\cos^2 \alpha = 1 - \sin^2 \alpha = 1 - \left(\dfrac{4}{5}\right)^2 = \dfrac{9}{25}$.

α は鋭角より $\cos \alpha > 0$ であるから，$\cos \alpha = \sqrt{\dfrac{9}{25}} = \dfrac{\sqrt{9}}{\sqrt{25}} = \dfrac{3}{5}$.

また，$\sin^2 \beta = 1 - \cos^2 \beta = 1 - \left(\dfrac{5}{13}\right)^2 = \dfrac{144}{169}$.

β は鋭角より $\sin \beta > 0$ であるから，$\sin \beta = \sqrt{\dfrac{144}{169}} = \dfrac{\sqrt{144}}{\sqrt{169}} = \dfrac{12}{13}$.

(2) $\sin (\alpha + \beta) = \sin \alpha \cos \beta + \cos \alpha \sin \beta = \dfrac{4}{5} \cdot \dfrac{5}{13} + \dfrac{3}{5} \cdot \dfrac{12}{13} = \dfrac{56}{65}$.

$\cos (\alpha + \beta) = \cos \alpha \cos \beta - \sin \alpha \sin \beta = \dfrac{3}{5} \cdot \dfrac{5}{13} - \dfrac{4}{5} \cdot \dfrac{12}{13} = -\dfrac{33}{65}$.

(3) $\sin (\alpha - \beta) = \sin \alpha \cos \beta - \cos \alpha \sin \beta = \dfrac{4}{5} \cdot \dfrac{5}{13} - \dfrac{3}{5} \cdot \dfrac{12}{13} = -\dfrac{16}{65}$.

$\cos (\alpha - \beta) = \cos \alpha \cos \beta + \sin \alpha \sin \beta = \dfrac{3}{5} \cdot \dfrac{5}{13} + \dfrac{4}{5} \cdot \dfrac{12}{13} = \dfrac{63}{65}$.

問題 110　$\tan (\alpha + \beta) = \dfrac{\tan \alpha + \tan \beta}{1 - \tan \alpha \tan \beta} = \dfrac{3 + 2}{1 - 3 \cdot 2} = -1$.

$\tan (\alpha - \beta) = \dfrac{\tan \alpha - \tan \beta}{1 + \tan \alpha \tan \beta} = \dfrac{3 - 2}{1 + 3 \cdot 2} = \dfrac{1}{7}$.

問題 111　(1) $\cos^2 \alpha = 1 - \sin^2 \alpha = 1 - \left(\dfrac{1}{3}\right)^2 = \dfrac{8}{9}$.

$\dfrac{\pi}{2} < \alpha < \pi$ より $\cos\alpha < 0$ であるから, $\cos\alpha = -\sqrt{\dfrac{8}{9}} = -\dfrac{\sqrt{8}}{\sqrt{9}} = -\dfrac{2\sqrt{2}}{3}$.

また, $\sin^2\beta = 1 - \cos^2\beta = 1 - \left(-\dfrac{1}{4}\right)^2 = \dfrac{15}{16}$.

$\dfrac{\pi}{2} < \beta < \pi$ より $\sin\beta > 0$ であるから, $\sin\beta - \sqrt{\dfrac{15}{16}} - \dfrac{\sqrt{15}}{\sqrt{16}} - \dfrac{\sqrt{15}}{4}$.

(2) $\sin(\alpha+\beta) = \sin\alpha\cos\beta + \cos\alpha\sin\beta$

$$= \dfrac{1}{3}\cdot\left(-\dfrac{1}{4}\right) + \left(-\dfrac{2\sqrt{2}}{3}\right)\cdot\dfrac{\sqrt{15}}{4} = -\dfrac{1+2\sqrt{30}}{12}.$$

$\cos(\alpha+\beta) = \cos\alpha\cos\beta - \sin\alpha\sin\beta$

$$= \left(-\dfrac{2\sqrt{2}}{3}\right)\cdot\left(-\dfrac{1}{4}\right) - \dfrac{1}{3}\cdot\dfrac{\sqrt{15}}{4} = \dfrac{2\sqrt{2}-\sqrt{15}}{12}.$$

(3) $\sin(\alpha-\beta) = \sin\alpha\cos\beta - \cos\alpha\sin\beta$

$$= \dfrac{1}{3}\cdot\left(-\dfrac{1}{4}\right) - \left(-\dfrac{2\sqrt{2}}{3}\right)\cdot\dfrac{\sqrt{15}}{4} = \dfrac{2\sqrt{30}-1}{12}.$$

$\cos(\alpha-\beta) = \cos\alpha\cos\beta + \sin\alpha\sin\beta$

$$= \left(-\dfrac{2\sqrt{2}}{3}\right)\cdot\left(-\dfrac{1}{4}\right) + \dfrac{1}{3}\cdot\dfrac{\sqrt{15}}{4} = \dfrac{2\sqrt{2}+\sqrt{15}}{12}.$$

問題 112 (1) $\cos\left(\dfrac{\pi}{2}+\theta\right) = \cos\dfrac{\pi}{2}\cos\theta - \sin\dfrac{\pi}{2}\sin\theta = 0\cdot\cos\theta - 1\cdot\sin\theta$
$= -\sin\theta$.

(2) $\sin\left(\dfrac{\pi}{2}-\theta\right) = \sin\dfrac{\pi}{2}\cos\theta - \cos\dfrac{\pi}{2}\sin\theta = 1\cdot\cos\theta - 0\cdot\sin\theta = \cos\theta$.

(3) $\sin(\pi+\theta) = \sin\pi\cos\theta + \cos\pi\sin\theta = 0\cdot\cos\theta + (-1)\cdot\sin\theta = -\sin\theta$.

(4) $\cos(\pi-\theta) = \cos\pi\cos\theta + \sin\pi\sin\theta = (-1)\cdot\cos\theta + 0\cdot\sin\theta = -\cos\theta$.

問題 113 (1) $\sin(\alpha+\beta)\sin(\alpha-\beta)$

$= \{\sin\alpha\cos\beta + \cos\alpha\sin\beta\}\{\sin\alpha\cos\beta - \cos\alpha\sin\beta\}$

$= (\sin\alpha\cos\beta)^2 - (\cos\alpha\sin\beta)^2 = \sin^2\alpha\cos^2\beta - \cos^2\alpha\sin^2\beta$

$= \sin^2\alpha(1-\sin^2\beta) - (1-\sin^2\alpha)\sin^2\beta$

$= \sin^2\alpha - \sin^2\alpha\sin^2\beta - \sin^2\beta + \sin^2\alpha\sin^2\beta = \sin^2\alpha - \sin^2\beta$.

(2) $\cos(\alpha+\beta)\cos(\alpha-\beta) = \{\cos\alpha\cos\beta - \sin\alpha\sin\beta\}\{\cos\alpha\cos\beta + \sin\alpha\sin\beta\}$

$= (\cos\alpha\cos\beta)^2 - (\sin\alpha\sin\beta)^2 = \cos^2\alpha\cos^2\beta - \sin^2\alpha\sin^2\beta$

$= \cos^2\alpha(1-\sin^2\beta) - (1-\cos^2\alpha)\sin^2\beta = \cos^2\alpha - \cos^2\alpha\sin^2\beta - \sin^2\beta + \cos^2\alpha\sin^2\beta = \cos^2\alpha - \sin^2\beta$.

問題 114 $\sin^2\alpha = 1 - \left(\dfrac{1}{3}\right)^2 = \dfrac{8}{9}$. $\dfrac{3\pi}{2} < \alpha < 2\pi$ だから, $\sin\alpha < 0$.

よって, $\sin\alpha = -\sqrt{\dfrac{8}{9}} = -\dfrac{\sqrt{8}}{\sqrt{9}} = -\dfrac{2\sqrt{2}}{3}$.

$$\therefore \quad \sin 2\alpha = 2\sin\alpha\cos\alpha = 2 \cdot \left(-\frac{2\sqrt{2}}{3}\right) \cdot \left(\frac{1}{3}\right) = -\frac{4\sqrt{2}}{9},$$

$$\cos 2\alpha = 2\cos^2\alpha - 1 = 2 \cdot \left(\frac{1}{3}\right)^2 - 1 = -\frac{7}{9}, \ \tan 2\alpha = \frac{-\frac{4\sqrt{2}}{9}}{-\frac{7}{9}} = \frac{4\sqrt{2}}{7}.$$

問題 115 $\tan 2\alpha = \dfrac{2\tan\alpha}{1-\tan^2\alpha} = \dfrac{2 \times \frac{1}{3}}{1-\left(\frac{1}{3}\right)^2} = \dfrac{3}{4}.$

問題 116 半角の公式から，$\sin^2\dfrac{\alpha}{2} = \dfrac{1-\cos\alpha}{2} = \dfrac{1-\frac{1}{4}}{2} = \dfrac{3}{8}.$

$\pi < \alpha < 2\pi$ のとき，$\dfrac{\pi}{2} < \dfrac{\alpha}{2} < \pi$ であるから，$\sin\dfrac{\alpha}{2} > 0.$

$$\therefore \quad \sin\frac{\alpha}{2} = \sqrt{\frac{3}{8}} = \frac{\sqrt{3}}{\sqrt{8}} = \frac{\sqrt{3}}{2\sqrt{2}} = \frac{\sqrt{6}}{4}.$$

次に，$\cos^2\dfrac{\alpha}{2} = \dfrac{1+\cos\alpha}{2} = \dfrac{1+\frac{1}{4}}{2} = \dfrac{5}{8}.$ $\dfrac{\pi}{2} < \dfrac{\alpha}{2} < \pi$ より $\cos\dfrac{\alpha}{2} < 0.$

$$\therefore \quad \cos\frac{\alpha}{2} = -\sqrt{\frac{5}{8}} = -\frac{\sqrt{5}}{\sqrt{8}} = -\frac{\sqrt{5}}{2\sqrt{2}} = -\frac{\sqrt{10}}{4}.$$

$$\tan\frac{\alpha}{2} = \frac{\frac{\sqrt{6}}{4}}{-\frac{\sqrt{10}}{4}} = -\frac{\sqrt{6}}{\sqrt{10}} = -\frac{\sqrt{3}}{\sqrt{5}} = -\frac{\sqrt{15}}{5}.$$

問題 117 $(1) \ (\sin\theta + \cos\theta)^2 = \sin^2\theta + 2\sin\theta\cos\theta + \cos^2\theta$
$$= \sin^2\theta + \cos^2\theta + 2\sin\theta\cos\theta = 1 + \sin 2\theta.$$

$(2) \ \cos^4\theta - \sin^4\theta = \left(\cos^2\theta\right)^2 - \left(\sin^2\theta\right)^2$
$$= \left(\cos^2\theta + \sin^2\theta\right)\left(\cos^2\theta - \sin^2\theta\right) = 1 \times \cos 2\theta = \cos 2\theta.$$

問題 118 $1 + \tan^2 x = \dfrac{1}{\cos^2 x}$ より，$\cos^2 x = \dfrac{1}{1+\tan^2 x}.$ よって，

$x = \dfrac{\theta}{2}$ とおいて，$\cos^2\dfrac{\theta}{2} = \dfrac{1}{1+\tan^2\frac{\theta}{2}} = \dfrac{1}{1+t^2}.$ 2倍角の公式を用いて，

$$\sin\theta = 2\sin\left(2\cdot\frac{\theta}{2}\right) = 2\sin\frac{\theta}{2}\cos\frac{\theta}{2} = 2\frac{\sin\frac{\theta}{2}}{\cos\frac{\theta}{2}} \cdot \cos^2\frac{\theta}{2} = 2\tan\frac{\theta}{2} \cdot \cos^2\frac{\theta}{2}$$

$$= \frac{2t}{1+t^2}.$$

$$\cos\theta = \cos\left(2\cdot\frac{\theta}{2}\right) = 2\cos^2\frac{\theta}{2} - 1 = 2\cdot\frac{1}{1+t^2} - 1 = \frac{1-t^2}{1+t^2}.$$

$$\tan\theta = \frac{\sin\theta}{\cos\theta} = \frac{\frac{2t}{1+t^2}}{\frac{1-t^2}{1+t^2}} = \frac{2t}{1-t^2}.$$

(別解) $\sin\theta = 2\sin\dfrac{\theta}{2}\cos\dfrac{\theta}{2} = \dfrac{2\sin\frac{\theta}{2}\cos\frac{\theta}{2}}{1} = \dfrac{2\sin\frac{\theta}{2}\cos\frac{\theta}{2}}{\cos^2\frac{\theta}{2} + \sin^2\frac{\theta}{2}}$

$$= \frac{2\tan\frac{\theta}{2}}{1 + \tan^2\frac{\theta}{2}} = \frac{2t}{1+t^2}.$$

$$\cos\theta = \cos\left(2\times\frac{\theta}{2}\right) = \cos^2\frac{\theta}{2} - \sin^2\frac{\theta}{2} = \frac{\cos^2\frac{\theta}{2} - \sin^2\frac{\theta}{2}}{1}$$

$$= \frac{\cos^2\frac{\theta}{2} - \sin^2\frac{\theta}{2}}{\cos^2\frac{\theta}{2} + \sin^2\frac{\theta}{2}} = \frac{1 - \tan^2\frac{\theta}{2}}{1 + \tan^2\frac{\theta}{2}} = \frac{1-t^2}{1+t^2}.$$

問題 119 (1) $\sin\dfrac{\pi}{4}\sin\dfrac{\pi}{12} = -\dfrac{1}{2}\left\{\cos\left(\dfrac{\pi}{4}+\dfrac{\pi}{12}\right) - \cos\left(\dfrac{\pi}{4}-\dfrac{\pi}{12}\right)\right\}$

$$= -\frac{1}{2}\left(\cos\frac{\pi}{3} - \cos\frac{\pi}{6}\right) = -\frac{1}{2}\left(\frac{1}{2} - \frac{\sqrt{3}}{2}\right) = \frac{\sqrt{3}-1}{4}.$$

(2) $\sin\dfrac{\pi}{8}\cos\dfrac{5\pi}{8} = \dfrac{1}{2}\left\{\sin\left(\dfrac{\pi}{8}+\dfrac{5\pi}{8}\right) + \sin\left(\dfrac{\pi}{8}-\dfrac{5\pi}{8}\right)\right\}$

$$= \frac{1}{2}\left\{\sin\frac{3\pi}{4} + \sin\left(-\frac{\pi}{2}\right)\right\} = \frac{1}{2}\left(\frac{1}{\sqrt{2}} - 1\right) = \frac{1-\sqrt{2}}{2\sqrt{2}} = \frac{\sqrt{2}-2}{4}.$$

(3) $\sin\dfrac{7\pi}{12} - \sin\dfrac{\pi}{12} = 2\cos\dfrac{\frac{7\pi}{12}+\frac{\pi}{12}}{2}\sin\dfrac{\frac{7\pi}{12}-\frac{\pi}{12}}{2}$

$$= 2\cos\frac{\pi}{3}\sin\frac{\pi}{4} = 2\times\frac{1}{2}\times\frac{1}{\sqrt{2}} = \frac{1}{\sqrt{2}} = \frac{\sqrt{2}}{2}.$$

(4) $\cos\dfrac{5\pi}{8} + \cos\dfrac{3\pi}{8} = 2\cos\dfrac{\frac{5\pi}{8}+\frac{3\pi}{8}}{2}\cos\dfrac{\frac{5\pi}{8}-\frac{3\pi}{8}}{2}$

$$= 2\cos\frac{\pi}{2}\cos\frac{\pi}{8} = 2\times 0\times\cos\frac{\pi}{8} = 0.$$

問題 120 (1) $\mathrm{P}(\sqrt{3}, 1)$ をとると, $\mathrm{OP} = \sqrt{(\sqrt{3})^2 + 1^2} = \sqrt{4} = 2$, 線分 OP が x 軸の正の方向となす角は $\dfrac{\pi}{6}$ である. $\therefore\ \sqrt{3}\sin\theta + \cos\theta = 2\sin\left(\theta + \dfrac{\pi}{6}\right)$.

(2) $\mathrm{P}(1, -1)$ をとると, $\mathrm{OP} = \sqrt{1^2 + (-1)^2} = \sqrt{2}$, 線分 OP が x 軸の正の方向となす角は $-\dfrac{\pi}{4}$ である. $\therefore\ \ \sin\theta - \cos\theta = \sqrt{2}\sin\left(\theta - \dfrac{\pi}{4}\right)$.

問題 121 (1) $\sqrt{3}\sin x - \cos x = 2\sin\left(x - \dfrac{\pi}{6}\right)$ より, $y = 2\sin\left(x - \dfrac{\pi}{6}\right)$.

$-\dfrac{\pi}{6} \leqq x - \dfrac{\pi}{6} \leqq \dfrac{11\pi}{6}$ より, $-1 \leqq \sin\left(x - \dfrac{\pi}{6}\right) \leqq 1$ であるから, $-2 \leqq y \leqq 2$.

$\therefore\ \ y$ の最大値は $2\ \left(x = \dfrac{2\pi}{3}\right)$, 最小値は $-2\ \left(x = \dfrac{5\pi}{3}\right)$.

(2) $3\sin x + 4\cos x = 5\sin(x + \alpha)$, ただし, α は $\sin\alpha = \dfrac{4}{5}$, $\cos\alpha = \dfrac{3}{5}$, $0 \leqq \alpha \leqq \dfrac{\pi}{2}$ で決まる角である. よって, $y = 3\sin x + 4\cos x = 5\sin(x + \alpha)$.

$\alpha \leqq x + \alpha \leqq 2\pi + \alpha$ より, $-1 \leqq \sin(x + \alpha) \leqq 1$ であるから, $-5 \leqq y \leqq 5$.

$\therefore\ \ y$ の最大値は $5\ \left(x = \dfrac{\pi}{2} - \alpha\right)$, 最小値 $-5\ \left(x = \dfrac{3\pi}{2} - \alpha\right)$.

問題 122　$\sin x - \sqrt{3}\cos x = 2\sin\left(x - \dfrac{\pi}{3}\right)$ より，$2\sin\left(x - \dfrac{\pi}{3}\right) = 1$ を満たす x

の値を求めればよい．$0 \leqq x \leqq 2\pi$ であるから，$\sin\left(x - \dfrac{\pi}{3}\right) = \dfrac{1}{2}$，$-\dfrac{\pi}{3} \leqq$

$x - \dfrac{\pi}{3} \leqq \dfrac{5\pi}{3}$ を満たす x の値は $x - \dfrac{\pi}{3} = \dfrac{\pi}{6}$，$\dfrac{5\pi}{6}$．$\therefore\ x = \dfrac{\pi}{2}$，$\dfrac{7\pi}{6}$．

問題 123　(1) $0 \leqq x < \pi$ のとき，$0 \leqq \sin x \leqq 1$．$\therefore\ 2 \leqq f(x) = 2 + \sin x \leqq 3$.

(2) $\dfrac{\pi}{4} \leqq x \leqq \dfrac{3\pi}{4}$ のとき，$-\dfrac{1}{\sqrt{2}} \leqq \cos x \leqq \dfrac{1}{\sqrt{2}}$．$0 \leqq f(x) = \cos^2 x \leqq \dfrac{1}{2}$.

(3) $f(x) = \sin x - \cos x = \sqrt{2}\sin\left(x - \dfrac{\pi}{4}\right)$．$\pi \leqq x \leqq 2\pi$ より，$\dfrac{3\pi}{4} \leqq x - \dfrac{\pi}{4} \leqq$

$\dfrac{7\pi}{4}$．このとき，$-1 \leqq \sin\left(x - \dfrac{\pi}{4}\right) \leqq \dfrac{1}{\sqrt{2}}$．$\therefore\ -\sqrt{2} \leqq f(x) \leqq 1$.

(4) $f(x) = \sin^2 x - 2\sin x + 3 = (\sin x - 1)^2 + 2$，$0 \leqq x < \pi$ のとき，$0 \leqq \sin x \leqq 1$
であるから，$-1 \leqq \sin x - 1 \leqq 0$．よって，$0 \leqq (\sin x - 1)^2 \leqq 1$．$\therefore\ 2 \leqq f(x) \leqq 3$.

(5) 和を積になおす公式により

$f(x) = \cos x + \cos\left(x + \dfrac{\pi}{3}\right) = 2\cos\left(x + \dfrac{\pi}{6}\right)\cos\left(-\dfrac{\pi}{6}\right)$

$= 2\cos\left(x + \dfrac{\pi}{6}\right) \cdot \dfrac{\sqrt{3}}{2} = \sqrt{3}\cos\left(x + \dfrac{\pi}{6}\right)$．$0 \leqq x \leqq \dfrac{2\pi}{3}$ のとき，

$\dfrac{\pi}{6} \leqq x + \dfrac{\pi}{6} \leqq \dfrac{5\pi}{6}$ であるから $-\dfrac{\sqrt{3}}{2} \leqq \cos\left(x + \dfrac{\pi}{6}\right) \leqq \dfrac{\sqrt{3}}{2}$.

よって，$\sqrt{3} \cdot \left(-\dfrac{\sqrt{3}}{2}\right) \leqq f(x) \leqq \sqrt{3} \cdot \dfrac{\sqrt{3}}{2}$．$\therefore\ -\dfrac{3}{2} \leqq f(x) \leqq \dfrac{3}{2}$.

基本問題 4.5

問題 124　(1) $\dfrac{1}{2} \cdot 3 \cdot 5 \cdot \sin 30° = \dfrac{1}{2} \cdot 3 \cdot 5 \cdot \dfrac{1}{2} = \dfrac{15}{4}$.

(2) $\dfrac{1}{2} \cdot 4 \cdot 6 \cdot \sin 60° = \dfrac{1}{2} \cdot 4 \cdot 6 \cdot \dfrac{\sqrt{3}}{2} = 6\sqrt{3}$.

(3) $\dfrac{1}{2} \cdot 3\sqrt{2} \cdot 6 \cdot \sin 135° = \dfrac{1}{2} \cdot 3\sqrt{2} \cdot 6 \cdot \dfrac{1}{\sqrt{2}} = 9$.

(4) $\dfrac{1}{2} \cdot 2 \cdot 2 \cdot \sin 60° = \dfrac{1}{2} \cdot 2 \cdot 2 \cdot \dfrac{\sqrt{3}}{2} = \sqrt{3}$.

問題 125　(1) 余弦定理より，$c^2 = 4^2 + 5^2 - 2 \cdot 4 \cdot 5\cos 60° = 41 - 40 \cdot \dfrac{1}{2} = 21$.
$c > 0$ より，$c = \sqrt{21}$.

(2) 余弦定理より，$a^2 = (\sqrt{3} + 1)^2 + (\sqrt{3} - 1)^2 - 2 \cdot (\sqrt{3} + 1)(\sqrt{3} - 1)\cos 120°$
$= 8 - 4 \cdot \left(-\dfrac{1}{2}\right) = 10$．$a > 0$ より，$a = \sqrt{10}$.

(3) 余弦定理より，$(\sqrt{6} + \sqrt{2})^2 = (2\sqrt{3})^2 + (2\sqrt{2})^2 - 2 \cdot 2\sqrt{3} \cdot 2\sqrt{2}\cos A$.
よって，$8 + 4\sqrt{3} = 20 - 8\sqrt{6}\cos A$.

$$\therefore \quad \cos A = \frac{12 - 4\sqrt{3}}{8\sqrt{6}} = \frac{3 - \sqrt{3}}{2\sqrt{6}} = \frac{\sqrt{6} - \sqrt{2}}{4}.$$

(4) $A + B + C = 180°$, $B = 135°$, $c = 15°$ より, $A = 30°$. よって, 正弦定理より,

$$\frac{3\sqrt{2}}{\sin 30°} = \frac{c}{\sin 15°}.$$

したがって, $c = 3\sqrt{2} \cdot \dfrac{\sin 15°}{\sin 30°} = 3\sqrt{2} \cdot \dfrac{\sin 15°}{\frac{1}{2}} = 6\sqrt{2}\sin 15°.$

半角の公式より, $\sin^2 15° = \dfrac{1 - \cos 30°}{2} = \dfrac{1 - \frac{\sqrt{3}}{2}}{2} = \dfrac{2 - \sqrt{3}}{4}.$

$\sin 15° > 0$ であるから,

$$\sin 15° = \sqrt{\frac{2 - \sqrt{3}}{4}} = \frac{\sqrt{2 - \sqrt{3}}}{2} = \frac{\sqrt{4 - 2\sqrt{3}}}{2\sqrt{2}} = \frac{\sqrt{3} - 1}{2\sqrt{2}}.$$

$$\therefore \quad c = 6\sqrt{2} \cdot \frac{\sqrt{3} - 1}{2\sqrt{2}} = 3(\sqrt{3} - 1).$$

問題 126 (1) $B + D = 180°$, $D = 60°$ より, $B = 120°$.
△ABC に余弦定理を用いると,

$$AC^2 = 5^2 + 8^2 - 2 \cdot 5 \cdot 8 \cos 120° = 89 - 80 \cdot \left(-\frac{1}{2}\right) = 129. \quad \therefore \quad AC = \sqrt{129}.$$

(2) $AD = x$ とおいて, △ACD に余弦定理を用いて,

$$(\sqrt{129})^2 = 8^2 + x^2 - 2 \cdot 8 \cdot x \cdot \cos 60°, \quad \cos 60° = \frac{1}{2} \text{ であるから,}$$

$x^2 - 8x - 65 = (x - 13)(x + 5) = 0$ かつ $x > 0$. $\therefore$ $AD = x = 13$.

(3) 四角形 ABCD の面積 = △ABC の面積 + △ACD の面積

$$= \frac{1}{2} \cdot 5 \cdot 8 \sin 120° + \frac{1}{2} \cdot 8 \cdot 13 \cdot \sin 60°$$

$$= \frac{1}{2} \cdot 5 \cdot 8 \cdot \frac{\sqrt{3}}{2} + \frac{1}{2} \cdot 8 \cdot 13 \cdot \frac{\sqrt{3}}{2} = 36\sqrt{3}.$$

(4) $A + C = 180°$ より, $C = 180° - A$. △ABD と △BCD に余弦定理を用いて,
$BD^2 = 5^2 + 13^2 - 2 \cdot 5 \cdot 13 \cos A = 8^2 + 8^2 - 2 \cdot 8 \cdot 8 \cos C.$
$\cos C = \cos(180° - A) = -\cos A$ であるから,

$194 - 130 \cos A = 128 + 128 \cos A.$ これから, $\cos A = \dfrac{11}{43}.$

(5) (4) より, $BD^2 = 5^2 + 13^2 - 2 \cdot 5 \cdot 13 \cdot \dfrac{11}{43} = \dfrac{6912}{43}.$

$$\therefore \quad BD = \sqrt{\frac{6912}{43}} = \frac{\sqrt{6912}}{\sqrt{43}} = \frac{\sqrt{3 \cdot 48^2}}{\sqrt{43}} = 48\frac{\sqrt{3}}{\sqrt{43}} = \frac{48}{43}\sqrt{129}.$$

問題 127 (1) 余弦定理により, $4^2 = 5^2 + 6^2 - 2 \cdot 5 \cdot 6 \cos A.$
$$\therefore \quad \cos A = \frac{45}{60} = \frac{3}{4}.$$

(2) $\sin^2 A = 1 - \left(\dfrac{3}{4}\right)^2 = \dfrac{7}{16}$. $0° < A < 180°$ より，$\sin A > 0$ であるから，

$$\sin A = \sqrt{\dfrac{7}{16}} = \dfrac{\sqrt{7}}{\sqrt{16}} = \dfrac{\sqrt{7}}{4}.$$

$\therefore \triangle ABC$ の面積 $= \dfrac{1}{2} \cdot 5 \cdot 6 \sin A = \dfrac{15\sqrt{7}}{4}$.

(3) $\triangle ABC$ の内接円の半径を r とすると，$\dfrac{1}{2}(4+5+6)r = \dfrac{15\sqrt{7}}{4}$. $\therefore r = \dfrac{\sqrt{7}}{2}$.

(4) $\triangle ABC$ の外接円の半径を R とすると，正弦定理より

$$\dfrac{4}{\sin A} = \dfrac{4}{\frac{\sqrt{7}}{4}} = 2R. \quad \therefore R = \dfrac{8\sqrt{7}}{7}.$$

問題 128　$A + B + C = \pi$ より，$A = \pi - (B + C)$ であるから，

$$\cos A = \cos\{\pi - (B + C)\} = -\cos(B + C).$$

2 倍角の公式を用いると，

$$\cos(B + C) = 2\cos\left(2 \cdot \dfrac{B+C}{2}\right) = 2\cos^2\left(\dfrac{B+C}{2}\right) - 1.$$

よって，$\cos A = 1 - 2\cos^2\left(\dfrac{B+C}{2}\right)$. 和を積になおす公式を用いると

$$\cos B + \cos C = 2\cos\dfrac{B+C}{2}\cos\dfrac{B-C}{2} \text{ であるから，}$$

$$\cos A + \cos B + \cos C = 1 - 2\cos^2\left(\dfrac{B+C}{2}\right) + 2\cos\dfrac{B+C}{2}\cos\dfrac{B-C}{2}$$

$$= 1 + 2\cos\dfrac{B+C}{2}\left(\cos\dfrac{B-C}{2} - \cos\dfrac{B+C}{2}\right)$$

和を積になおす公式を用いると

$$= 1 + 2\cos\dfrac{B+C}{2} \times (-2)\sin\left(\dfrac{\frac{B-C}{2} + \frac{B+C}{2}}{2}\right)\sin\left(\dfrac{\frac{B-C}{2} - \frac{B+C}{2}}{2}\right)$$

$$= 1 - 4\cos\dfrac{B+C}{2}\sin\dfrac{B}{2}\sin\left(-\dfrac{C}{2}\right) = 1 - 4\cos\dfrac{B+C}{2}\sin\dfrac{B}{2} \times \left(-\sin\dfrac{C}{2}\right)$$

$$= 1 + 4\cos\dfrac{B+C}{2}\sin\dfrac{B}{2}\sin\dfrac{C}{2}$$

ここで，$A + B + C = \pi$ より，$B + C = \pi - A$ だから

$$\cos\dfrac{B+C}{2} = \cos\dfrac{\pi - A}{2} = \cos\left(\dfrac{\pi}{2} - \dfrac{A}{2}\right) = \sin\dfrac{A}{2} \text{ に注意すれば}$$

$$= 1 + 4\sin\dfrac{A}{2}\sin\dfrac{B}{2}\sin\dfrac{C}{2}. \quad \therefore \cos A + \cos B + \cos C = 1 + 4\sin\dfrac{A}{2}\sin\dfrac{B}{2}\sin\dfrac{C}{2}.$$

基本問題 4.6

問題 129　(1) $y = \mathrm{Sin}^{-1} 1 \iff 1 = \sin y$ かつ $-\dfrac{\pi}{2} \leqq y \leqq \dfrac{\pi}{2}$.

$\therefore \mathrm{Sin}^{-1} 1 = \dfrac{\pi}{2}$.

(2) $y = \mathrm{Sin}^{-1}\left(-\dfrac{1}{2}\right) \iff -\dfrac{1}{2} = \sin y$ かつ $-\dfrac{\pi}{2} \leqq y \leqq \dfrac{\pi}{2}$.

$\therefore$ $\mathrm{Sin}^{-1}\left(-\dfrac{1}{2}\right) = -\dfrac{\pi}{6}$.

(3) $y = \mathrm{Cos}^{-1}\dfrac{\sqrt{3}}{2} \iff \dfrac{\sqrt{3}}{2} = \cos y$ かつ $0 \leqq y \leqq \pi$.

$\therefore$ $\mathrm{Cos}^{-1}\dfrac{\sqrt{3}}{2} = \dfrac{\pi}{6}$.

(4) $y = \mathrm{Cos}^{-1}(-1) \iff -1 = \cos y$ かつ $0 \leqq y \leqq \pi$. $\therefore$ $\mathrm{Cos}^{-1}(-1) = \pi$.

(5) $y = \mathrm{Tan}^{-1}\sqrt{3} \iff \sqrt{3} = \tan y$ かつ $-\dfrac{\pi}{2} < y < \dfrac{\pi}{2}$.

$\therefore$ $\mathrm{Tan}^{-1}\sqrt{3} = \dfrac{\pi}{3}$.

(6) $y = \mathrm{Tan}^{-1}\left(-\dfrac{1}{\sqrt{3}}\right) \iff -\dfrac{1}{\sqrt{3}} = \tan y$ かつ $-\dfrac{\pi}{2} < y < \dfrac{\pi}{2}$.

$\therefore$ $\mathrm{Tan}^{-1}\left(-\dfrac{1}{\sqrt{3}}\right) = -\dfrac{\pi}{6}$.

問題 130 (1) $\mathrm{Cos}^{-1}\dfrac{2}{3} = \alpha$ とおけば, $\cos\alpha = \dfrac{2}{3}$ かつ $0 \leqq \alpha \leqq \pi$.

このとき, $\sin^2\alpha = 1 - \left(\dfrac{2}{3}\right)^2 = \dfrac{5}{9}$. $\sin\alpha > 0$ であるから, $\sin\alpha = \sqrt{\dfrac{5}{9}} = \dfrac{\sqrt{5}}{3}$.

$\therefore$ $\sin\left(\mathrm{Cos}^{-1}\dfrac{2}{3}\right) = \sin\alpha = \dfrac{\sqrt{5}}{3}$.

(2) $\mathrm{Cos}^{-1}\dfrac{1}{5} = \alpha$ とおけば, $\cos\alpha = \dfrac{1}{5}$ かつ $0 \leqq \alpha \leqq \pi$.

このとき, $\sin^2\alpha = 1 - \left(\dfrac{1}{5}\right)^2 = \dfrac{24}{25}$. $\sin\alpha > 0$ であるから, $\sin\alpha = \sqrt{\dfrac{24}{25}} = \dfrac{2\sqrt{6}}{5}$. $\therefore$ $\sin\left(2\,\mathrm{Cos}^{-1}\dfrac{1}{5}\right) = \sin 2\alpha = 2\sin\alpha\cos\alpha = 2\cdot\dfrac{2\sqrt{6}}{5}\cdot\dfrac{1}{5} = \dfrac{4\sqrt{6}}{25}$.

(3) $\mathrm{Tan}^{-1}3 = \alpha$ とおけば, $\tan\alpha = 3$ かつ $-\dfrac{\pi}{2} < \alpha < \dfrac{\pi}{2}$.

このとき, $1 + \tan^2\alpha = \dfrac{1}{\cos^2\alpha}$ より, $\cos^2\alpha = \dfrac{1}{10}$ で, $\cos\alpha > 0$.,

$\therefore$ $\cos\alpha = \cos\left(\mathrm{Tan}^{-1}3\right) = \dfrac{1}{\sqrt{10}}$.

問題 131 (1) $\mathrm{Sin}^{-1}\dfrac{3}{5} = \alpha$ とおけば, $\sin\alpha = \dfrac{3}{5}$ かつ $-\dfrac{\pi}{2} \leqq \alpha \leqq \dfrac{\pi}{2}$.

$\mathrm{Sin}^{-1}\dfrac{4}{5} = \beta$ とおけば, $\sin\beta = \dfrac{4}{5}$ かつ $-\dfrac{\pi}{2} \leqq \beta \leqq \dfrac{\pi}{2}$.

このとき, $\cos\alpha = \dfrac{4}{5}$, $\cos\beta = \dfrac{3}{5}$ で, $\sin(\alpha+\beta) = \dfrac{3}{5}\cdot\dfrac{3}{5} + \dfrac{4}{5}\cdot\dfrac{4}{5} = 1$, $-\pi \leqq \alpha+\beta \leqq \pi$ であるから, $\alpha+\beta = \dfrac{\pi}{2}$.

$\therefore$ $\mathrm{Sin}^{-1}\dfrac{3}{5} + \mathrm{Sin}^{-1}\dfrac{4}{5} = \dfrac{\pi}{2}$.

(2) $\mathrm{Tan}^{-1}\dfrac{1}{5} = \alpha$ とおけば, $\tan\alpha = \dfrac{1}{5}$ かつ $-\dfrac{\pi}{2} < \alpha < \dfrac{\pi}{2}$.

$0 < \tan \alpha = \dfrac{1}{5} < 1$ であるから, $0 < \alpha < \dfrac{\pi}{4}$.

$\tan 2\alpha = \dfrac{2 \cdot \frac{1}{5}}{1 - \left(\frac{1}{5}\right)^2} = \dfrac{10}{24} = \dfrac{5}{12}$ で, $0 < 2\alpha < \dfrac{\pi}{2}$ であるから,

$2\alpha = \mathrm{Tan}^{-1} \dfrac{5}{12}$. $\therefore$ $2\,\mathrm{Tan}^{-1} \dfrac{1}{5} = \mathrm{Tan}^{-1} \dfrac{5}{12}$.

(3) $\mathrm{Tan}^{-1} \dfrac{1}{2} = \alpha$ とおけば, $\tan \alpha = \dfrac{1}{2}$ かつ $-\dfrac{\pi}{2} < \alpha < \dfrac{\pi}{2}$.

$\mathrm{Tan}^{-1} \dfrac{1}{3} = \beta$ とおけば, $\tan \beta = \dfrac{1}{3}$ かつ $-\dfrac{\pi}{2} < \beta < \dfrac{\pi}{2}$.

$0 < \dfrac{1}{3} < \dfrac{1}{2} < 1$ であるから, $0 < \alpha < \dfrac{\pi}{4}$, $0 < \beta < \dfrac{\pi}{4}$.

よって, $0 < \alpha + \beta < \dfrac{\pi}{2}$ で, $\tan(\alpha + \beta) = \dfrac{\frac{1}{2} + \frac{1}{3}}{1 - \frac{1}{2} \cdot \frac{1}{3}} = 1$.

$\therefore$ $\alpha + \beta = \mathrm{Tan}^{-1} 1 = \dfrac{\pi}{4}$, すなわち, $\mathrm{Tan}^{-1} \dfrac{1}{2} + \mathrm{Tan}^{-1} \dfrac{1}{3} = \dfrac{\pi}{4}$.

(4) $\mathrm{Tan}^{-1} \dfrac{1}{5} = \alpha$ とおけば, $\tan \alpha = \dfrac{1}{5}$ かつ $0 < \alpha < \dfrac{\pi}{4}$.

$\mathrm{Tan}^{-1} \dfrac{1}{515} = \beta$ とおけば, $\tan \beta = \dfrac{1}{515}$ かつ $0 < \beta < \dfrac{\pi}{4}$.

よって, $0 < \alpha + \beta < \dfrac{\pi}{2}$ で, $\tan(\alpha + \beta) = \dfrac{\frac{1}{5} + \frac{1}{515}}{1 - \frac{1}{5} \cdot \frac{1}{515}} = \dfrac{520}{2574} = \dfrac{20}{99}$.

これから $\alpha + \beta = \mathrm{Tan}^{-1} \dfrac{20}{99}$. また, $\mathrm{Tan}^{-1} \dfrac{1}{10} = \gamma$ とおけば, $\tan \gamma = \dfrac{1}{10}$

かつ $0 < \gamma < \dfrac{\pi}{4}$. よって, $0 < 2\gamma < \dfrac{\pi}{2}$ で, $\tan 2\gamma = \dfrac{2 \cdot \frac{1}{10}}{1 - \left(\frac{1}{10}\right)^2} = \dfrac{20}{99}$. 2γ

$= \mathrm{Tan}^{-1} \dfrac{20}{99}$. したがって, $\alpha + \beta = 2\gamma$, $\therefore$ $\mathrm{Tan}^{-1} \dfrac{1}{5} + \mathrm{Tan}^{-1} \dfrac{1}{515} = 2\,\mathrm{Tan}^{-1} \dfrac{1}{10}$.

問題 132 (1) $\mathrm{Cos}^{-1} x = \alpha$ とおけば, $\cos \alpha = x$ かつ $0 \leqq \alpha \leqq \pi$.

このとき, $\sin \alpha \geqq 0$ で, $\sin \alpha = \sqrt{1 - \cos^2 \alpha} = \sqrt{1 - x^2}$.

$\therefore$ $\sin\left(\mathrm{Cos}^{-1} x\right) = \sqrt{1 - x^2}$.

(2) $\mathrm{Cos}^{-1} x = \alpha$ とおけば, $\cos \alpha = x$ かつ $0 \leqq \alpha \leqq \pi$.

$\cos(\pi - \alpha) = -\cos \alpha = -x$ で, $0 \leqq \pi - \alpha \leqq \pi$ であるから,

$\mathrm{Cos}^{-1}(-x) = \pi - \alpha$, $\therefore$ $\mathrm{Cos}^{-1} x + \mathrm{Cos}^{-1}(-x) = \pi$.

(3) $\mathrm{Tan}^{-1} x = \alpha$ とおけば, $\tan \alpha = x$ かつ $-\dfrac{\pi}{2} < \alpha < \dfrac{\pi}{2}$.

ここで, $x > 0$ であるから, $0 < \alpha < \dfrac{\pi}{2}$.

このとき, $\tan\left(\dfrac{\pi}{2} - \alpha\right) = \cot \alpha = \dfrac{1}{x}$ で, $0 < \dfrac{\pi}{2} - \alpha < \dfrac{\pi}{2}$.

よって, $\dfrac{\pi}{2} - \alpha = \mathrm{Tan}^{-1} \dfrac{1}{x}$, すなわち, $\mathrm{Tan}^{-1} x + \mathrm{Tan}^{-1} \dfrac{1}{x} = \dfrac{\pi}{2}$.

問題 133 余弦定理より, $5^2 = 6^2 + 7^2 - 2 \cdot 6 \cdot 7 \cos A$.

これより, $\cos A = \dfrac{60}{84} = \dfrac{5}{7}$ で $0 < A < \pi$ であるから, $A = \mathrm{Cos}^{-1} \dfrac{5}{7}$.

また, $6^2 = 5^2 + 7^2 - 2 \cdot 5 \cdot 7 \cos B$. これより, $\cos B = \dfrac{38}{70} = \dfrac{19}{35}$ で $0 < B < \pi$

であるから, $B = \mathrm{Cos}^{-1} \dfrac{19}{35}$. 同様に, $7^2 = 5^2 + 6^2 - 2 \cdot 5 \cdot 6 \cos C$.

これより, $\cos C = \dfrac{12}{60} = \dfrac{1}{5}$ で $0 < C < \pi$ であるから, $C = \mathrm{Cos}^{-1} \dfrac{1}{5}$.

基本問題 5.1

問題 134 (1) $3^5 = 3 \cdot 3 \cdot 3 \cdot 3 \cdot 3 = 243$. (2) $2^{-3} = \dfrac{1}{2^3} = \dfrac{1}{8}$.

(3) $(-15)^0 = 1$. (4) $(-2)^{-3} = \dfrac{1}{(-2)^3} = \dfrac{1}{-8} = -\dfrac{1}{8}$.

(5) $(2^{-2})^3 = \left(\dfrac{1}{2^2}\right)^3 = \left(\dfrac{1}{4}\right)^3 = \dfrac{1^3}{4^3} = \dfrac{1}{64}$, または $(2^{-2})^3 = 2^{(-2) \cdot 3} = 2^{-6}$

$= \dfrac{1}{2^6} = \dfrac{1}{64}$.

(6) $3^{15} \cdot 9^{-9} = 3^{15} \cdot (3^2)^{-9} = 3^{15} \cdot 3^{-18} = 3^{15-18} = 3^{-3} = \dfrac{1}{3^3} = \dfrac{1}{27}$.

(7) $(5^2)^{-3} \cdot 5^4 = 5^{2 \cdot (-3)} \cdot 5^4 = 5^{-6} \cdot 5^4 = 5^{-6+4} = 5^{-2} = \dfrac{1}{5^2} = \dfrac{1}{25}$.

(8) $(2^{-1})^4 \cdot 2^7 = 2^{(-1) \cdot 4} \cdot 2^7 = 2^{-4} \cdot 2^7 = 2^{-4+7} = 2^3 = 8$.

(9) $\left(\dfrac{1}{3}\right)^{-4} \div 3^2 = (3^{-1})^{-4} \div 3^2 = 3^{(-1) \cdot (-4)} \div 3^2 = 3^4 \div 3^2 = 3^{4-2} = 3^2 = 9$.

(10) $5^3 \cdot 5^{-6} \div 5^{-4} = 5^{3+(-6)} \div 5^{-4} = 5^{-3} \div 5^{-4} = 5^{-3-(-4)} = 5^1 = 5$.

(11) $24^5 \cdot 6^{-8} = (2^3 \cdot 3)^5 \cdot (2 \cdot 3)^{-8} = (2^{15} \cdot 3^5) \cdot (2^{-8} \cdot 3^{-8})$

$= (2^{15} \cdot 2^{-8}) \cdot (3^5 \cdot 3^{-8}) = 2^7 \cdot 3^{-3} = \dfrac{2^7}{3^3} = \dfrac{128}{27}$.

(12) $15^{10} \cdot (3^3 \cdot 5^2)^{-4} = (3 \cdot 5)^{10} (3^{3 \cdot (-4)} \cdot 5^{2 \cdot (-4)}) = (3^{10} \cdot 5^{10}) \cdot (3^{-12} \cdot 5^{-8})$

$= (3^{10} \cdot 3^{-12}) \cdot (5^{10} \cdot 5^{-8}) = 3^{-2} \cdot 5^2 = \dfrac{5^2}{3^2} = \dfrac{25}{9}$.

問題 135 (1) $a^5 \times a^{-3} = a^{5-3} = a^2$. (2) $(a^2)^{-1} = a^{-2} = \dfrac{1}{a^2}$.

(3) $a^5 \div a^8 = a^{5-8} = a^{-3} = \dfrac{1}{a^3}$.

(4) $(ab^{-2})^2 = a^2 (b^{-2})^2 = a^2 b^{(-2) \times 2} = a^2 b^{-4} = \dfrac{a^2}{b^4}$.

(5) $(a^{-2}b)^4 \cdot (ab^2)^{-2} = (a^{-2})^4 b^4 \cdot \{a^{-2}(b^2)^{-2}\} = a^{(-2) \cdot 4} b^4 \cdot (a^{-2} b^{2 \cdot (-2)})$

$= a^{-8} b^4 \cdot (a^{-2} b^{-4}) = a^{-8} a^{-2} b^4 b^{-4} = a^{-10} b^0 = a^{-10} \times 1 = \dfrac{1}{a^{10}}$.

(6) $\left(\dfrac{1}{a}\right)^{-3} \cdot a^{-2} = (a^{-1})^{-3} a^{-2} = a^{(-1) \cdot (-3)} a^{-2} = a^3 a^{-2} = a^1 = a$.

(7) $\left(\dfrac{b}{a}\right)^3 \cdot (a^2 b)^{-2} = \dfrac{b^3}{a^3} \cdot \left\{(a^2)^{-2} b^{-2}\right\} = b^3 \cdot \dfrac{1}{a^3} \cdot \left(a^{2 \cdot (-2)} b^{-2}\right)$

$= b^3 \cdot a^{-3} \cdot (a^{-4} b^{-2}) = a^{-3} a^{-4} (b^3 b^{-2}) = a^{-7} b^1 = a^{-7} b = \dfrac{b}{a^7}$.

問題 136　$230\,万 = 230 \cdot 10^4$ であるから,

$230\,万光年 = (230 \cdot 10^4) \cdot (9.5 \cdot 10^{15})\,\mathrm{m} = 230 \cdot 9.5 \cdot 10^{19}\mathrm{m} = 2185 \cdot 10^{19}\mathrm{m}$.

問題 137　(1) $\sqrt{a} = a^{\frac{1}{2}}$.　(2) $\sqrt[3]{a^2} = a^{\frac{2}{3}}$.

(3) $\sqrt{\dfrac{1}{a}} = \left(\dfrac{1}{a}\right)^{\frac{1}{2}} = (a^{-1})^{\frac{1}{2}} = a^{(-1) \times \frac{1}{2}} = a^{-\frac{1}{2}}$.　(4) $\dfrac{1}{\sqrt[3]{a}} = \dfrac{1}{a^{\frac{1}{3}}} = a^{-\frac{1}{3}}$.

(5) $\sqrt[4]{\dfrac{1}{a^3}} = \left(\dfrac{1}{a^3}\right)^{\frac{1}{4}} = (a^{-3})^{\frac{1}{4}} = a^{(-3) \cdot \frac{1}{4}} = a^{-\frac{3}{4}}$.

(6) $\sqrt[4]{a^3} \cdot \sqrt{a} = a^{\frac{3}{4}} \cdot a^{\frac{1}{2}} = a^{\frac{3}{4} + \frac{1}{2}} = a^{\frac{5}{4}}$.

(7) $\sqrt[4]{a} \cdot \sqrt[3]{a} \div \sqrt{a} = a^{\frac{1}{4}} \cdot a^{\frac{1}{3}} \div a^{\frac{1}{2}} = a^{\frac{1}{4} + \frac{1}{3}} \div a^{\frac{1}{2}} = a^{\frac{7}{12}} \div a^{\frac{1}{2}} = a^{\frac{7}{12} - \frac{1}{2}} = a^{\frac{1}{12}}$.

問題 138　(1) $16^{\frac{1}{2}} = (4^2)^{\frac{1}{2}} = 4^{2 \times \frac{1}{2}} = 4^1 = 4$.

(2) $100^{\frac{1}{2}} = (10^2)^{\frac{1}{2}} = 10^{2 \times \frac{1}{2}} = 10^1 = 10$.

(3) $8^{\frac{1}{3}} = \sqrt[3]{8} = \sqrt[3]{2^3} = 2$,　または　$8^{\frac{1}{3}} = (2^3)^{\frac{1}{3}} = 2^{3 \times \frac{1}{3}} = 2^1 = 2$.

(4) $125^{\frac{1}{3}} = \sqrt[3]{125} = \sqrt[3]{5^3} = 5$,　または　$125^{\frac{1}{3}} = (5^3)^{\frac{1}{3}} = 5^{3 \times \frac{1}{3}} = 5^1 = 5$.

(5) $27^{\frac{4}{3}} = (3^3)^{\frac{4}{3}} = 3^{3 \cdot \frac{4}{3}} = 3^4 = 81$.

(6) $8^{-\frac{1}{3}} = (2^3)^{-\frac{1}{3}} = 2^{3 \cdot (-\frac{1}{3})} = 2^{-1} = \dfrac{1}{2}$.

(7) $36^{-\frac{3}{2}} = (6^2)^{-\frac{3}{2}} = 6^{2 \cdot (-\frac{3}{2})} = 6^{-3} = \dfrac{1}{6^3} = \dfrac{1}{216}$.

(8) $16^{-0.75} = (2^4)^{-0.75} = 2^{4 \cdot (-0.75)} = 2^{-3} = \dfrac{1}{2^3} = \dfrac{1}{8}$.

(9) $\left(\dfrac{4}{9}\right)^{-\frac{3}{2}} = \left\{\left(\dfrac{2}{3}\right)^2\right\}^{-\frac{3}{2}} = \left(\dfrac{2}{3}\right)^{2 \times (-\frac{3}{2})} = \left(\dfrac{2}{3}\right)^{-3} = \dfrac{1}{\left(\frac{2}{3}\right)^3} = \dfrac{27}{8}$.

(10) $8^{\frac{1}{2}} \cdot 8^{\frac{1}{6}} = 8^{\frac{1}{2} + \frac{1}{6}} = 8^{\frac{2}{3}} = (2^3)^{\frac{2}{3}} = 2^{3 \cdot \frac{2}{3}} = 2^2 = 4$.

(11) $9^{\frac{1}{3}} \cdot 9^{\frac{1}{4}} \div 9^{\frac{1}{12}} = 9^{\frac{1}{3} + \frac{1}{4}} \div 9^{\frac{1}{12}} = 9^{\frac{7}{12}} \div 9^{\frac{1}{12}} = 9^{\frac{7}{12} - \frac{1}{12}} = 9^{\frac{1}{2}} = (3^2)^{\frac{1}{2}}$
$= 3$.

問題 139　(1) $(a^{\frac{4}{3}})^{\frac{1}{2}} \cdot a^{\frac{1}{3}} = a^{\frac{4}{3} \cdot \frac{1}{2}} \cdot a^{\frac{1}{3}} = a^{\frac{2}{3}} \cdot a^{\frac{1}{3}} = a^{\frac{2}{3} + \frac{1}{3}} = a^1 = a$.

(2) $a^{-\frac{1}{2}} \cdot a^{\frac{1}{3}} \div a^{\frac{5}{6}} = a^{-\frac{1}{2} + \frac{1}{3}} \div a^{\frac{5}{6}} = a^{-\frac{1}{6}} \div a^{\frac{5}{6}} = a^{-\frac{1}{6} - \frac{5}{6}} = a^{-1} = \dfrac{1}{a}$.

(3) $a^{-\frac{1}{3}} \div a^{\frac{1}{5}} \cdot a^{\frac{3}{4}} = a^{-\frac{1}{3} - \frac{1}{5}} \cdot a^{\frac{3}{4}} = a^{-\frac{8}{15}} \cdot a^{\frac{3}{4}} = a^{-\frac{8}{15} + \frac{3}{4}} = a^{\frac{13}{60}}$.

問題 140　(1) $3^{2x-1} = 81 \iff 3^{2x-1} = 3^4 \iff 2x - 1 = 4 \iff x = \dfrac{5}{2}$.

(2) $2^{1-3x} = \dfrac{\sqrt{2}}{8} \iff 2^{1-3x} = \dfrac{2^{\frac{1}{2}}}{2^3} = 2^{-\frac{5}{2}} \iff 1 - 3x = -\dfrac{5}{2}$

$$\Longleftrightarrow x = \frac{7}{6}.$$

(3) $\left(\dfrac{1}{3}\right)^{x-1} = 9 \iff 3^{1-x} = 3^2 \iff 1 - x = 2 \iff x = -1.$

(4) $2^{2x} - 9 \cdot 2^x + 8 = 0 \iff (2^x)^2 - 9 \cdot 2^x + 8 = 0$
$\iff (2^x - 1)(2^x - 8) = 0 \iff 2^x = 1, 2^x = 8 = 2^3 \iff x = 0, 3.$

(5) $9^x + 3^x = 12 \iff (3^x)^2 + 3^x - 12 = 0 \iff (3^x + 4)(3^x - 3) = 0$
$\iff 3^x = -4(これを満たす実数 x は存在しない), \ 3^x = 3 \iff x = 1.$

問題 141　(1) $2^x > 32 \iff 2^x > 2^5 \iff x > 5.$

(2) $\left(\dfrac{1}{3}\right)^x \leqq 27 \iff 3^{-x} \leqq 3^3 \iff -x \leqq 3 \iff x \geqq -3.$

(3) $\left(\dfrac{1}{8}\right)^{2x-3} > 4^x \iff (2^{-3})^{2x-3} > (2^2)^x \iff 2^{-3(2x-3)} > 2^{2x}$
$\iff -3(2x - 3) > 2x \iff x < \dfrac{9}{8}.$

(4) $\left(\dfrac{1}{\sqrt{2}}\right)^x > \dfrac{\sqrt{2}}{2^x} \iff (2^{-\frac{1}{2}})^x > \dfrac{2^{\frac{1}{2}}}{2^x} \iff 2^{-\frac{1}{2}x} > 2^{\frac{1}{2}-x}$
$\iff -\dfrac{1}{2}x > \dfrac{1}{2} - x \iff x > 1.$

(5) $4^x - 2^{x+2} > 0 \iff 2^x(2^x - 2^2) > 0 \iff 2^x - 2^2 > 0 \iff x > 2.$

(6) $9^x - 10 \cdot 3^x + 9 \leqq 0 \iff (3^x)^2 - 10 \cdot 3^x + 9 \leqq 0$
$\iff (3^x - 1)(3^x - 9) \leqq 0 \iff 1 \leqq 3^x \leqq 9 = 3^2 \iff 0 \leqq x \leqq 2.$

問題 142

(1)

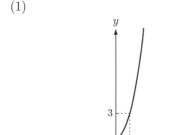

(2)

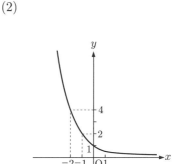

(3)　　　　　　　　　　　　　　　　　(4)

(5)　　　　　　　　　　　　　　　　　(6)

(7)

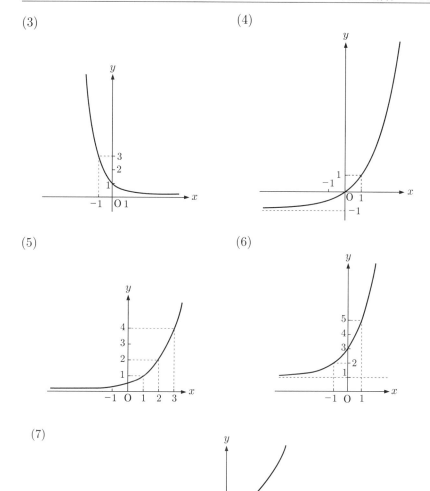

問題 143　(1) $y = 3^x$ のグラフを x 軸方向に 1 だけ平行移動したグラフ.

(2) $y = 3^x$ のグラフと x 軸に関して対称なグラフ.

(3) $\left(\dfrac{1}{3}\right)^x = 3^{-x}$ だから, $y = 3^x$ のグラフと y 軸に関して対称なグラフ.

(4) $y = 3^x$ のグラフを y 軸方向に 2 だけ平行移動したグラフ.

問題 144　(1) $\sqrt[3]{4} = \sqrt[3]{2^2} = 2^{\frac{2}{3}}$, $\sqrt[4]{8} = \sqrt[4]{2^3} = 2^{\frac{3}{4}}$, $\sqrt[6]{32} = \sqrt[6]{2^5} = 2^{\frac{5}{6}}$. ここで,

$$\frac{2}{3} = \frac{8}{12} < \frac{3}{4} = \frac{9}{12} < \frac{5}{6} = \frac{10}{12}.$$

$\therefore$ (指数関数 2^x は増加関数であるから) $\sqrt[3]{4} < \sqrt[4]{8} < \sqrt[6]{32}.$

(2) $\dfrac{\sqrt[3]{12}}{3} = \dfrac{\sqrt[3]{12}}{\sqrt[3]{27}} = \sqrt[3]{\dfrac{12}{27}} = \sqrt[3]{\dfrac{4}{9}} = \left(\dfrac{2}{3}\right)^{\frac{2}{3}}, \quad \dfrac{2}{\sqrt[4]{54}} = \dfrac{\sqrt[4]{16}}{\sqrt[4]{54}} = \sqrt[4]{\dfrac{16}{54}}$

$= \sqrt[4]{\dfrac{8}{27}} = \left(\dfrac{2}{3}\right)^{\frac{3}{4}}.$ ここで, $\dfrac{2}{3} < \dfrac{3}{4} < 1.$

$\therefore$ $\left(\left(\dfrac{2}{3}\right)^x$ は減少関数であるから$\right)$ $\dfrac{\sqrt[3]{12}}{3} > \dfrac{2}{\sqrt[4]{54}} > \dfrac{2}{3}.$

基本問題 5.3

問題 145 (1) $y = \log_2 8$ とおくと, $y = \log_2 8 \iff 8 = 2^y$

$\iff 2^3 = 2^y \iff y = 3.$ $\therefore$ $\log_2 8 = 3.$

(2) $y = \log_3 81$ とおくと, $y = \log_3 81 \iff 81 = 3^y$

$\iff 3^4 = 3^y \iff y = 4.$ $\therefore$ $\log_3 81 = 4.$

(3) $y = \log_{\sqrt{2}} 4$ とおくと, $y = \log_{\sqrt{2}} 4 \iff 4 = \sqrt{2}^y$

$\iff 2^2 = 2^{\frac{1}{2}y} \iff 2 = \dfrac{1}{2}y \iff y = 4.$ $\therefore$ $\log_{\sqrt{2}} 4 = 4.$

(4) $y = \log_{\frac{1}{3}} 9$ とおくと, $y = \log_{\frac{1}{3}} 9 \iff 9 = \left(\dfrac{1}{3}\right)^y$

$\iff 3^2 = 3^{-y} \iff 2 = -y \iff y = -2.$ $\therefore$ $\log_{\frac{1}{3}} 9 = -2.$

(5) $y = \log_{0.1} 100$ とおくと, $y = \log_{0.1} 100 \iff 100 = 0.1^y$

$\iff 10^2 = \left(\dfrac{1}{10}\right)^y = 10^{-y} \iff 2 = -y \iff y = -2.$

$\therefore$ $\log_{0.1} 100 = -2.$

問題 146 (1) $\log_5 x = 3 \iff x = 5^3 = 125.$

(2) $\log_9 x = \dfrac{1}{2} \iff x = 9^{\frac{1}{2}} = \left(3^2\right)^{\frac{1}{2}} = 3.$

(3) $\log_x \dfrac{1}{10} = -\dfrac{1}{4} \iff \dfrac{1}{10} = x^{-\frac{1}{4}}.$ よって, $\left(\dfrac{1}{10}\right)^{-4} = \left(x^{-\frac{1}{4}}\right)^{-4} = x.$

$\therefore$ $x = \left(\dfrac{1}{10}\right)^{-4} = \left(10^{-1}\right)^{-4} = 10^4.$

問題 147 (1) $\log_6 2 + \log_6 3 = \log_6 2 \cdot 3 = \log_6 6 = 1$

(2) $\log_4 6 - \log_4 3 = \log_4 \dfrac{6}{3} = \log_4 2 (= \dfrac{1}{2}, \text{ または}) = \log_4 4^{\frac{1}{2}} = \dfrac{1}{2} \log_4 4$

$= \dfrac{1}{2} \cdot 1 = \dfrac{1}{2},$ 次のように計算してもよい.

$\log_4 6 - \log_4 3 = \log_4 (2 \cdot 3) - \log_4 3 = \log_4 2 + \log_4 3 - \log_4 3 = \log_4 2 = \dfrac{1}{2}.$

(3) $\dfrac{1}{2} \log_3 15 - \log_3 \sqrt{5} = \log_3 15^{\frac{1}{2}} - \log_3 \sqrt{5} = \log_3 \sqrt{15} - \log_3 \sqrt{5} = \log_3 \dfrac{\sqrt{15}}{\sqrt{5}}$

$= \log_3 \sqrt{\dfrac{15}{5}} = \log_3 \sqrt{3} (= \dfrac{1}{2}, \ \text{または}) = \log_3 3^{\frac{1}{2}} = \dfrac{1}{2} \log_3 3 = \dfrac{1}{2} \cdot 1 = \dfrac{1}{2}.$

次のように計算してもよい.

$\dfrac{1}{2} \log_3 15 - \log_3 \sqrt{5} = \dfrac{1}{2} \log_3 15 - \log_3 5^{\frac{1}{2}} = \dfrac{1}{2} \log_3 15 - \dfrac{1}{2} \log_3 5$

$= \dfrac{1}{2} (\log_3 15 - \log_3 5) = \dfrac{1}{2} \log_3 \dfrac{15}{5} = \dfrac{1}{2} \log_3 3 = \dfrac{1}{2} \cdot 1 = \dfrac{1}{2}$

(4) $2 \log_7 21 - \log_7 9 = \log_7 21^2 - \log_7 9 = \log_7 \dfrac{21^2}{9} = \log_7 7^2 = 2 \log_7 7 = 2 \times 1 = 2.$ 次のように計算してもよい.

$2 \log_7 21 - \log_7 9 = 2 \log_7 21 - \log_7 3^2 = 2 \log_7 21 - 2 \log_7 3 = 2(\log_7 21 - \log_7 3)$

$= 2 \log_7 \dfrac{21}{3} = 2 \log_7 7 = 2 \cdot 1 = 2$

(5) $\log_3 \sqrt{12} - \dfrac{1}{3} \log_3 8 = \log_3 \sqrt{12} - \log_3 8^{\frac{1}{3}} = \log_3 \sqrt{12} - \log_3 2 = \log_3 \dfrac{\sqrt{12}}{2}$

$= \log_3 \dfrac{2\sqrt{3}}{2} = \log_3 \sqrt{3} = \dfrac{1}{2}.$

(6) $\log_2 18 + 2 \log_2 3 - \log_2 81 = \log_2 (2 \cdot 3^2) + 2 \log_2 3 - \log_2 3^4$

$= \log_2 2 + \log_2 3^2 + 2 \log_2 3 - \log_2 3^4 = \log_2 2 + 2 \log_2 3 + 2 \log_2 3 - 4 \log_2 3$

$= \log_2 2 = 1.$

問題 148　(1) $\log_9 27 = \dfrac{\log_3 27}{\log_3 9} = \dfrac{\log_3 3^3}{\log_3 3^2} = \dfrac{3 \log_3 3}{2 \log_3 3} = \dfrac{3 \cdot 1}{2 \cdot 1} = \dfrac{3}{2}.$

(2) $\log_4 6 - \log_2 \sqrt{3} = \dfrac{\log_2 6}{\log_2 4} - \log_2 3^{\frac{1}{2}} = \dfrac{\log_2 6}{2} - \dfrac{1}{2} \log_2 3$

$= \dfrac{1}{2} (\log_2 6 - \log_2 3) = \dfrac{1}{2} \log_2 \dfrac{6}{3} = \dfrac{1}{2} \log_2 2 = \dfrac{1}{2}.$

(3) $\log_2 5 \cdot \log_5 8 = \log_2 5 \cdot \dfrac{\log_2 8}{\log_2 5} = \log_2 8 = \log_2 2^3 = 3 \log_2 2 = 3 \cdot 1 = 3.$

(4) $\dfrac{\log_3 4}{\log_9 32} = \dfrac{\log_3 4}{\frac{\log_3 32}{\log_3 9}} = \log_3 4 \cdot \dfrac{\log_3 9}{\log_3 32} = \log_3 2^2 \cdot \dfrac{\log_3 3^2}{\log_3 2^5}$

$= 2 \log_3 2 \cdot \dfrac{2 \log_3 3}{5 \log_3 2} = \dfrac{4}{5}.$

問題 149　(1) $\log_6 15 = \log_6 (3 \cdot 5) = \log_6 3 + \log_6 5 = a + b.$

(2) $\log_6 2 = \log_6 \dfrac{6}{3} = \log_6 6 - \log_6 3 = 1 - a.$

(3) $\log_6 \dfrac{125}{9} = \log_6 125 - \log_6 9 = \log_6 5^3 - \log_6 3^2 = 3 \log_6 5 - 2 \log_6 3 = 3b - 2a.$

(4) $\log_{15} 27 = \dfrac{\log_6 27}{\log_6 15} = \dfrac{\log_6 3^3}{\log_6 (3 \times 5)} = \dfrac{3 \log_6 3}{\log_6 3 + \log_6 5} = \dfrac{3a}{a + b}.$

問題 150　(1) $\log_3 (2x - 1) = -1 \iff 2x - 1 > 0$ かつ $2x - 1 = 3^{-1}$

$\iff x > \dfrac{1}{2}$ かつ $x = \dfrac{2}{3} \iff x = \dfrac{2}{3}. \quad \therefore \ x = \dfrac{2}{3}.$

(2) $\log_2(x+2) = 1 + \log_2(x-1)$

$\iff x + 2 > 0$ かつ $x - 1 > 0$ かつ $\log_2(x+2) = \log_2 2 + \log_2(x-1)$

$\iff x > 1$ かつ $\log_2(x+2) = \log_2 2(x-1)$

$\iff x > 1$ かつ $x + 2 = 2(x-1) \iff x = 4. \quad \therefore \ x = 4.$

(3) $\log_3(2x+13) - \log_3(x+2) = \log_3(x-4)$

$\iff \log_3(2x+13) = \log_3(x-4) + \log_3(x+2)$

$\iff \begin{cases} 2x + 13 > 0 \text{ かつ } x - 4 > 0 \text{ かつ } x + 2 > 0 \\ \log_3(2x+13) = \log_3(x-4)(x+2) \end{cases}$

$\iff \begin{cases} x > 4 \\ 2x + 13 = (x-4)(x+2) \end{cases}$

$\iff \begin{cases} x > 4 \\ x^2 - 4x - 21 = (x-7)(x+3) = 0 \end{cases} \iff x = 7. \quad \therefore \ x = 7.$

(4) $(\log_4 x)^3 - \log_2 x^2 = 0$

$\iff \begin{cases} x > 0 \\ \left(\dfrac{\log_2 x}{\log_2 4}\right)^3 - 2\log_2 x = 0 \end{cases} \iff \begin{cases} x > 0 \\ \left(\dfrac{\log_2 x}{2}\right)^3 - 2\log_2 x = 0 \end{cases}$

$\iff \begin{cases} x > 0 \\ (\log_2 x)^3 - 16\log_2 x = 0 \end{cases} \iff \begin{cases} x > 0 \\ (\log_2 x)\left\{(\log_2 x)^2 - 16\right\} = 0 \end{cases}$

$\iff \begin{cases} x > 0 \\ (\log_2 x)(\log_2 x + 4)(\log_2 x - 4) = 0 \end{cases} \iff \begin{cases} x > 0 \\ \log_2 x = -4, 0, 4 \end{cases}$

$\iff \begin{cases} x > 0 \\ x = 2^{-4}, 1, 2^4 \end{cases} \iff x = \dfrac{1}{16}, \ 1, \ 16. \quad \therefore \ x = \dfrac{1}{16}, \ 1, \ 16.$

問題 151 (1) $2^x = 5 \iff x = \log_2 5. \quad \therefore \ x = \log_2 5.$

(2) $3^{-x} = 5^2 \iff -x = \log_3 5^2 = 2\log_3 5 \iff x = -2\log_3 5.$

$\therefore \ x = -2\log_3 5.$

(3) $4^x + 2^{x+1} - 15 = 0 \iff (2^x)^2 + 2 \cdot 2^x - 15 = 0 \iff (2^x + 5)(2^x - 3) = 0$

$\iff 2^x = 3, 2^x = -5 \ (これを満たす実数 x はない) \iff x = \log_2 3.$

$\therefore \ x = \log_2 3.$

(4) $\log_2(\log_3 x) = 2 \iff x > 0$ かつ $\log_3 x > 0$ かつ $\log_3 x = 2^2 = 4$

$\iff x > 1, x = 3^4 = 81 \iff x = 81. \quad \therefore \ x = 81.$

問題 152 (1) $\log_3 x > 4 \iff \log_3 x > \log_3 3^4$

$\iff x > 0$ かつ $x > 3^4 \iff x > 3^4 = 81. \quad \therefore \ x > 81.$

(2) $\log_{0.5} x \leqq -1 \iff \log_{0.5} x \leqq \log_{0.5} 0.5^{-1}$

$\iff x > 0$ かつ $x \geqq 0.5^{-1} = \left(2^{-1}\right)^{-1} = 2 \iff x \geqq 2. \quad \therefore \ x \geqq 2.$

(3) $2\log_9 x + \log_3(12-x) > 3 \iff 2 \cdot \dfrac{\log_3 x}{\log_3 9} + \log_3(12-x) > 3$

$\iff \log_3 x + \log_3(12-x) > 3 = \log_3 3^3$

$\iff x > 0$ かつ $12 - x > 0$ かつ $\log_3 x(12-x) > \log_3 3^3$

$\iff 0 < x < 12$ かつ $x(12-x) > 3^3$

$\iff 0 < x < 12$ かつ $x^2 - 12x + 27 = (x-3)(x-9) < 0$

$\iff 0 < x < 12$ かつ $3 < x < 9 \iff 3 < x < 9$. $\therefore\ 3 < x < 9$.

問題 153　(1) $\log_{10} 2^{50} = 50\log_{10} 2 = 50 \cdot 0.3010 = 15.050$. よって，
$2^{50} = 10^{15.050}$. ゆえに，$10^{15} < 2^{50} < 10^{16}$. $\therefore\ 2^{50}$ は 16 桁の数である．

(2) $\log_{10} 18^{50} = 50\log_{10} 18 = 50(\log_{10} 2 + 2\log_{10} 3) = 50(0.3010 + 2 \times 0.4771)$
$= 62.76$. ゆえに，$10^{62} < 18^{50} < 10^{63}$. $\therefore\ 18^{50}$ は 63 桁の数である．

(3) $\log_{10}\left(\dfrac{4}{5}\right)^{100} = 100\log_{10}\dfrac{4}{5} = 100\log_{10}\dfrac{8}{10} = 100(3\log_{10} 2 - 1)$

$= 100(3 \cdot 0.3010 - 1) = -9.7$. よって，$\left(\dfrac{4}{5}\right)^{100} = 10^{-9.7}$.

ゆえに，$10^{-10} < \left(\dfrac{4}{5}\right)^{100} < 10^{-9}$.

$\therefore\ \left(\dfrac{4}{5}\right)^{100}$ は小数第 10 位にはじめて 0 でない数が現れる．

問題 154　1 年で a 倍になるとすると，$a^{1600} = \dfrac{1}{2}$. この両辺に常用対数をとって，

$1600\log_{10} a = -\log_{10} 2$ であるから，$\log_{10} a = -\dfrac{\log_{10} 2}{1600}$.

m 年で $\dfrac{1}{10}$ になったとすると $a^m = \dfrac{1}{10}$. この両辺に常用対数をとって，$m\log_{10} a$
$= -1$. よって，$m = -\dfrac{1}{\log_{10} a} = \dfrac{1600}{\log_{10} 2} = \dfrac{1600}{0.3010} = 5315.61\cdots$.

$\therefore\ $ ラジウム 226 の量がもとの $\dfrac{1}{10}$ になるのは，5316 年後である．

問題 155　x 分後のバクテリアの個数は $2 \cdot 2^x = 2^{x+1}$. よって，$2^{x+1} \geqq 10^6$ を解けば
よい．両辺に常用対数をとって，$(x+1)\log_{10} 2 \geqq 6$.

したがって，$x \geqq \dfrac{6}{\log_{10} 2} - 1 = \dfrac{6}{0.3010} - 1 = 18.933\cdots$.

1 分ごとに 1 回分裂することから x は整数である．よって，$x = 19$.

$\therefore\ $ 19 分後である．

問題 156　はじめに預けた金額を M 円とする．n 年後の元金と利息の合計は
$\left(1 + \dfrac{2}{100}\right)^n M = (1.02)^n M$（円）である．したがって，$(1.02)^n M \geqq 2M$
を満たす最小の自然数を求めればよい．これから，$(1.02)^n \geqq 2$.
この両辺に常用対数をとって，$n\log_{10} 1.02 \geqq \log_{10} 2$.

ゆえに，$n \geqq \dfrac{\log_{10} 2}{\log_{10} 1.02} = \dfrac{0.3010}{0.0086} = 35$. $\therefore\ $ 35 年後である．

基本問題 5.4

問題 157　(1) $y = \log_3 \dfrac{1}{x} = -\log_3 x$ であるから，$y = \log_3 x$ のグラフと x 軸に関して対称なグラフになる．

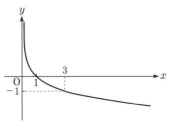

(2) $y = \log_3 \dfrac{x}{3} = \log_3 x - 1$ であるから，$y = \log_3 x$ のグラフを y 軸方向に -1 だけ平行移動したグラフになる．

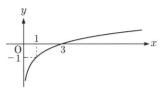

(3) $y = \log_3 \sqrt{x} = \dfrac{1}{2} \log_3 x$ であるから，$y = \log_3 x$ のグラフを y 軸方向に $\dfrac{1}{2}$ 倍に縮小すればよい．

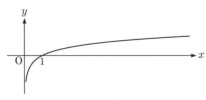

(4) $y = \log_3 3(x-2) = \log_3(x-2) + 1$ だから，$y = \log_3 x$ のグラフを x 軸方向に 2，y 軸方向に 1 だけ平行移動すればよい．

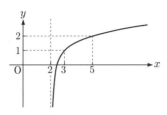

問題 158　(1) $y = \log_3 x$ のグラフを x 軸方向に 3 だけ平行移動したグラフ．

(2) $y = \log_3 x$ のグラフを x 軸方向に -1，y 軸方向に 2 だけ平行移動したグラフ．

(3) $y = \log_3 x$ のグラフと x 軸に関して対称なグラフになる.

(4) $y = \log_3 x$ のグラフと y 軸に関して対称なグラフになる.

問題 159　(1) $\log_4 15 = \dfrac{\log_2 15}{\log_2 4} = \dfrac{1}{2} \log_2 15$, $2 = \dfrac{1}{2} \log_2 16$ で,

対数関数 $\log_2 x$ は増加関数だから,

$$\frac{1}{2} \log_2 15 < \frac{1}{2} \log_2 16 < \frac{1}{2} \log_2 17.$$

$\therefore$ $\log_4 15 < 2 < \dfrac{1}{2} \log_2 17.$

(2) $1 + \log_2 3 = \log_2 2 + \log_2 3 = \log_2 6$ で, $\log_2 x$ は増加関数だから,

$\log_2 6 > \log_2 5$. また, $\log_2 3 > 1 = \log_2 2$ だから,

$\log_3 5 = \dfrac{\log_2 5}{\log_2 3} < \log_2 5.$ $\therefore$ $\log_3 5 < \log_2 5 < 1 + \log_2 3.$

問題 160　(1) $10^3 < 2^{10} < 10^4$ で, 対数関数 $\log_{10} x$ は増加関数だから,

$$\log_{10} 10^3 < \log_{10} 2^{10} < \log_{10} 10^4.$$

よって, $3 < 10 \log_{10} 2 < 4$. $\therefore$ $\dfrac{3}{10} = 0.3 < \log_{10} 2 < \dfrac{4}{10} = 0.4$

(2) $2^{10} = 1024 < 1250 = \dfrac{10^4}{8}$ で, 対数関数 $\log_{10} x$ は増加関数だから,

$$\log_{10} 2^{10} < \log_{10} \frac{10^4}{8}.$$ これより, $10 \log_{10} 2 < 4 - 3 \log_{10} 2.$

$13 \log_{10} 2 < 4$. $\log_{10} 2 < \dfrac{4}{13} = 0.307 \cdots < 0.31$

$\therefore$ (1) の左辺とあわせて $0.3 < \log_{10} 2 < 0.31.$

基本問題 6.1

問題 161　(1) 5, 8, 11, 14, 17.　(2) 1, 3, 7, 15, 31.　(3) 1, 0, -3, 0, 5.

問題 162　(1) 2, 9, 28, 65, 126.　(2) 2, 0, 2, 0, 2.　(3) -1, 1, -1, 1, -1.

問題 163　(1) $3n$.　(2) $\left(\dfrac{1}{2}\right)^{n-1}$.　(3) $\dfrac{n+1}{n^2}$.

問題 164　(1) $1 + 3(n-1) = 3n - 2$.　(2) $40 + (-7)(n-1) = 47 - 7n$.

(3) $-6 + 8(n-1) = 8n - 14$.

(4) 初項 1, 公差 $6 - 1 = 5$ であるから, 一般項は $1 + 5(n-1) = 5n - 4$.

(5) 初項 23, 公差 $14 - 23 = -9$ であるから, 一般項は $23 + (-9)(n-1) = 32 - 9n$.

問題 165　一般項 a_n は, $a_n = 5 + (-3)(n-1) = 8 - 3n$. 第 10 項は $a_{10} = 8 - 3 \cdot 10$ $= -22$. また, $-148 = 8 - 3n$ より, $n = 52$ であるから, -148 は第 52 項.

問題 166　(1) 3^{n-1}.　(2) $-2 \cdot (-5)^{n-1}$.　(3) $6 \cdot \left(\dfrac{1}{3}\right)^{n-1} = 2 \cdot \left(\dfrac{1}{3}\right)^{n-2}$.

(4) 初項 1, 公比 5 であるから, 一般項は $1 \cdot 5^{n-1} = 5^{n-1}$.

(5) 初項 36, 公比 $\dfrac{-18}{36} = -\dfrac{1}{2}$ であるから, 一般項は $36 \cdot \left(-\dfrac{1}{2}\right)^{n-1}$

$$= 9 \cdot \left(-\frac{1}{2}\right)^{n-3}.$$

問題 167 一般項 a_n は, $a_n = 6 \cdot (-2)^{n-1}$. 第 7 項は $a_7 = 6 \cdot (-2)^{7-1} = 6 \cdot (-2)^6$ $= 384$. また, $-3072 = 6 \cdot (-2)^{n-1}$ より, $-512 = (-2)^{n-1}$ より, $n = 10$ であるから, -3072 は第 10 項である.

基本問題 6.2

問題 168　(1) $\displaystyle\sum_{k=1}^{10} k$.　(2) $\displaystyle\sum_{k=1}^{n} (2k-1)$.　(3) $\displaystyle\sum_{k=1}^{n} k(k+2)$.　(4) $\displaystyle\sum_{k=1}^{n} \log_{10}(k+1)$.

問題 169　(1) $5 + 8 + 11 + \cdots + (3n+2)$.　(2) $\dfrac{1}{1^2} + \dfrac{1}{2^2} + \dfrac{1}{3^2} + \cdots + \dfrac{1}{n^2}$.

問題 170　(1) 初項 1, 公差 $4-1 = 3$ であるから, 一般項 a_n は $1 + 3(n-1) = 3n - 2$. 第 n 項までの和は

$$\frac{1}{2}n\left\{1 + (3n-2)\right\} = \frac{1}{2}n(3n-1).$$

(別解) $\displaystyle\sum_{k=1}^{n}(3k-2) = 3\sum_{k=1}^{n}k - \sum_{k=1}^{n}2 = 3 \cdot \frac{1}{2}n(n+1) - 2n = \frac{1}{2}n(3n-1)$.

(2) 初項 12, 公差 $7-12 = -5$ であるから, 一般項 a_n は $12 + (-5)(n-1) = 17 - 5n$. 第 n 項までの和は $\dfrac{1}{2}n\left\{12 + (17-5n)\right\} = \dfrac{1}{2}n(29-5n)$.

問題 171　(1) 初項 1, 公比 $\dfrac{2}{3}$ であるから, 一般項は $1 \cdot \left(\dfrac{2}{3}\right)^{n-1} = \left(\dfrac{2}{3}\right)^{n-1}$. 第 n 項までの和は $\dfrac{1 - \left(\frac{2}{3}\right)^n}{1 - \frac{2}{3}} = 3\left\{1 - \left(\dfrac{2}{3}\right)^n\right\}$.

(2) 初項 3, 公比 $\dfrac{-6}{3} = -2$ であるから, 一般項は $3 \cdot (-2)^{n-1} = 3(-2)^{n-1}$. 第 n 項までの和は $3 \cdot \dfrac{1 - (-2)^n}{1 - (-2)} = 3 \cdot \dfrac{1 - (-2)^n}{3} = 1 - (-2)^n$.

問題 172　(1) $\displaystyle\sum_{k=1}^{n} 6k = 6\sum_{k=1}^{n} k = 6 \cdot \frac{1}{2}n(n+1) = 3n(n+1)$.

(2) $\displaystyle\sum_{k=1}^{n}(4k+1) = 4\sum_{k=1}^{n}k + \sum_{k=1}^{n}1 = 4 \cdot \frac{1}{2}n(n+1) + n = n(2n+3)$.

(3) $\displaystyle\sum_{k=1}^{n}(2k-3) = 2\sum_{k=1}^{n}k - \sum_{k=1}^{n}3 = 2 \cdot \frac{1}{2}n(n+1) - 3n = n(n-2)$.

(4) $\displaystyle\sum_{k=1}^{n}(k^2-1) = \sum_{k=1}^{n}k^2 - \sum_{k=1}^{n}1 = \frac{1}{6}n(n+1)(2n+1) - n$

$= \dfrac{1}{6}n\left\{(n+1)(2n+1) - 6\right\} = \dfrac{1}{6}n(2n^2 + 3n - 5)$.

(5) $\displaystyle\sum_{k=1}^{n}(2k-1)k = 2\sum_{k=1}^{n}k^2 - \sum_{k=1}^{n}k = 2\cdot\frac{1}{6}n(n+1)(2n+1) - \frac{1}{2}n(n+1)$

$\displaystyle = \frac{1}{6}n(n+1)\{2(2n+1)-3\} = \frac{1}{6}n(n+1)(4n-1).$

(6) $\displaystyle\sum_{k=1}^{n}(2k+1)^2 = \sum_{k=1}^{n}(4k^2+4k+1) = 4\sum_{k=1}^{n}k^2 + 4\sum_{k=1}^{n}k + \sum_{k=1}^{n}1$

$\displaystyle = 4\cdot\frac{1}{6}n(n+1)(2n+1) + 4\cdot\frac{1}{2}n(n+1) + n$

$\displaystyle = \frac{2}{3}n(n+1)(2n+1) + 2n(n+1) + n$

$\displaystyle = \frac{1}{3}n\{2(n+1)(2n+1) + 6(n+1) + 3\}$

$\displaystyle = \frac{1}{3}n(4n^2+12n+11).$

(7) $\displaystyle\sum_{k=1}^{n}5^{k-1} = \frac{1-5^n}{1-5} = \frac{5^n-1}{4}.$

(8) $\displaystyle\sum_{k=1}^{n}2\cdot3^k = 2\cdot3\sum_{k=1}^{n}3^{k-1} = 6\cdot\frac{1-3^n}{1-3} = 3(3^n-1).$

(9) $\displaystyle\sum_{k=1}^{n}\left(-\frac{1}{3}\right)^{k+1} = \left(-\frac{1}{3}\right)^2\sum_{k=1}^{n}\left(-\frac{1}{3}\right)^{k-1} = \frac{1}{9}\cdot\frac{1-\left(-\frac{1}{3}\right)^n}{1-\left(-\frac{1}{3}\right)}$

$\displaystyle = \frac{1}{12}\left\{1-\left(-\frac{1}{3}\right)^n\right\}.$

問題 173　(1) $\displaystyle 1+3+5+\cdots+(2n-1) = \sum_{k=1}^{n}(2k-1) = 2\sum_{k=1}^{n}k - \sum_{k=1}^{n}1$

$\displaystyle = 2\cdot\frac{1}{2}n(n+1) - n = n^2.$

(2) $\displaystyle 1\cdot3+2\cdot4+3\cdot5+\cdots+n(n+2) = \sum_{k=1}^{n}k(k+2) = \sum_{k=1}^{n}(k^2+2k) = \sum_{k=1}^{n}k^2 + 2\sum_{k=1}^{n}k$

$\displaystyle = \frac{1}{6}n(n+1)(2n+1) + 2\cdot\frac{1}{2}n(n+1) = \frac{1}{6}n(n+1)(2n+7).$

(3) $\displaystyle n\cdot1+(n-1)\cdot2+(n-2)\cdot3+\cdots+1\cdot n = \sum_{k=1}^{n}(n+1-k)k = \sum_{k=1}^{n}\left\{(n+1)k-k^2\right\}$

$\displaystyle = (n+1)\sum_{k=1}^{n}k - \sum_{k=1}^{n}k^2 = (n+1)\cdot\frac{1}{2}n(n+1) - \frac{1}{6}n(n+1)(2n+1)$

$\displaystyle = \frac{1}{6}n(n+1)(n+2).$

問題 174　(1) $\displaystyle\sum_{k=1}^{n}\frac{1}{(2k-1)(2k+1)} = \sum_{k=1}^{n}\frac{1}{2}\left(\frac{1}{2k-1}-\frac{1}{2k+1}\right)$

$$= \frac{1}{2} \left\{ \left(\frac{1}{1} - \frac{1}{3} \right) + \left(\frac{1}{3} - \frac{1}{5} \right) + \left(\frac{1}{5} - \frac{1}{7} \right) + \cdots + \left(\frac{1}{2n-1} - \frac{1}{2n+1} \right) \right\}$$

$$= \frac{1}{2} \left(1 - \frac{1}{2n+1} \right) = \frac{n}{2n+1}.$$

(2) $\displaystyle \sum_{k=1}^{n} \frac{1}{\sqrt{k} + \sqrt{k+1}} = \sum_{k=1}^{n} \frac{\sqrt{k} - \sqrt{k+1}}{(\sqrt{k} + \sqrt{k+1})(\sqrt{k} - \sqrt{k+1})}$

$$= \sum_{k=1}^{n} \frac{\sqrt{k} - \sqrt{k+1}}{k - (k+1)} = -\sum_{k=1}^{n} (\sqrt{k} - \sqrt{k+1})$$

$$= - \left\{ (\sqrt{1} - \sqrt{2}) + (\sqrt{2} - \sqrt{3}) + (\sqrt{3} - \sqrt{4}) + \cdots + (\sqrt{n} - \sqrt{n+1}) \right\}$$

$$= - (\sqrt{1} - \sqrt{n+1}) = \sqrt{n+1} - \sqrt{1} = \sqrt{n+1} - 1.$$

基本問題 6.3

問題 175　(1) 収束 (極限値は 3).　(2) $+\infty$ に発散.　(3) $-\infty$ に発散.　(4) 振動.
(5) 振動.

問題 176　(1) $\displaystyle \lim_{n \to \infty} \frac{3n}{4n+5} = \lim_{n \to \infty} \frac{3}{4 + \frac{5}{n}} = \frac{3}{4+0} = \frac{3}{4}.$

(2) $\displaystyle \lim_{n \to \infty} \frac{n-3}{2n+1} = \lim_{n \to \infty} \frac{1 - \frac{3}{n}}{2 + \frac{1}{n}} = \frac{1-0}{2+0} = \frac{1}{2}.$

(3) $\displaystyle \lim_{n \to \infty} \frac{n-1}{n^2+1} = \lim_{n \to \infty} \frac{\frac{1}{n} - \frac{1}{n^2}}{1 + \frac{1}{n^2}} = \frac{0-0}{1+0} = 0.$

(4) $\displaystyle \lim_{n \to \infty} \frac{n^2+2}{2-n^2} = \lim_{n \to \infty} \frac{1 + \frac{2}{n^2}}{\frac{2}{n^2} - 1} = \frac{1+0}{0-1} = -1.$

(5) $\displaystyle \lim_{n \to \infty} \frac{4n^3 - 3n - 7}{n^3 + n^2 - 5n + 1} = \lim_{n \to \infty} \frac{4 - \frac{3}{n^2} - \frac{7}{n^3}}{1 + \frac{1}{n} - \frac{5}{n^2} + \frac{1}{n^3}} = \frac{4-0}{1+0} = 4.$

(6) $\displaystyle \lim_{n \to \infty} \frac{2n^3 - 3n + 1}{5n^3 - n + 3} = \lim_{n \to \infty} \frac{2 - \frac{3}{n^2} + \frac{1}{n^3}}{5 - \frac{1}{n^2} + \frac{3}{n^3}} = \frac{2}{5}.$

問題 177　(1) $\displaystyle \lim_{n \to \infty} \frac{7^n - 5^n}{8^n} = \lim_{n \to \infty} \frac{\left(\frac{7}{8} \right)^n - \left(\frac{5}{8} \right)^n}{1} = \frac{0}{1} = 0.$

(2) $\displaystyle \lim_{n \to \infty} \frac{2^{n+2} - 5^{n+1}}{3^n - 5^n} = \lim_{n \to \infty} \frac{2^2 \cdot 2^n - 5 \cdot 5^n}{3^n - 5^n} = \lim_{n \to \infty} \frac{2^2 \cdot \left(\frac{2}{5} \right)^n - 5}{\left(\frac{3}{5} \right)^n - 1}$

$$= \frac{0-5}{0-1} = 5.$$

(3) $\displaystyle \lim_{n \to \infty} \frac{3^n - (-5)^{n+1}}{3^n + (-5)^n} = \lim_{n \to \infty} \frac{3^n - (-5) \cdot (-5)^n}{3^n + (-5)^n}$

$$= \lim_{n \to \infty} \frac{\left(-\frac{3}{5} \right)^n - (-5)}{\left(-\frac{3}{5} \right)^n + 1} = \frac{0+5}{0+1} = 5.$$

問題 178　(1) $\displaystyle \lim_{n \to \infty} \frac{5}{\sqrt{n^2+n} - n} = \lim_{n \to \infty} \frac{5(\sqrt{n^2+n} + n)}{(\sqrt{n^2+n} - n)(\sqrt{n^2+n} + n)}$

$$= \lim_{n \to \infty} \frac{5(\sqrt{n^2+n}+n)}{(n^2+n)-n^2} = 5 \lim_{n \to \infty} \frac{\sqrt{n^2+n}+n}{n}$$

$$= 5 \lim_{n \to \infty} \left(\frac{\sqrt{n^2+n}}{n}+1 \right) = 5 \lim_{n \to \infty} \left(\sqrt{\frac{n^2+n}{n^2}}+1 \right)$$

$$= 5 \lim_{n \to \infty} \left(\sqrt{1+\frac{1}{n}}+1 \right) = 5 \cdot 2 = 10.$$

(2) $\displaystyle \lim_{n \to \infty} \frac{5}{\sqrt{n^2-n}-n} = \lim_{n \to \infty} \frac{5(\sqrt{n^2-n}+n)}{(\sqrt{n^2-n}-n)(\sqrt{n^2-n}+n)}$

$$= \lim_{n \to \infty} \frac{5(\sqrt{n^2-n}+n)}{(n^2-n)-n^2} = 5 \lim_{n \to \infty} \frac{\sqrt{n^2-n}+n}{-n}$$

$$= -5 \lim_{n \to \infty} \left(\frac{\sqrt{n^2-n}}{n}+1 \right) = -5 \lim_{n \to \infty} \left(\sqrt{\frac{n^2-n}{n^2}}+1 \right)$$

$$= -5 \lim_{n \to \infty} \left(\sqrt{1-\frac{1}{n}}+1 \right) = -5 \cdot 2 = -10.$$

(3) $\displaystyle \lim_{n \to \infty} \frac{5}{\sqrt{n^2-n}+n} = \lim_{n \to \infty} \frac{5(\sqrt{n^2-n}-n)}{(\sqrt{n^2-n}+n)(\sqrt{n^2-n}-n)}$

$$= \lim_{n \to \infty} \frac{5(\sqrt{n^2-n}-n)}{-n} = -5 \lim_{n \to \infty} \left(\frac{\sqrt{n^2-n}}{n}-1 \right)$$

$$= -5 \lim_{n \to \infty} \left(\sqrt{1-\frac{1}{n}}-1 \right) = -5 \cdot 0 = 0.$$

(4) $\displaystyle \lim_{n \to \infty} (\sqrt{n+1}-\sqrt{n}) = \lim_{n \to \infty} \frac{(\sqrt{n+1}-\sqrt{n})(\sqrt{n+1}+\sqrt{n})}{\sqrt{n+1}+\sqrt{n}}$

$$= \lim_{n \to \infty} \frac{(n+1)-n}{\sqrt{n+1}+\sqrt{n}} = \lim_{n \to \infty} \frac{1}{\sqrt{n+1}+\sqrt{n}} = 0.$$

(5) $\displaystyle \lim_{n \to \infty} (\sqrt{4n^2+n}-2n) = \lim_{n \to \infty} \frac{(\sqrt{4n^2+n}-2n)(\sqrt{4n^2+n}+2n)}{\sqrt{4n^2+n}+2n}$

$$= \lim_{n \to \infty} \frac{(4n^2+n)-(2n)^2}{\sqrt{4n^2+n}+2n} = \lim_{n \to \infty} \frac{n}{\sqrt{4n^2+n}+2n} = \lim_{n \to \infty} \frac{1}{\frac{\sqrt{4n^2+n}+2n}{n}}$$

$$= \lim_{n \to \infty} \frac{1}{\frac{\sqrt{4n^2+n}}{n}+2} = \lim_{n \to \infty} \frac{1}{\sqrt{\frac{4n^2+n}{n^2}}+2} = \lim_{n \to \infty} \frac{1}{\sqrt{4+\frac{1}{n}}+2} = \frac{1}{\sqrt{4}+2}$$

$$= \frac{1}{4}.$$

(6) $\displaystyle \lim_{n \to \infty} \frac{\sqrt{n+2}-\sqrt{n}}{\sqrt{n+1}-\sqrt{n}}$

$$= \lim_{n \to \infty} \frac{(\sqrt{n+2}-\sqrt{n})(\sqrt{n+2}+\sqrt{n})(\sqrt{n+1}+\sqrt{n})}{(\sqrt{n+1}-\sqrt{n})(\sqrt{n+1}+\sqrt{n})(\sqrt{n+2}+\sqrt{n})}$$

$$= \lim_{n\to\infty} \frac{\{(n+2)-n\}\left(\sqrt{n\ +\ 1}+\sqrt{n}\right)}{\{(n+1)-n\}\left(\sqrt{n\ +\ 2}+\sqrt{n}\right)} = \lim_{n\to\infty} \frac{2\cdot\left(\sqrt{n\ +\ 1}+\sqrt{n}\right)}{1\cdot\left(\sqrt{n\ +\ 2}+\sqrt{n}\right)}$$

$$= 2\lim_{n\to\infty} \frac{\sqrt{n\ +\ 1}+\sqrt{n}}{\sqrt{n\ +\ 2}+\sqrt{n}} = 2\lim_{n\to\infty} \frac{\frac{\sqrt{n\ +\ 1}}{\sqrt{n}}+1}{\frac{\sqrt{n\ +\ 2}}{\sqrt{n}}+1} = 2\lim_{n\to\infty} \frac{\sqrt{1+\frac{1}{n}}+1}{\sqrt{1+\frac{2}{n}}+1}$$

$$= 2\cdot\frac{2}{2} = 2.$$

問題 179　(1) $-1 \leqq \cos n\theta \leqq 1$ により，$-\dfrac{1}{n} \leqq \dfrac{\cos n\theta}{n} \leqq \dfrac{1}{n}$ $(n=1,2,3,\cdots)$.

$\displaystyle\lim_{n\to\infty}\left(-\dfrac{1}{n}\right) = \lim_{n\to\infty}\dfrac{1}{n} = 0$ であるから，はさみ打ちの原理により，

$$\lim_{n\to\infty} \frac{\cos n\theta}{n} = 0.$$

(2) $-1 \leqq \sin\dfrac{n\pi}{3} \leqq 1$ により，$-\dfrac{1}{\sqrt{n}} \leqq \dfrac{1}{\sqrt{n}}\sin\dfrac{n\pi}{3} \leqq \dfrac{1}{\sqrt{n}}$ $(n=1,2,3,\cdots)$.

$\displaystyle\lim_{n\to\infty}\left(-\dfrac{1}{\sqrt{n}}\right) = \lim_{n\to\infty}\dfrac{1}{\sqrt{n}} = 0$ であるから，はさみ打ちの原理により，

$$\lim_{n\to\infty} \frac{1}{\sqrt{n}}\sin\frac{n\pi}{3} = 0.$$

(3) $-1 \leqq \sin n\theta \leqq 1$ により，$0 \leqq \sin^2 n\theta \leqq 1$ であるから，

$$0 \leqq \left(\frac{2}{3}\right)^n \sin^2 n\theta \leqq \left(\frac{2}{3}\right)^n \quad (n=1,2,3,\cdots).$$

よって，$\displaystyle\lim_{n\to\infty} 0 = 0$, $\displaystyle\lim_{n\to\infty}\left(\dfrac{2}{3}\right)^n = 0$ であるから，はさみ打ちの原理により，

$$\lim_{n\to\infty} \left(\frac{2}{3}\right)^n \sin^2 n\theta = 0.$$

問題 180　(1) $\displaystyle\lim_{n\to\infty}\{\log_2(4n+3)-\log_2(n+1)\} = \lim_{n\to\infty}\log_2\frac{4n+3}{n+1}$

$$= \lim_{n\to\infty}\log_2\frac{4+\frac{3}{n}}{1+\frac{1}{n}} = \log_2 4 = 2.$$

(2) $\displaystyle\lim_{n\to\infty}\frac{1+2+\cdots+n}{n^2} = \lim_{n\to\infty}\frac{\frac{1}{2}n(n+1)}{n^2} = \frac{1}{2}\lim_{n\to\infty}\frac{n(n+1)}{n^2}$

$$= \frac{1}{2}\lim_{n\to\infty}\frac{n+1}{n} = \frac{1}{2}\lim_{n\to\infty}\left(1+\frac{1}{n}\right) = \frac{1}{2}\cdot 1 = \frac{1}{2}.$$

(3) $-1 \leqq \cos\left(\dfrac{3\pi}{n}\right) \leqq 1$ により，$-\dfrac{1}{n} \leqq \dfrac{\cos\left(\frac{3\pi}{n}\right)}{n} \leqq \dfrac{1}{n}$ $(n=1,2,3,\cdots)$.

$\displaystyle\lim_{n\to\infty}\left(-\dfrac{1}{n}\right) = \lim_{n\to\infty}\dfrac{1}{n} = 0$ であるから，はさみ打ちの原理により，

$\displaystyle\lim_{n\to\infty}\dfrac{\cos\left(\frac{3\pi}{n}\right)}{n} = 0$. よって，

$$\lim_{n\to\infty}\frac{3n\ -\ \cos\left(\frac{3\pi}{n}\right)}{n} = \lim_{n\to\infty}\left(3-\frac{\cos\left(\frac{3\pi}{n}\right)}{n}\right) = 3-0 = 3.$$

問題 181　(1) $\displaystyle\lim_{n\to\infty}(n^3 - 5n^2 + 3) = \lim_{n\to\infty} n^3\left(1 - \frac{5}{n} + \frac{3}{n^3}\right) = \infty.$

(2) $\displaystyle\lim_{n\to\infty}(n^2 - 3n^3) = \lim_{n\to\infty} n^3\left(\frac{1}{n} - 3\right) = -\infty.$

(3) $\displaystyle\lim_{n\to\infty} \frac{4n^2 - 3n + 1}{3n - 2} = \lim_{n\to\infty} \frac{4n - 3 + \frac{1}{n}}{3 - \frac{2}{n}} = \lim_{n\to\infty} \frac{n\left(4 - \frac{3}{n} + \frac{1}{n^2}\right)}{3 - \frac{2}{n}}$
$= \infty.$

問題 182　$y = \cosh x\ (x \geqq 0)$ は $[0, \infty)$ で増加関数 (よって, 逆関数をもつ), また, 値域は $[1, \infty)$ である. $y = \dfrac{e^x + e^{-x}}{2}$ を x について解く. このとき, $e^x + e^{-x} = 2y$. $(e^x)^2 - 2ye^x + 1 = 0.$ これを e^x について解くと $e^x = y \pm \sqrt{y^2 - 1}.$ ここで, $x \geqq 0$, $y \geqq 1$ より, $e^x \geqq 1$ で

$$y - \sqrt{y^2 - 1} = \frac{(y - \sqrt{y^2 - 1})(y + \sqrt{y^2 - 1})}{y + \sqrt{y^2 - 1}} = \frac{1}{y + \sqrt{y^2 - 1}} \leqq 1$$

であるから, $e^x = y + \sqrt{y^2 - 1}.$ ゆえに, $x = \log(y + \sqrt{y^2 - 1}).$　ここで, x と y を入れ換えた $y = \log(x + \sqrt{x^2 - 1})\ (x \geqq 1)$ が求める 逆関数である.

問題 183　$y = \tanh x$ は $(-\infty, \infty)$ で増加関数 (よって, 逆関数をもつ), 値域は $(-1, 1).$ $y = \dfrac{e^x - e^{-x}}{e^x + e^{-x}}$ を x について解く. このとき,
$$(e^x + e^{-x})y = e^x - e^{-x}.$$
両辺に e^x を掛けて, $(e^{2x} + 1)y = e^{2x} - 1$ であるから, $e^{2x}(y - 1) = -(y + 1).$
$\therefore\ e^{2x} = (e^x)^2 = \dfrac{-(y+1)}{y-1} = \dfrac{y+1}{1-y}.$ $e^x > 0$ であるから, $e^x = \sqrt{\dfrac{y+1}{1-y}}.$
$\therefore\ x = \log\sqrt{\dfrac{y+1}{1-y}} = \dfrac{1}{2}\log\left(\dfrac{y+1}{1-y}\right).$

ここで, x と y を入れ換えた $y = \dfrac{1}{2}\log\left(\dfrac{x+1}{1-x}\right)\ (-1 < x < 1)$ が求める逆関数である.

索　引

著者略歴

吉本　武史 (よしもとたけし)

1943 年　大阪市生まれ
1971 年　東京都立大学大学院博士課程 (数学専攻) 修了
現　在　東洋大学名誉教授　理学博士
主要著書　Induced Contraction Semigroups and Random Ergodic
　　　　　Theorems (Dissert. Math. Warszawa 1976)
　　　　　数理ベクトル解析 (学術図書出版社, 1995)
　　　　　微分積分学－思想・方法・応用－(学術図書出版社, 2005)
　　　　　線形代数入門－基礎と演習 (共著, 学術図書出版社, 2010)

豊泉　正男 (とよいずみまさお)

1950 年　東京都生まれ
1980 年　立教大学大学院博士課程 (数学専攻) 修了
現　在　東洋大学名誉教授　理学博士
主要著書　線形代数入門－基礎と演習 (共著, 学術図書出版社, 2010)

数学基礎入門——微積分・線形代数に向けて

2010 年 11 月 15 日　　第 1 版　第 1 刷　発行
2023 年 2 月 10 日　　第 1 版　第 7 刷　発行

著　　者　　吉 本 武 史
　　　　　　豊 泉 正 男
発 行 者　　発 田 和 子
発 行 所　　株式会社　学術図書出版社

〒113-0033　東京都文京区本郷 5 丁目 4 の 6
TEL 03-3811-0889　振替　00110-4-28454
印刷　三松堂印刷 (株)